# 移动物联网

## 商业模式+案例分析+应用实战

陈国嘉 著

人 民 邮 电 出 版 社
北 京

图书在版编目（CIP）数据

移动物联网 ：商业模式+案例分析+应用实战 / 陈国嘉著. -- 北京 ：人民邮电出版社，2016.4（2020.7重印）
ISBN 978-7-115-40968-3

Ⅰ. ①移… Ⅱ. ①陈… Ⅲ. ①互联网络—应用②智能技术—应用 Ⅳ. ①TP393.4②TP18

中国版本图书馆CIP数据核字(2015)第290964号

## 内 容 提 要

本书紧扣移动物联网9大热门应用领域，进行商业模式分析与精彩案例剖析，帮助读者轻松掌握移动物联网精髓。

本书共分为10章，具体内容包括："深度解读：移动互联网时代的物联网""智能生活：移动物联网带来极致生活体验""城市建设：新一代的智慧城市基础架构""节能环保：新兴产业和业态的新机遇""医疗健康：移动物联网驱动医疗革新""智能家居：颠覆移动时代的家居行业""交通管理：当城市交通遇上移动互联网""智能农业：物联网嫁接智能化技术""物流零售：颠覆物流业以及零售业""能源电力：移动互联网带来新突破口"。

本书结构清晰、逻辑严谨、知识全面、实战性强，适合物联网与移动物联网行业的从业者，以及对物联网与移动物联网感兴趣的人士阅读参考。

◆ 著　　　　陈国嘉
责任编辑　恭竟平
责任印制　周昇亮
◆ 人民邮电出版社出版发行　　北京市丰台区成寿寺路 11 号
邮编 100164　　电子邮件 315@ptpress.com.cn
网址 http://www.ptpress.com.cn
北京虎彩文化传播有限公司印刷
◆ 开本：700×1000 1/16
印张：16.25　　2016 年 4 月第 1 版
字数：303 千字　　2020 年 7 月北京第 15 次印刷

定价：49.80 元

读者服务热线：(010)81055296　印装质量热线：(010)81055316
反盗版热线：(010)81055315
广告经营许可证：京东市监广登字 20170147 号

# 前言

## 写作驱动

无论你是即将进军移动物联网行业的创业者，还是移动物联网相关领域的从业人士，都面临着巨大的挑战和商机。

本书紧扣“移动物联网”，从两条线专业、深层讲解移动物联网，一条是横向领域线，从智能生活、城市建设、节能环保、医疗健康、智能家居、交通管理、智能农业、物流零售、能源电力等各个方面，讲解物联网的实际应用；另一条是纵向剖析线，主要为读者讲解物联网及移动物联网的商业分析、模式案例及如何实际运用以抢占移动物联网入口和市场先机。

## 本书特色

（1）实战最强：10 章专题内容详解、12 大移动物联网应用行业、20 多个营销实例分析、200 多张图片全程图解。

（2）模式最新：采用“纵横结合”的模式，横向讲解移动物联网知识原理，纵向讲解实践创新战略，双管齐下，放送真经。

## 本书内容

本书共分为 10 章，具体内容包括：“深度解读：移动互联网时代的物联网”“智能生活：移动物联网带来极致生活体验”“城市建设：新一代的智慧城市基础架构”“节能环保：新兴产业和业态的新机遇”“医疗健康：移动物联网驱动医疗革新”“智能家居：颠覆移动时代的家居行业”“交通管理：当城市交通遇上移动互联网”“智能农业：物联网嫁接智能化技术”“物流零售：颠覆物流业以及零售业”“能源电力：移动互联网带来新突破口”。

## 作者售后

由于作者知识水平有限，书中难免有错误和疏漏之处，恳请广大读者批评、指正，联系邮箱：itsir@qq.com。

# 目录 Contents

## 第 1 章 深度解读：移动互联网时代的物联网

## 第 2 章 智能生活：移动物联网带来极致生活体验



## 第 3 章 城市建设：新一代的智慧城市基础架构

# 第10章 能源电力：移动互联网带来新突破口

# 第 1 章

## 深度解读：
## 移动互联网时代的物联网

## 1.1 初步认识物联网

物联网是什么？这个问题也许在今时今日看来，已经不再是一个遥远的话题，但在 10 年前就已经有人声称物联网将会在 10 年后大行其道，并最终推出一个万维网一样的高峰。

### 1.1.1 物联网是什么

物联网是什么？一定要从概念究其源头的话，物联网（Internet of Things）是通过射频识别（RFID）、红外感应器、全球定位系统、激光扫描器等信息传感设备，按约定的协议，通过网络把任何物品与互联网连接起来，进行信息交换和通信，从而实现智能化识别、定位、跟踪、监控和管理的一种网络。简单说就是：物物相联的互联网。

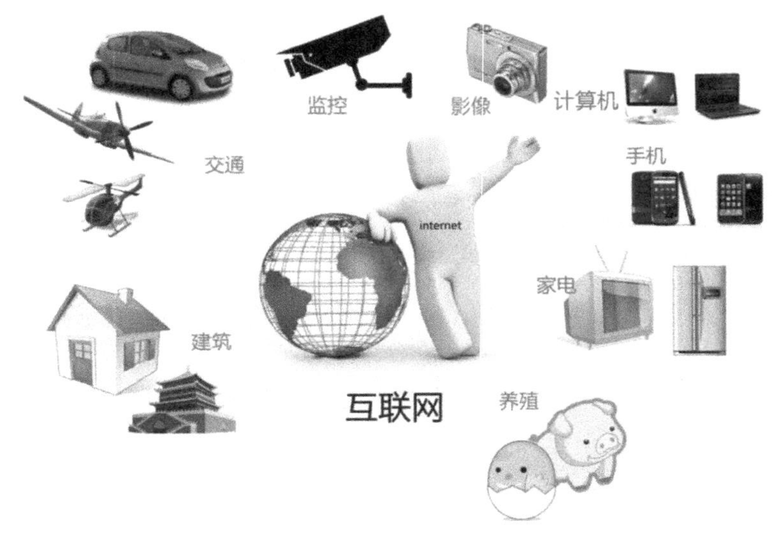


▲ 图 1-1　物联网概念图

将其分解，其有两层含义：第一，物联网的核心和基础仍然是互联网，是在互联网基础上延伸和扩展的网络；第二，其用户端延伸和扩展到了任何物品与物品之间，进行信息交换和通信。

物联网概念是在互联网概念的基础上，将其用户端延伸和扩展到任何物品与物品之间，进行信息交换和通信的一种网络概念。

物联网代表了下一代信息发展技术，就它的某些应用领域和应用方式来说，公众应该不算生疏。例如现代商品上的条形码、车用的 GPS 卫星定位系统；再例如现在查询邮递快件的物流信息，只要通过射频技术，以及在传递物体上植入芯片等技术手段，就可取得物品的物流信息。

所以，物联网时代你会发现，我们的生活被拟人化了，万物都可以成为人的同类，不再是不会说话，不会动的东西，每个物体都可寻、可控、可连。

专家提醒

用一句话来说，物联网就是“万物皆可相连”，它突破了互联网只能通过计算机交流的局限，也超越了互联网只负责联通人与人的功能，它建立了“人与物”之间的智能系统。

### 1.1.2 物联网的产生背景

物联网的实践最早可以追溯到1990年施乐公司的网络可乐贩售机——Networked Coke Machine。

1999年，在美国召开的移动计算和网络国际会议首先提出物联网这个概念，是MIT Auto-ID中心的Ashton教授在研究RFID时最早提出来的。他提出了结合物品编码、RFID和互联网技术的解决方案。该方案基于互联网、RFID技术、EPC标准，在计算机互联网的基础上，利用射频识别技术、无线数据通信技术等，构造了一个实现全球物品信息实时共享的实物互联网——Internet of things，简称物联网。

虽然物联网的概念早在20世纪90年代就已经被提出过，但却一直都没能受到国际社会的重视。物联网的正式兴起是在2000年后，各国开始相应地制定了物联网发展计划。物联网已经低调地走过了十几个年头，成功迎来它了的高调时代。

从近几年来全球物联网的发展趋势就可以看出这一点，物联网的发展其实是2008年全球经济危机之后的结果，每一次大事迹的背后总会催生一些新技术，而物联网就是被认为带动新一轮经济增长的新生技术，所以自2008年后，物联网的发展呈直线上升趋势。

回顾历史，20世纪60年代的半导体产业起始于日本，20世纪90年代的互联网技术起始于美国，这些技术都对促进两国的经济发展起到了非常积极的作用，使两国经济在一段时期内得到飞速增长。

专家提醒

国外的物联网发展不仅是在技术方面，而且战略方面也略领先于国内一步。2008年全球金融危机以后，一些西方发达国家经济复苏的进程速度缓慢，缺乏新的科技产业革命对经济发展进行引领和带动，但他们很快就意识到了物联网是解决这一大问题的关键。

虽然中国的物联网技术发展慢于国外发达国家，但是面对国外发达国家经济复苏的进程速度缓慢，中国已经迎来快速发展的新机遇。其实早在 1999 年中国就提了物联网概念。不过，当时不叫“物联网”而叫传感网。同年，中科院还启动了传感网的研究和开发。

2005 年 11 月 27 日，在突尼斯举行的信息社会峰会上，国际电信联盟（ITU）发布了《ITU 互联网报告 2005：物联网》，正式提出了物联网的概念。

2008 年，第二届中国移动政务研讨会提出移动技术、物联网技术的发展代表着新一代信息技术的形成，推动了面向知识社会的以用户体验为核心的下一代创新（创新 2.0）形态的形成，创新与发展更加关注用户、注重以人为本。而创新 2.0 形态的形成又进一步推动新一代信息技术的健康发展。

工信部总工程师朱宏任在中国工业运行 2009 年夏季报告会上表示，物联网是个新概念，到 2013 年 3 月为止还没有一个约定俗成的、大家公认的定义。他说，总的来说，物联网是指各类传感器和现有的互联网相互衔接的一种新技术。

2009 年 8 月，无锡市率先建立了“感知中国”研究中心，中国科学院、运营商、多所大学在无锡建立了物联网研究院。

自“感知中国”被提出以来，物联网被正式列为国家五大新兴战略性产业之一，写入《政府工作报告》。物联网在中国受到了全社会极大的关注，其受关注程度是美国、欧盟以及其他各国不可比拟的。

截至 2010 年，发改委、工信部等部委会同有关部门，在新一代信息技术方面开展研究，以形成支持新一代信息技术的一些新政策措施，从而推动我国经济的快速发展。

2013 年以来，传感技术、云计算、大数据、移动互联网融合发展，全球物联网应用已进入实质推进阶段。欧美、日、韩等国家和地区，在物联网技术、应用等方面取得重要进展，信息化、数字化、智能化成为新一轮技术革命的引领与方向。

2014 年中国物联网产业初步建立“纵向一体”的政策体系，“市场主导发展”渐入佳境。国家物联网发展“指导意见”“行动计划”“工作要点”等顶层政策架构，及一系列配套政策相继制定推出，初步建立了“纵向一体”的物联网政策体系。

中国初步形成了涵盖芯片、元器件、软件、系统集成、电信运营、物联网服务等各产业环节、产业门类的较为完整的物联网产业体系，以及长三角、珠三角、环渤海和中西部四大物联网产业聚集区，产业协同深入推进。

另外，中国物联网与传统产业的融合进一步深化，工业云平台、工业大数据等基于物联网的创新技术已成为传统工业和实体经济转型升级的重要引擎。在民生领域，基于移动智能终端的融合应用不断涌现。

专家提醒

中国在2009年之后出台了一系列发展物联网的计划和政策，这源于我国经济的增长方式从粗放型到集约型的转变，而在这一经济增长方式的转变过程中，我国找到了用推动新技术以发展生产力的正确途径，这项新技术便是物联网。

## 1.1.3 物联网的产业价值

物联网是目前科技产业不容忽视的趋势之一，据估计，未来5年，接入互联网的设备、传感器和芯片数量将超过250亿个，能处理至多500万亿GB数据。那么，这些数据的价值和意义在哪里?

物联网的价值并不在于“物”，并不意味着任何一个设备可以拥有一个IP地址，而应该是“传感器互联网”，作为物联网的“根”向主干（互联网）收集和提供各种数据信息。

然而，即使是“传感器互联网”捕捉和分析数据，它所提供的数据也不一定是商业所真正需要的。只有真正关系到商业向前发展并获得成功的数据，才是物联网的价值所在。

那么，从这个意义上来看，物联网的最终价值将会来自于两个方向：提供之前商业上不可见的深入洞察，在组织中提升人的重要作用，以及在“工业互联网”时代制造业所能够利用的发展优势。

物联网在以后将着重处理烦琐冗长的工作，而人们可以专注于更为重要的事情。比如在高效产业中支持智能电网的建设能力，在医疗领域中所出现的可穿戴技术及其他支持性设备。

## 1.1.4 物联网在中国的发展状况

物联网的理念和相关技术已经广泛渗透到社会经济民生的各个领域，在越来越多的行业创新中发挥关键作用。物联网凭借与新一代信息技术的深度集成和综合应用，在推动转型升级、提升社会服务、改善服务民生、推动增效节能等方面正发挥着重要的作用，在部分领域正带来真正的“智慧”应用。

目前，我国已形成基本齐全的物联网产业体系，部分领域已形成一定市场规模，网络通信相关技术和产业支持能力与国外差距相对较小，传感器、RFID等感知端制造产业、高端软件和集成服务与国外差距相对较大。真正与物联网相关的设备和服务尚在起步。

**专家提醒**

狭义上M2M是将数据从一台终端传送到另一台终端，也就是机器与机器（Machine to Machine）的对话；而广义上M2M可代表机器对机器（Machine to Machine）、人对机器（Man to Machine）、机器对人（Machine to Man）、移动网络对机器（Mobile to Machine）之间的连接与通信，它涵盖了所有在人、机器、网络之间建立通信连接的技术和手段。

在物联网网络通信服务业领域，我国物联网M2M网络服务保持高速增长势头，目前M2M终端数已超过1000万台，年均增长率超过80%，应用领域覆盖公共安全、城市管理、能源环保、交通运输、公共事业、农业服务、医疗卫生、旅游等，未来几年仍将保持快速发展。

在物联网应用基础设施服务业领域，虽然不是所有云计算产业都可纳入物联网产业范畴，但云计算是物联网应用基础设施服务业中的重要组成部分，物联网的大规模应用也将大大推动云计算服务发展。

目前，我国在云计算服务的基础设施建设、云计算软硬件产业支持和超大规模云计算服务的核心技术方面与发达国家存在差距。云安全方面，我国企业具有一定的特点和优势。随着物联网应用的规模推进、互联网快速发展和国家信息化进程的不断深入，我国云计算服务将形成巨大的市场需求空间。

在物联网应用服务业领域，整体上我国物联网应用服务业尚未成形，已有物联网应用大多是各行业或企业的内部化服务，未形成社会化、商业化的服务业，外部化的物联网应用服务业还需一个较长时期的市场培育。

综上所述，我国尚未形成真正意义的物联网产业形态和爆发点，物联网有形成巨大市场的潜力，但潜在空间转化为现实市场还需要较长时间培育，关键点是通过技术和应用创新形成新兴业态和新增市场。

**专家提醒**

中国物联网的发展趋势可以归结为以下两点。

- 物联网技术目前并不能降低企业的经营成本。
- 物联网的发展是阻挡不住的，就像当年的计算机互联网的出现。

中国RFID产业联盟秘书长欧阳宇在接受记者采访时也表示，物联网是一个宽泛的概念，目前日常生活中已经广泛地使用了物联网技术，比如说门禁、高速公路上的ETC系统、公交智能卡、马上要推出的智能电表等，都是物联网技术的运用。

随着近几年的不懈努力，我国已经形成涵盖感知制造、网络制造、软件与信息处理、网络与应用服务等门类的相对齐全的物联网产业体系，产业规模不断扩大，已经形成环渤海、长三角、珠三角，以及中西部地区四大区域集聚发展的空间布局，呈现出高端要素集聚发展的态势。

## 1.2 初步认识移动互联网

在最近几年里，伴随着智能手机的普及，移动互联网已经成为当今世界发展最快、市场潜力最大、前景最诱人的业务。在这样的一种环境下，人们的生活受到了很大程度的改变。

### 1.2.1 移动互联网时代正在到来

移动互联网是一个以移动通信技术为主，辅以 WiMax、Wi-Fi、蓝牙等无线接入技术组成的网络基础设施，是一种以云计算等信息技术作为支撑平台的产业技术环境。移动互联网产业链与用户的共生性及其在市场环境中的相互作用关系，构成了移动互联网产业生态系统。

移动通信和互联网是当今市场潜力最大、发展最快、前景最诱人的两大业务，它们的增长速度远远超出人们的想象。移动互联网的发展优势与趋势决定其用户数量庞大。截至 2014 年年末，中国移动互联网用户已达 8.75 亿人。

移动通信与互联网正在通过整合产业资源，形成移动互联网产业链。这个产业由电信运营商、设备提供商、终端提供商、服务提供商、内容提供商、芯片提供商等产业部门组成，并且逐步向商务、金融、物流等行业领域延伸。

而物联网的技术将使未来的移动互联不仅是人与人的互联，还包含了人与物、物与物、人与环境、物与环境等各种方式的互联、互动。物联网在未来必然是在与移动互联网的互动中完成共同的进化。

中国的计算设备市场已经进入到以智能手机和平板电脑为中心的时代，智能手机和平板电脑更能吸引消费者兴趣，消费者在其上的花费超过个人计算机，而且人们花在智能设备上的时间也远远大于传统的信息设备。

根据工信部最新数据显示，2014 年手机用户净增 5698 万户，总数为 12.86 亿户，几乎人手一部手机。这证明了移动互联网时代的到来。那么移动互联网发展到底为什么这样迅速呢?

移动互联网具有应用轻便、高便携性等众多特点，具体如下所示。

#### 1. 应用轻便

移动通信的基本特点就是移动设备的方便、快捷。移动设备能够满足消费者简单、精准的用户体验，例如移动设备具有的语音通话功能。

在追求便利高效的当今社会，移动通信用户不会喜欢自己的移动设备上采取复杂的类似 PC 输入端的操作，用户的手指情愿用“指手划脚”式的肢体语言去控制设备，也不愿意在巴掌大小的设备上输入 26 个英文字母来聊天，或者打一篇千字以上的文章。

**2. 定位功能**

现在的手机具有定位系统已经是很平常的事情，移动智能手机可以通过 GPS 卫星定位，或者通过基站进行定位，如图 1-2 所示。

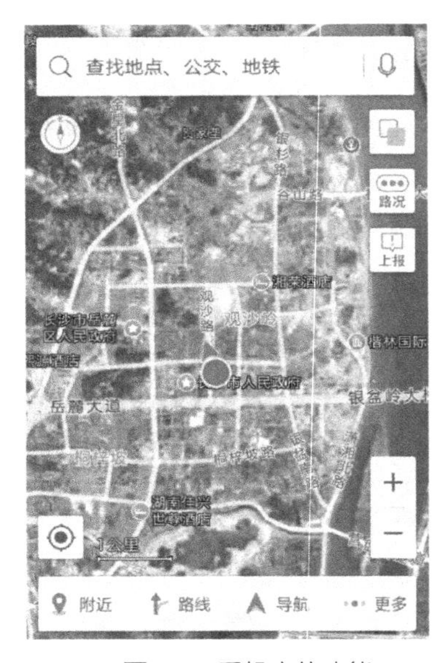


▲ 图 1-2　手机定位功能

智能手机随时随地的定位功用，使信息可以携带位置信息。例如，不管是微博、微信这样的应用，还是手机拍摄的照片，都携带了位置信息，这些位置信息使传播的信息更加精准，同时也产生了众多基于位置信息的服务。

**3. 高便携性**

现在人们花费在移动设备上的时间一般都远高于使用 PC 的时间。使用移动设备上网，具有使用 PC 上网无可比拟的优越性，即沟通与资讯的获取远比 PC 设备方便。

**4. 安全性更加复杂**

安全性一直都是用户高度关注的重点，智能手机已经成为人们生活的一个组成部分，和个人生活紧密相关，而且它被随身携带，更容易暴露人们的隐私，很容易成为一个安全隐患，如图 1-3 所示。

▲ 图 1-3　移动互联网复杂的安全性

智能手机很容易构成安全威胁，例如它容易泄露用户的电话号码和朋友的电话号码，可能泄露短信信息及泄露存在手机中的图片和视频。更为复杂的是，智能手机的 GPS 定位功能，可以很方便地对用户进行实时跟踪。

而智能手机中的电子支付功能，远程支付的密码泄露，近场支付的安全隐患，使智能手机不但是一个方便的工具，它也正在成为“手雷”，给社会生活的安全带来巨大的问题。

**5. 私密性**

和计算机相比，手机更具私密性，也和个人的身份密切相关。智能手机中电话号码就是一种身份识别，若广泛采用实名制，它也可能成为信用体系的一部分。这意味着智能手机时代的信息传播可以更精准，更有指向性，同时也具有更高的骚扰性。

**6. 智能感应的平台**

移动互联网的基本终端是智能手机，智能手机不仅具有计算、存储、通信能力，同时智能手机具有越来越强大的智能感应能力，这些智能感应让移动互联网不仅联网，而且可以感知世界，形成新的业务。

## 1.2.2　移动互联网时代的智能终端

智能终端设备是指那些具有多媒体功能的智能设备。这些设备支持音频、视频、数据等方面的功能，如，可视电话、会议终端、定位设备、内置多媒体功能的 PC、PDA 等。智能终端大致可以分为移动智能终端、可穿戴设备、测量与监视工具和用户体验设备 4 大类。

### 1. 移动智能终端

移动智能终端拥有接入互联网能力，通常搭载各种操作系统，可根据用户需求定制各种功能。生活中常见的智能终端包括移动智能手机、车载智能终端、智能电视、可穿戴设备等，如图 1-4 所示。

▲ 图 1-4 移动智能终端

中国是智能手机制造中心和智能手机消费第一大国，已经培育出众多从事移动智能终端操作系统产品及服务的企业，这些企业通过近几年的技术积累和市场积累，已经逐渐确立了在全球移动智能终端产业链中的重要地位。

在业务领域方面，中国移动智能终端操作系统产品及技术提供商基本可以提供完整的软件服务方案，包括操作系统的定制开发、软硬件的适配测试与调试、现场技术支持及电信运营商测试等。

### 2. 可穿戴设备

可穿戴设备是指应用穿戴式技术对人们日常的穿戴进行智能化配置，将各种传感、识别、连接和云服务等，植入到人们的眼镜、手表、手环、服装、鞋袜等日常穿戴中，通过这些日常穿戴实现用户感知能力的拓展，而且设备普遍具有外形美观时尚且易于佩戴的特点，如图 1-5 所示。

除此之外，还有一种技术是微软现在正在研发的——实时翻译，我们可以进行语言的转化，以后做演讲的时候就不需要翻译，可以直接通过手机进行翻译。还有一种是大脑计算机，这个头盔只要戴在头上，就可以通过意识进行控制。虽然很多产品暂时还在研发之中，但一旦面世，将会给我们的生活带来巨大的变化，这些技术设备将与移动应用沟通，用新的方式提供信息，在体育、健身、时尚、业余爱好和健康医疗等方面推出广泛的产品和服务。

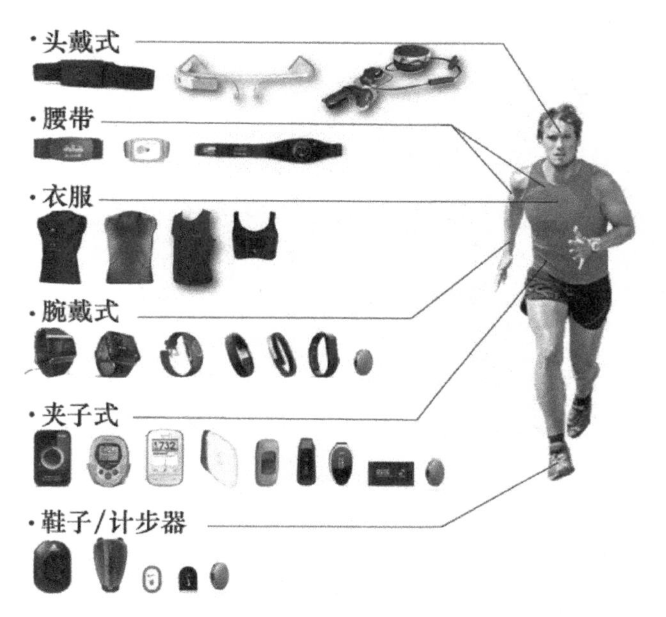


▲ 图 1-5　可穿戴设备

### 3. 测量与监视工具

移动网络不确定的性质和支持移动网络的云服务能够产生很难发现的性能瓶颈，而且移动设备的多样性使全面的应用测试成为不可能的事情。但是“应用性能监视”的移动测量和监视工具能够帮助解决这些问题。移动应用监视工具能够提供应用行为的可见性、提供使用哪些设备或者操作系统的统计、监视用户行为以便确定成功地利用了哪一个应用程序的性能。

### 4. 用户体验设备

随着技术的不断发展，用户体验跟之前相比也提升了一个档次，高级移动用户体验设计是采用各种新技术和方法实现的，如“安静的”设计、动机设计和“好玩的”设计等。

领先的消费者应用程序为用户界面的设计制定了一个高标准，所有的机构必须掌握新的技能并且与新的伙伴合作才能满足用户日益增长的需求。

例如高精确度移动定位技术是现在运用较为广泛的一项技术，也是发展较为成熟的一项技术，知道一个人的精确位置是提供相关位置信息和服务的一个关键因素。而利用室内准确定位的相关应用现在使用的就是 Wi-Fi、图像、超声波信号和地磁等技术，从长远看，准确的室内定位技术与移动应用的结合将产生新一代非常个性化的服务和信息，如图 1-6 所示。

▲ 图 1-6　室内准确定位

可穿戴设备的 4 个基本操作模式如下。

持续性：可穿戴设备是一直保持运行状态的，时刻都在与用户交互。例如，智能腕带会时刻记录用户的运动数据，显示用户的运动进展情况，所以可穿戴设备真正实现了信号流“从人到设备，从设备到人”。

增强性——用户在做事时，可穿戴设备可同时运行并为用户服务。从目前的应用来看，利用可穿戴型设备可以大大增强用户的感官，还能通过分析提升办事效率。

调解性——可穿戴设备是可以成为身体装备的，设备通过与肌肤接触，测量人体生理指标，真正实现人与设备的一体化。

隐私性——可穿戴设备可以像用户日常穿着的衣服一样保护我们的隐私，可穿戴设备的隐私是其他人看不到的，而且未经用户的允许，其他人也不能操作设备。

### 1.2.3　移动互联网时代的新社交

人们喜欢社交网络，从感到新奇，到依赖，到讨厌，到另寻新的社交网络，这便是时下的社交网络现状。人们利用社交网络和朋友保持及时的交流，维系自己的社交圈，并掺杂着自己的喜怒哀乐。随着移动互联网的普及，社交也开始推陈出新，建立适合大众“胃口”的新型社交网络，这个过程大致有 3 步，如图 1-7 所示。

▲ 图 1-7　新社交演变过程

### 1. 社交圈从崭新变陈旧

当第一个热门社交网络开心网崛起时，用户迫不及待地把很多好友从 QQ、MSN 拉到开心网上，成为好友，但是在 2 ～ 3 年后，很多人已经联系不多，还有一些人之间的关系发生了微妙的变化，比如情侣分手、同事高升、同学发财等，这就造成许多用户已经不愿意再和这些人像以前那样亲密无间。同时随着这个社交网络中变淡关系的“好友”增多，人们的热情也就消退了。

除了这些让用户不平衡、不喜欢、不爽、不屑的“好友”以外，原来的好友也变得有些枯燥，有的总发美食，有的总转发段子，有的总到处释放负能量，这些都让用户有些厌倦。总之，老的社交网络变得暮气沉沉，让人越来越感觉乏味。

### 2. 适时建立新社交圈

移动互联网带来了新的社交网络，各种各样的社交 APP 如海浪一样呼啸而来，喜欢新潮的朋友们纷纷开设账户，尝鲜体验。而作为老社交网络的老用户，也发现这是一个好时机。于是，用户会把最常联系的朋友、最想再联系的朋友，都第一时间加到新的社交网络里。

除了淘汰一些不喜欢的人外，用户们还希望能跟我们的好朋友亲上加亲，多一种联络方式，增加一丝亲密感。有的时候，打开一个社交网络，就基本可以把自己的好友动态全部掌握，这就是用户所追求的理想状态。

### 3. 寻找共同点

古人有云：“独乐乐，不如众乐乐。”社交网络也是一个寻找“众乐乐”的过程，在微信基本的聊天功能外，用户喜欢上了朋友圈。在朋友圈有些腻烦后，用户又不断地去寻找新的共同点，对一个照片的看法，对一个新游戏的感受，一个又一个共同点加强了彼此的联系。例如微信中的游戏就是一种很好的与好友互动的社交过程，喜欢同一款游戏的用户就有了共同点，如图 1-8 所示。

▲ 图 1-8 微信社交游戏

社交网络有一个特点就是高峰过后是低谷，人们的兴高采烈，只能持续一段时间，而后又会归于平静。所以，新的社交网络，需要带给用户新的共同点，让用户有新的认同感。

我们现在的兴趣爱好，主要是通过论坛、QQ 群、豆瓣等进行交流的，从兴趣诞生的社交网络，应该更具有活跃度和生命力。老树可以开花，一个社交网络也可以通过细心的设计，让有共同点的人们聚在一起，形成新的体验。

## 1.2.4 移动互联网时代的新媒体

新媒体是一个相对的概念，是继报刊、广播、电视等传统媒体以后发展起来的新的媒体形态，例如网络媒体、手机媒体、数字电视等。同时新媒体又是一个宽泛的概念，指的是利用数字技术、网络技术，通过互联网、宽带局域网、无线通信网、卫星等渠道，以及计算机、手机、数字电视机等终端，向用户提供信息和娱乐服务的传播形态。

新媒体是新的技术支撑体系下出现的媒体形态，相对于报刊、户外广告、广播、电视四大传统意义上的媒体，新媒体被形象地称为“第五媒体”。新媒体与传统媒体最大的区别，在于传播状态的改变：由一点对多点变为多点对多点。从传播学的角度来分析，新媒体传播有 4 个特点，如图 1-9 所示。

▲ 图 1-9 移动互联网新媒体的特点

### 1. 价值

就媒体本身意义而言，媒体是具备价值的信息载体。载体具备一定的受众、信息传递的时间、传递条件，以及传递受众心理反应的空间条件 4 个价值。这个载体本身具备的价值，加上所传递信息本身的价值，共同形成媒体存在的价值。

近几年来媒体不断发展，但经过市场考验留下来的却少之又少。其中有一些就是因为其没有深入调研媒体核心价值所在而盲目拷贝别人的理念导致失败的；或者是由于理念过于超前不能被市场认可，没有深度分析消费者形态而强行细分难以体现媒体的基本价值导致失败的；或者基本价值与市场不协调导致失败的。

### 2. 原创性

新媒体之所以称之为新，主要原因是具备基本的原创性。这里的原创性，区别于一般意义上个人或个别团体单独的原创性，应该是在一段特定的时间内所赋予的新的内容的创造，是一种区别于前面时代所具备的内容上、形式上、理念上的更革新的一种创新。

移动互联网的便捷性让新媒体的原创成为可能，国内许多 APP 应用都是基于用户原创的角度进行开发的，例如美拍上面的短视频大部分都是用户原创，接地气、迎合大众的胃口，如图 1-10 所示。

▲ 图 1-10　美拍 APP

### 3. 效应

新媒体必须具备影响特定时间内、特定区域内的人的视觉或听觉反映的因素，从而产生相应的结果。例如网络在 20 世纪 90 年代中期接入我国，那么网络就属于一种新型的信息载体，而且形成了巨大的效应，在特定区域、特定时间内几乎改变了人们的生活方式。再例如微信基于附近人的社交方式改变了传统的社交模式，而微信支付等金融辅助功能的加入，极大程度改变了移动互联网用户的支付习惯，这种效应必然产生特定的结果。

由于这个效应的变化发展，不排除新媒体可以发展成为主流媒体的可能，也就是新媒体在一定的时机也可以脱离新媒体概念的限制，所有的概念都是随着发展而变化的。

### 4. 生命力

新媒体作为媒体而存在，必须有一定生命力，或长或短必须有其存在期间的价值体现，而这个价值体现的长短，就是生命周期。

由于近几年我国媒体发展迅速，新媒体的发展日新月异，再加上各类媒体细分思维的影响，各种形式的创意嫁接层出不穷。但是很多媒体没有把握住新媒体的核心价值，而盲目生搬硬套，导致新媒体不具备一定的生命力。因而这些在混乱中夭折的媒体不能算是媒体，更不能称其为新媒体。

所以，移动互联网时代的新媒体是一种基于移动终端独有特色和移动互联网用户特点的新媒体形式，在这个媒体平台上，人人都可能成为新媒体中的一员。

**专家提醒**

从营销学的角度来说，移动互联网新媒体的机会在于，谁能掌握更强更好的移动营销模式和技术，谁就能把握移动互联网更多更广的利润。所以，未来新媒体的竞争在于自媒体的竞争，而自媒体的机会就在于谁能率先实现“移动文化电子商务平台”。

## 1.3 物联网 + 移动互联网 = 移动物联网

如何基于物联网和移动互联网这两大技术创新，实现更加方便快捷的生活方式、随时随地随需地获取信息和服务成了互联网用户逐渐关心的问题，移动物联网就是在这样的大环境下应运而生的，且发展迅速。

### 1.3.1 什么是移动物联网

移动物联网是由无线互联网技术、射频识别、无线数据通信等技术所组成的网络体系，同时又是移动通信、移动终端、物联网三大领域碰撞和融合的结果，是物联网发展的重要模式和途径。移动物联网体系覆盖面极广，可实现现实世界中所有物体的自动识别和信息的互联共享，如图 1-11 所示。

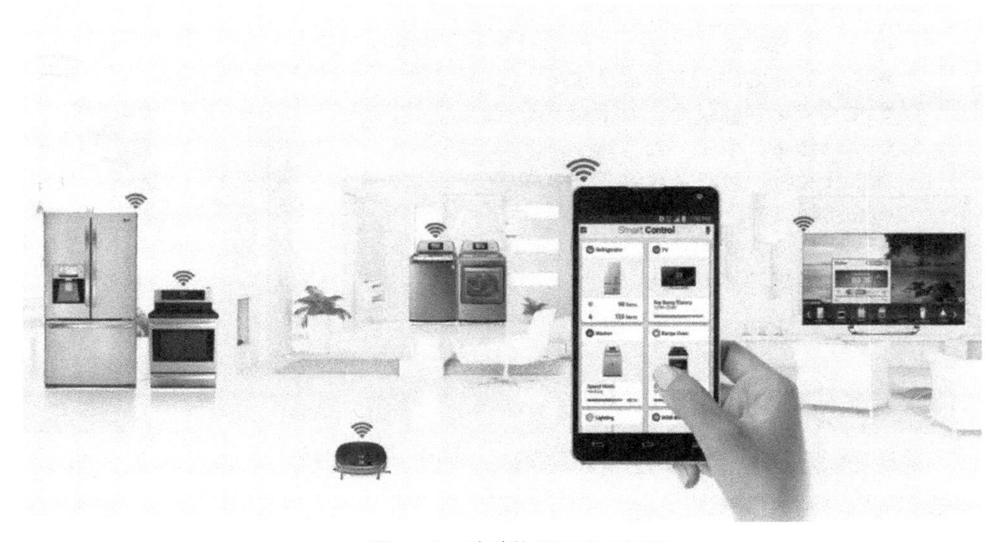


▲ 图 1-11 移动物联网应用场景

移动物联网作为物联网的重要应用模式和发展途径，目前在国际上尚未有明确的定义和发展指向。但从全球物联网的发展中可以看到移动物联网正在经历着爆发式增长，尤其是随着智能终端的普及，移动化的物联网系统在世界范围内正朝着越来越重要的方向发展。

从物联网发展的情况看，目前，物联网已经成为各国正在加大投入和快速发展的重要战略性产业，主要体现在以下几个方面。

在战略规划方面——各国都出台了和物联网、智慧城市等密切相关的规划和计划，并为之投入大量财力。

在网络基础方面——移动网络是各国重点建设的网络基础内容，在一定程度上，移动网络已经成为和固定网络并行甚至更为流行的网络。

在技术研发方面——物联网核心技术及核心标准的研发已经在各国快速展开，其中有很多涉及移动化的技术。

在应用模式方面——物联网的发展正在演化出越来越多的应用和运营模式，其中移动化的发展模式显得较为突出，在部分领域已经取得了市场认可和积极回应。

移动物联网技术是一种基于互联网、无线局域网和传统通信网络等信息载体，让所有能够被独立寻址的物理对象，实现相互间数据传输的网络技术。它顺应着移动化、无线化、网络化的发展趋势，在应用模式上正快速受到社会各界的认可和接受，并在很多领域酝酿着巨大的市场机会。

**专家提醒**

目前，国内物联网（包括移动物联网）主要有以下几个发展特点。

- 发展热情空前，市场前景看好。
- 技术研发相对较强，处于世界前列。
- 移动化发展路径受到青睐。

未来移动物联网将呈现以下发展趋势。

- 应用规模将迅速扩张。
- 支撑环境将更加成熟。
- 应用领域将更加广泛。

## 1.3.2 移动物联网的 3 层架构

移动物联网作为物联网发展的重要模式，已经悄然渗透到人们生活的各个方面，从最初的概念到如今的逐步应用，在全球范围内已经有越来越多的政府和企业将移动物联网纳入战略规划中。

移动物联网的体系架构大概可以分为 3 层，分别是应用层、网络层和感知层，如图 1-12 所示。

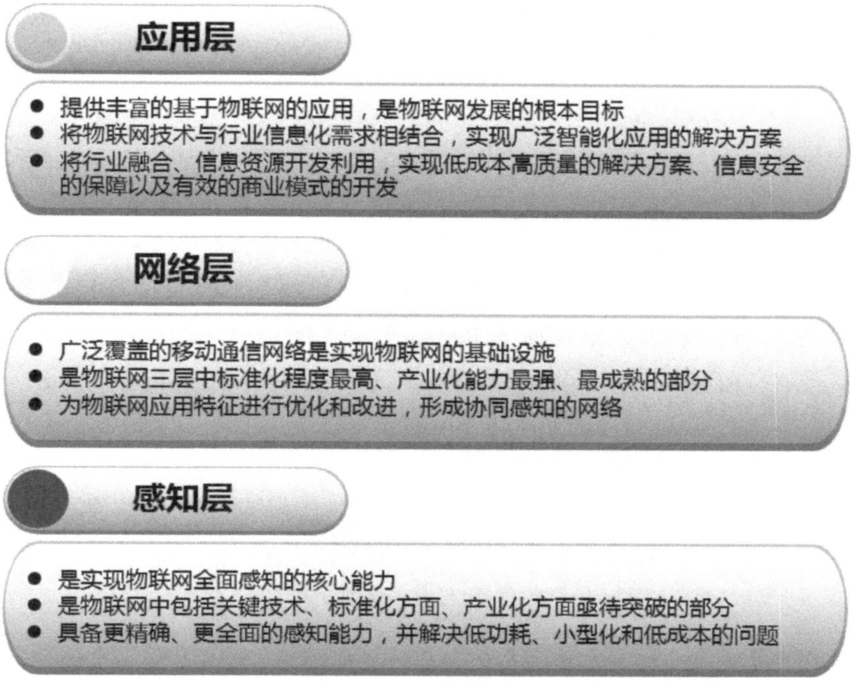

应用层

- 提供丰富的基于物联网的应用，是物联网发展的根本目标
- 将物联网技术与行业信息化需求相结合，实现广泛智能化应用的解决方案
- 将行业融合、信息资源开发利用，实现低成本高质量的解决方案、信息安全的保障以及有效的商业模式的开发

网络层

- 广泛覆盖的移动通信网络是实现物联网的基础设施
- 是物联网三层中标准化程度最高、产业化能力最强、最成熟的部分
- 为物联网应用特征进行优化和改进，形成协同感知的网络

感知层

- 是实现物联网全面感知的核心能力
- 是物联网中包括关键技术、标准化方面、产业化方面亟待突破的部分
- 具备更精确、更全面的感知能力，并解决低功耗、小型化和低成本的问题

▲ 图 1-12 移动物联网的 3 层架构

### 1. 应用层

移动物联网应用层是移动物联网与现实物理世界的接口。应用层与各种形式的行业需求相结合，可实现移动物联网技术在现实世界中的智能应用。

### 2. 网络层

移动物联网网络层技术由各种互联网、有线网、无线通信网、网络管理系统和移动云计算技术平台组成。网络层技术设计解决的问题，是将物联网感知层所获得的信息数据，在一定范围内通过 4G 移动通信网、国际互联网、企业内部网、小型 WLAN 局域网等网络手段传输到最终服务器上。

### 3. 感知层

移动物联网感知层是移动物联网采集信息、识别物体的技术手段。移动物联网感知层由传感器和传感器网关组成。一般组成部分包含 RFID 标签、读写器、温度感应器、湿度感应器、二维码标签设备、摄像头等。主要技术有：短距离有线技术、无线通信技术和检测技术等。

### 1.3.3 可穿戴设备：人体的延伸

前面介绍过，可穿戴设备是属于移动终端的一种，如果仔细观察会发现，可穿戴设备更多是实现物物联网，也就是基于移动互联网技术实现设备的互相连接。

可穿戴终端是移动互联网与物联网的最早交集之一，是人体延伸的一种全新方式。一方面，作为人体的传感器，它可以自动采集人体信息或与个体用户相关的信息，将这些信息自动传送给相关的人或设备，这意味着人体的状态更多地被“感知”；另一方面，它以增强人体功能的方式，促进了人在移动或变化环境中的信息采集、传输与处理能力的提升。例如小米公司研发的产品——小蚁智能摄像机，就是一个很好的例子，如图 1-13 所示。

▲ 图 1-13　小米小蚁智能摄像机

小蚁智能摄像机可以放置在任何你需要的地方，通过手机或平板电脑，用户可以随时随地了解家中的情况。即使不在家中，也可随时进行双向语音通话。用户甚至还可以远距离参与家人的生日派对，抓拍欢乐的瞬间，不错过任何一个精彩时刻，如图 1-14 所示。

小蚁智能摄像机使用全玻璃镜头，比一般摄像机采用的树脂镜头有更好的光学性能，画面更通透细腻。分辨率为 1280×720，不容易注意到的小细节也能完好记录。F2.0 大光圈，即使光线较弱的阴天也可以得到良好的观看画质。

小蚁智能摄像机拥有独特的码流自适应技术，可进行高清、标清、自动模式观看。自动模式下，独特的码流自适应技术可根据网络实时状况，自动匹配最适应当前观看环境的模式。即使网络环境极差，也可以保持连接，以图片形式让用户看到家中状况。

▲ 图 1-14 通过平板电脑远程查看

类似于这样的科技创新还有许多，他们都有一个共同的特点，就是传统生活中毫无关系的物品通过互联网技术与移动终端进行连接，从而方便移动互联网用户延伸身体的功能。这就是移动互联网时代的物联网。

### 1.3.4 感知与适配：移动信息服务的深化

移动互联网的核心是移动，也就是在不断变化的环境，无论是自然环境还是人文环境，移动互联网使得传播环境或情境的意义被放大，环境和情境成为了传播活动的一个重要变量。而物联网技术使得环境数据的获取更为便捷、及时。因此，提供个性化、与环境适配的信息服务，在很大程度上依赖于物联网技术的支持。

例如，NFC 凭借其快速的触碰通信、极好的使用体验，让该技术逐渐进入各个领域，如支付行业，只需简单地在非接触 POS 机上轻轻一碰就能快捷完成小额支付，这就是移动信息服务深化的直接体现。

在快节奏的今天，NFC 手机支付的体验是前所未有的。在广告业当中，附加 NFC 标签的广告贴纸让触碰的消费者能够获得更多广告信息，随着近几年穿戴设备逐渐成为热门，NFC 也在该行业大展神威。

国外 NFC 公司 Kickstarter 就曾经推出一款 NFC 戒指，内置两颗 NFC 标签，朝向掌心的 NFC 标签内容编辑较为私人的信息，而朝外的注重分享。Kickstarter 的创新是内置两颗标签，更加人性化地区分私人信息与公共信息，如图 1-15 所示。

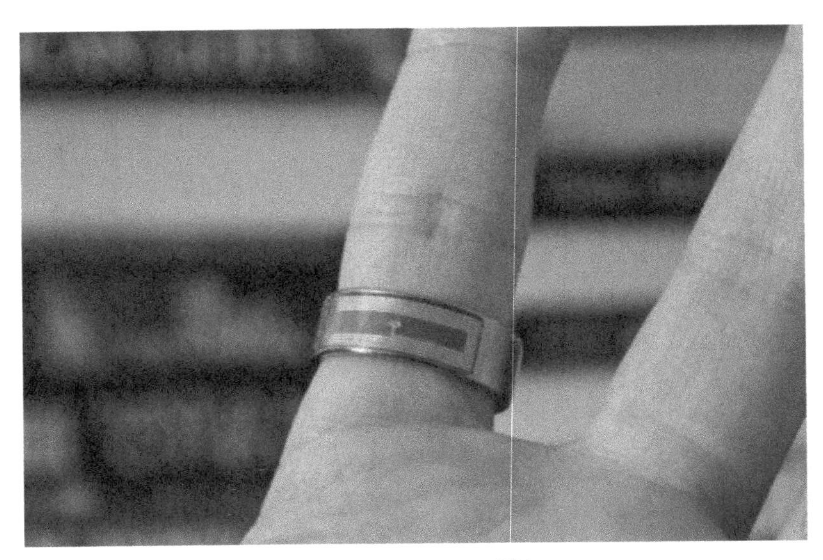

▲ 图 1-15　NFC 戒指

另外英国 Kiroco 曾推出的 NFC 首饰也极具创意，购买 Kiroco 的 NFC 首饰之后，购买者通过 Kiroco 的网站上传个人信息，每个首饰拥有一个账户。当有人发送信息给此人时，NFC 手机就会有信息提醒，如果没有 NFC 首饰，即使知道有信息来到，也不能查看发送的信息。

如果 NFC 首饰不只是简单的读取功能，那么 Glocn 推出的手镯就拥有强大的交互功能，如图 1-16 所示。

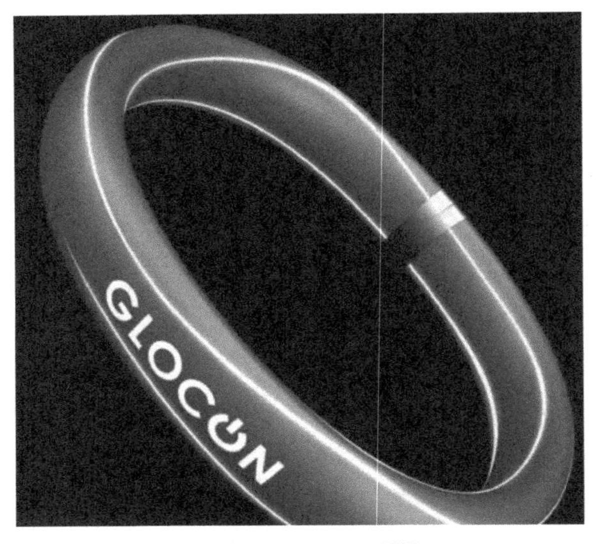


▲ 图 1-16　Glocn 手镯

Glocn 手镯拥有微型 USB 接口、震动电机、压力感应、LED 发光条等硬件，配置蓝牙 NFC 等无线通信技术，通过手镯与手镯、手镯与手机之间的完美配合，可以感应两个佩戴者之间的选择性功能，例如给孩子佩戴时，孩子离开 50 米之外时，手镯就会提醒家长。这一切都是通过移动物联网的多种创意技术复合，让生活变得更加人性化。

# 第 2 章

## 智能生活：
## 移动物联网带来极致生活体验

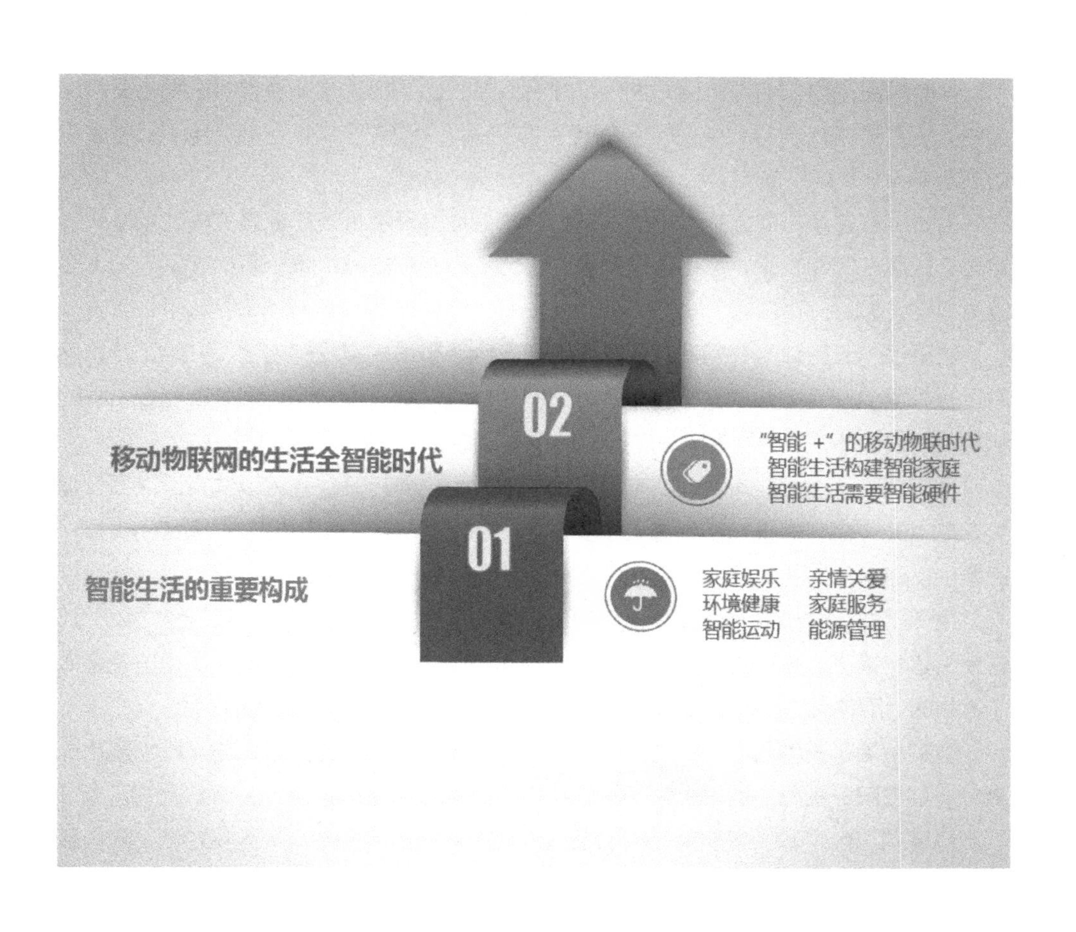

# 2.1 移动物联网的生活全智能时代

物联网是开启智能生活的重要标志，而移动物联网让智能生活更加全面，因为移动物联网打破了时间、空间、地域的限制，使我们在生活中随时随地都可以处在智能化的环境中。所以，移动物联网时代的生活是全智能生活的时代。

## 2.1.1 移动物联网开启智能生活的一天

你有没有想过，有一天的生活是这样的。

早晨清新的闹铃声把你叫醒，坐起来伸个懒腰穿上衣服，拿起手机点一下，窗帘缓缓打开，清晨的阳光照射进来。然后点击手机，此时微波炉开始加热你的营养早餐、豆浆机开始工作为你做一杯新鲜的豆浆。当你刷了牙、洗完脸之后即可享用美味的营养早餐。

你收拾完东西匆匆忙忙离开家门，好不容易挤上了地铁却突然想起家里的空调没有关，于是你打开手机上的 APP，轻松关掉空调。为了安全起见，你又用手机将家里的主要电源给关掉，安安心心到公司上班。

上班闲暇之余，突然想起家里的狗狗，于是你打开手机远程连接家里的摄像头，看见它正趴在窝边发呆，你用语音功能叫了它一声，它立马机灵一下抬起头，却怎么也发现不了你。

忙碌了一天的你坐在回家的地铁上，你拿出手机遥控家里的电饭煲开始工作，然后打开家里的空气净化器，将封闭了一天的屋内空气重新换一下，然后遥控卫生间的热水器开始加热，准备回家以后洗一个热水澡，驱走一天的疲惫。

到家门前，开门的一刹那，家里主要的照明灯全部打开。吃完饭洗完澡之后，你坐在床上看电视，却不知不觉进入了梦乡，此时家里的电视机、灯光全部自动关掉，空调也在你的身体温度最合适的时候关掉了，忙碌的一天过去了。

也许很多人会觉得这些像美国科幻大片里的场景在现实生活中都是无稽之谈，那你就大错特错了。移动物联网时代，当把物与物通过互联网连接之后，实现这些是非常容易的，而这就是移动物联网时代的智能生活，它正在悄悄走近我们。

智能生活是一种新内涵的生活方式，它依托云计算的存储技术，在家庭场景功能融合、增值服务挖掘的指导思想下，采用主流的互联网通信渠道，配合丰富的智能家居产品终端，构建享受智能家居控制系统带来的新的生活方式，从而多方位、多角度地呈现更舒适、更方便、更安全和更健康的家庭生活，进而共同打造出具备共同智能生活理念的智能社区，如图 2-1 所示。

▲ 图 2-1 智能生活场景

其实，在现在的生活中，“智能”这个词已经铺天盖地、漫天飞舞。如今我们可以通过智能手机来操作电视、空调、电灯、汽车等，也许在不久的将来我们的生活将完全被智能化设备所占领，哪怕是你最常见的筷子、锅碗瓢盆都将变得智能。所以，将来的智能不仅仅停留在电视、空调、电灯等方面，更多的将应用于我们生活的方方面面。

移动物联网即给日常生活用品装上传感器，连接互联网，方便操控。这和两种技术——云计算和移动互联有很大联系。没有云计算，我们今天的许多移动 APP 就不会存在。他们依靠现有的强大的云计算同步和存储技术，提供一个令人叹为观止的跨平台用户体验。

例如，智能手表的初始功能可能主要是提供管理数据，但随着时间的推移，未来的智能手表将可以执行基本的智能家居控制命令。并且，智能手表的便携性大大超越了现今热门的平板电脑，甚至超越了手机，如图 2-2 所示的 Apple 智能手表。

所以，智能手表能够作为一种辅助工具与云计算、移动互联配合起来，以实现信息管理。独立的智能手表，或者作为配套工具使用的智能手表，都可以完成用户的基本命令。

**专家提醒**

不只是智能手表，未来还会出现更多的可以控制物联网中物体的设备。

云计算、移动互联的发展带给了人们无尽的想象空间。一些以前遥不可及的想法，在不久的将来都是可实现的。

▲ 图 2-2　Apple 智能手表

### 2.1.2　打造“智能＋”的移动物联网时代

2015 年，一款名为 Autonomous Desk 的智能办公桌在 Kickstarter 众筹并迅速达到预期的 5 万美元目标。这款产品由人工智能驱动，可上下调整高度满足用户站立办公和坐姿办公的需要，如图 2-3 所示。

▲ 图 2-3　Autonomous Desk

刚开始使用的时候，用户需要手动切换，Autonomous Desk 的人工智能系统会学习用户的使用习惯，数天之后就可以自动为用户进行站姿和坐姿之间的切换。此外，该办公桌还可以与室内的智能设备连接，控制温度、光线和开关门等。

目前，“智能＋”模式的移动物联网在中国呈健康发展的态势，企业借势创新的精神依然不减。例如近两年国内城市不断出现雾霾天气，这一状况引起了全民对空气污染问题的关注。但是从很多报告中可以看出，现阶段空气污染问题没有办法从根本上解决。因此在雾霾天气的影响下，空气净化器市场变得异常火爆。例如，一直做手机起家的小米跨界推出了空气净化器，899 元的价格延续了小米一贯的高性价比，以空气净化器市场“价格屠夫”之势亮相，迅速获得一大票好评。小米空气净化器在主要功能上与其他空气净化器没什么太大不同，唯一与众不同的是小米公司将“智能化”的思维植入到产品之中。小米空气净化器将小米手机通过与互联网相结合，使用户可以通过手机来远程控制该产品，这就是这款产品最核心的价值体现，也是小米在移动物联网的思维下的一大创新。无论身在何地，只要通过移动互联网，就可以为家中的亲人打开空气净化器，如图 2-4 所示。

▲ 图 2-4 手机远程控制小米空气净化器

如果从宏观角度来看的话，小米正在通过移动物联网的“智能＋”思维不断扩大自己在互联网产业中的垂直领域，从小米手机到小米电视盒，再到现如今的空气净化器，每一次创新都是不断扩大与创新。

基于移动物联网的生活创新近年来呈现出不断增长之势，就拿以网络安全安身立命的 360 公司来说，也接二连三地发布了多款智能硬件小产品。例如，360 随身 Wi-Fi、360 智键、360 安全路由、360 安全手环等，其核心宗旨是以网络安全为垂直领域，在移动互联网时代为用户带来极致的生活体验。

快鱼吃慢鱼，在互联网时代是一个被反复证实的经验。这正是为什么许多创业企业在第一时间借助资本市场的力量加速自身发展，跑马圈地建起护城河的原因。而在这个过程中，基于移动物联网带来的生活的创新是不能停滞的，就像小米一样，谁也没想到将两个毫无相干的产品——空气净化器和手机“捆绑”在一起会有如此惊人的效果和市场。

**专家提醒**

目前，移动物联网产品依然处于一个概念化阶段，消费者在感知和认知度上存在距离，无法从根本上去了解这样的产品和传统家电之间到底有什么区别，另外没有统一的行业标准也让产品本身和市场鱼龙混杂。

### 2.1.3 智能生活构建智能家庭

在万物互联的大环境下，智能家居所构架的未来体系也在向更加智能化、人性化的方向发展，多年前关于未来智能家庭生活的美好构图现在正在逐步成为现实。

借助物联网技术，现在的智能家庭是以住宅为平台，构建高效的住宅设施与家庭日程事务的管理系统，兼备建筑、网络通信、讯息家电、设备自动化等功能，建立高效、舒适、安全、便利和环保的居住环境，如图 2-5 所示。

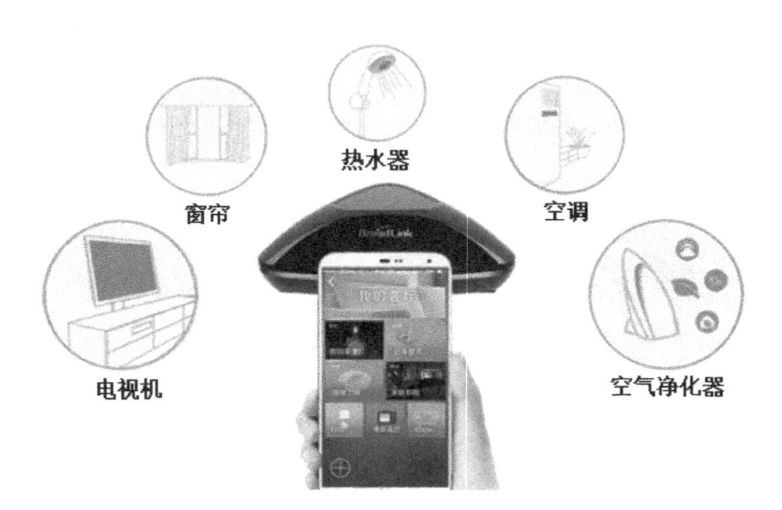


▲ 图 2-5　智能家庭系统

据统计，全球智能家庭设备增速将超过智能手机和平板电脑市场，在 2019 年达到 4900 亿美元。

发展至今的互联网可以划分为 3 个阶段（如图 2-6 所示），如今正在踏入第 3 个阶段。物联网会呈现出怎样美妙的场景？万物互联使互联网从人连接人到人连接万物，而所有物品的连接，不仅将更易于识别与控制，还将更智能地回馈与造福人类。

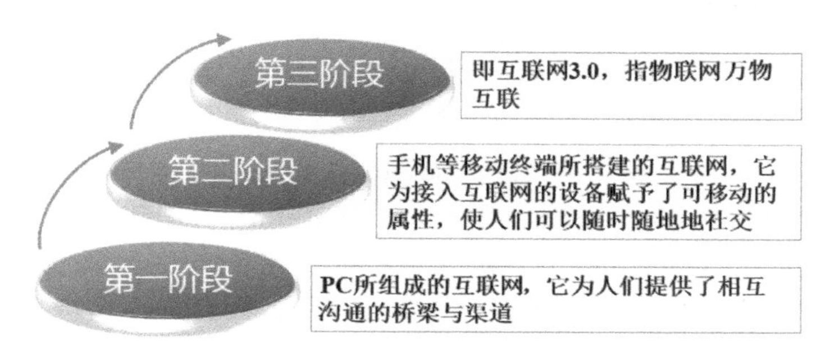


▲ 图 2-6 互联网的 3 个阶段

一直以来，开发成本高、技术难度大、无法激活整条产业链是阻碍智能家庭发展的重要原因。物联网在 2014 年有了实质性进展，2014 年甚至可以说是智能家庭发展的元年。

2014 年，互联网科技巨头、传统家电企业、移动互联终端制造商们纷纷吹响进军物联网产业的号角，而 2015 年则是决定整个智能家庭产业未来走向的关键节点。

智能家庭是家庭信息化的实现方式，物联网技术的成熟发展为智能家庭引入了新的发展空间，智能家庭成为物联网新的重要应用形式。随着物联网、大数据、云计算、人工智能等技术的不断发展及其在智能家庭上的应用，物联网智能家庭成为发展新趋势。

相信不久之后，智能家庭将不再局限于单品智能化和传统的形式。物联网智能家庭采用无线通信方式，功能丰富，通过统一平台对家庭中的智能设备进行统一管理和控制，实现智能设备之间的互联、互通、互控。

**专家提醒**

单品智能化是指家庭生活用品的单独智能化，设备安装简单、功能单一、运作独立，各设备之间不存在关联性，如单独的智能门锁、智能开关、智能家电等；传统形式则是主要采用有线通信方式，前期安装和后期较为扩展繁杂。

不仅如此，物联网的发展更将对线上线下进行全面覆盖，正如移动互联网几乎完全改变了人们生活一般，在物联网新时代，人类的线上线下生活将面临再次变革。智能家庭企业推出的智能家庭产品，营造了更安全、健康、舒适、科学、高效、便捷的家庭生活环境，展示了家庭生活的智能化未来。

### 2.1.4 智能生活需要智能硬件

智能硬件是继智能手机之后的一个科技概念，通过软硬件结合的方式，对传统设备进行改造，进而让其拥有智能化的功能。

从当前的技术发展来看，硬件智能化主要指 2 个方面：可编程和可联网。

可编程指的是赋予硬件设备软件编程接口，硬件使用者（产品开发者或用户自身）可根据需求编程定制所需功能，可编程特性实现了服务的定制，能够满足复杂的用户需求。

可联网是指设备可通过有线接入、无线接入等方式接入局域网或互联网，与应用、服务端进行数据交互，通过集成数据和集中化控制实现智能化服务。可联网特性实现了互联网服务的加载，具备了大数据等附加价值。

在移动物联网的发展历程中，智能硬件的创新从未停止过。

2013 年底，高通、思科等企业成立 AllSeen 联盟，致力于以一个充满活力的生态系统和技术社区支持的开源、通用开发框架，来推动和支持物联网产品、系统和服务的广泛应用。

2014 年 6 月，苹果推出 HomeKit 智能家居平台及其联盟，主要针对的是智能家居领域智能设备开发，并开放了应用程序编程接口。

2014 年 7 月谷歌联合三星、ARM、飞思卡尔等成立了 Thread 联盟。Thread 设备使用的是网状网络连接方式，这种连接方式能够给设备带来更大的连接范围和更可靠的连接效果。

2014 年 8 月，英特尔宣布联手科技伙伴三星、博通、戴尔等创立开放互联联盟（Open Interconnect Consortium，简称 OIC），致力于强化亿万物联网设备的互联需求，确保智能设备之间的相互通信与协同工作，从而实现个人计算与新兴物联网设备产生的信息流的无线互联和智能管理。

2014 年 10 月，中关村智能硬件产业联盟由 21 家单位发起成立，包括京东、小米、乐视、百度、海尔、奇虎、ARM、清华、北大等。21 家单位覆盖芯片设计、工业设计、软件、互联网和大数据、硬件、电商、检测认证等各个产业链环节。

当前的智能硬件行业呈现以下多极化的发展趋势。

由于智能硬件创业门槛较高，因此，各企业纷纷结成产业联盟，以求优势互补，谋求突破。

智能硬件产品种类多、技术多样化，各联盟均致力于建立能够兼容更多智能设备的硬件管理服务平台，以求吸引更多的设备和服务加入。

在这样的发展趋势下，移动物联网的发展首要问题是解决统一的标准，在可接受的范围内，尽可能将硬件设计、通信协议、服务接口等进行规范化，以减少重复开发等不必要的资源消耗，从而更大程度上整合资源，提供高质量服务。

智能硬件作为物联网的重要组成部分，其面临的问题与物联网整体发展所面临的问题相似，因此，通过物联网入口——物联网标识——实现设备与设备、设备与服务、服务与服务之间的互联互通是当前急需解决的关键问题。

所以，移动物联网智能硬件在产业巨头的带动下，将迎来一个发展高峰期，各企业和联盟将不遗余力地解决其中涉及的技术问题，把握其中的根本和关键，从而在产业发展过程中占据有利地位。

### 2.1.5 智能硬件的未来

智能硬件的火爆超出很多人包括业内人士的预期。随后，也搅动了所有的科技公司、硬件制造厂商和创业者的心，围绕智能手机，他们展开了多项设计，蜂拥至智能硬件市场。

关于智能硬件的发展趋势，我们认为智能产品最终将会实现以下 4 个特性。

#### 1. 全感应检测和全自动服务

智能设备像是一个传感器，可以实时检测环境和用户的各个方面，同时，这些服务都是全自动、独立运行的，不需要用户碰触任何开关。

#### 2. 同时具备输入和输出功能

目前，市场上有很多智能设备，可以分为输入端设备和输出端设备两种。输入端设备的特性是隐形和无感，长时间不需更换电池或充电，价格较便宜。它的功能是采集数据，例如一些空气检测硬件。但是却没有后续功能，比如指示你该如何改进或者联动一些设备做出反应。而输出端设备却很好地弥补了这一点，比如智能空气净化器，可以对输入端设备采集到的空气检测结果做出有效的应对。这才是用户关注度较高的方面，但是现在大量旧设备并没有联网。

因此，未来的产品趋势就是一个产品需要同时具备输入和输出功能，既能采集数据，也能起到执行作用。

#### 3. 实时联网，独立运作

未来移动设备将走 GPRS/3G/4G 网络，定点设备将走 Wi-Fi。而智能产品要做到这一点，就必须摆脱对手机的依赖。因为手机兼备的功能太多，制约也多，智能产品如果依赖手机就无法全自动运作，无法实时联网，也比较容易受干扰。例如一款智能灯泡，用户需要在指定网站下载并安装 APP 应用程序，本来一个开关就能控制灯，现在却需要打开手机，找到 APP，然后才能实现开关等功能，这并不符合用户的使用习惯。

#### 4. 移动物联网将成为新的入口

从电商层面看，移动物联网将是电商的未来。例如亚马逊推出名为 Amazon Dash 的家用产品，该产品支持直接通过语音输入或者利用 Wi-Fi 网络扫码向亚马逊传送信息，将食品杂货添加到网上购物车，极大地缩短了用户的购物路径，而缩短路径就意味着新的入口，而这就是互联网巨头争相抢夺的新的关键点。

## 2.2 智能生活的重要构成

智能生活是基于互联网平台打造的一种全新智能化生活方式。其依托云计算技术，以分发云服务为基础，在融合家庭场景功能、挖掘增值服务的指导思想下，采用主流的互联网通信渠道，配合丰富的智能家居终端，带来的新的生活方式。

### 2.2.1 家庭娱乐

科技的进步促使人们的生活节奏日益加快。在如此快节奏的生活下，人们的身体和精神极易疲劳，尤其是精神上。当社会给予的约束难以释放时，大多数人会选择虚拟世界，通过游戏释压。

而随着虚拟现实等技术的发展，如果你的游戏还仅限于 PC 端的网络游戏或手机端的移动游戏，那么你就 out 了。传统的互联网游戏存在诸多的弊端，尤其是对玩家的心理和生理的影响是众人皆知的。那么在物联网时代的智能生活，又会为家庭娱乐带来哪些创新呢?

随着移动终端功能的逐步完善，再加上与其他智能硬件的结合，体感游戏正在进入平常人的生活，成为家庭娱乐重要的组成部分。体感游戏，顾名思义，就是用身体去感受的电子游戏。突破以往单纯以手柄、按键输入的操作方式，它是一种通过肢体动作变化来进行操作的新型电子游戏，如图 2-7 所示。

▲ 图 2-7 体感游戏

现在只要将自己的移动终端连接无线网或蓝牙就可以直接进行游戏控制。试想，通过虚拟现实技术体验雄鹰翱翔于天际的独特视角，或是置身于球场和 NBA 明星打一场篮球赛，亦或是足不出户体验异域风情，将会是怎样的一种体验。

一款名为“AIWI 体感游戏”的手机应用就是这方面的代表。AIWI 体感软件可以将智能手机化身为体感游戏手柄。智能手机及计算机安装 AIWI 软件后，通过无线连接，马上可以用手机直接操控计算机并进入 AIWI 体感游戏平台上的游戏。游戏平台提供多款自制游戏下载，如图 2-8 所示。

▲ 图 2-8 AIWI 体感游戏

体感游戏就是建立在移动物联网基础之上的一种家庭娱乐游戏模式，它将手机、平板电脑或专属的游戏手柄作为游戏控制设备，通过 Wi-Fi 或个人热点与游戏显示设备如智能电视、计算机进行连接，从而在手机上实现对游戏的控制，带来不同的游戏体验，如图 2-9 所示。

▲ 图 2-9　AIWI 体感游戏的移动物联网模式

## 2.2.2　亲情关爱

生活节奏的加快，导致了年轻人疲于工作，忽略了身边的家庭，甚至是不远千里背井离乡，使得越来越多的老年人处于“空巢”或“独居”状态，生活上需要有人照料。

随着视频通话等技术的发展，这一状况得到了改善，通过视频通话，父母不仅可以听到声音，还看得到儿女。随着移动物联网的发展，也许未来透过智能移动终端和家里的智能硬件，甚至就可以像陪伴在亲人身边一样，给他们贴心的关怀。

例如，国内的互联网公司乐视网，很早就开始尝试利用移动物联网实现产品之间的链接。在传统的乐视大屏电视的基础之上，乐视又开始在智能硬件领域布局，其中亲子智能硬件产品“乐小宝”无疑是乐视进军移动物联网领域最大的亮点，如图 2-10 所示。

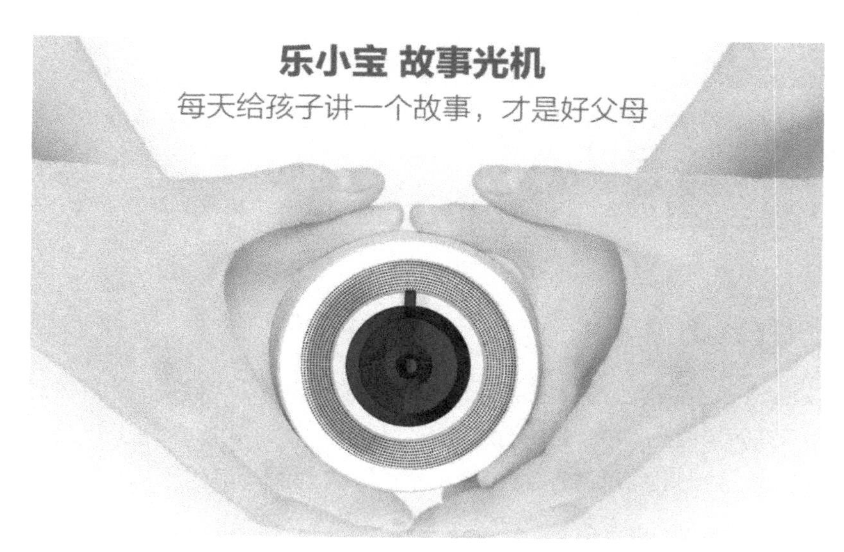


▲ 图 2-10 乐小宝

乐小宝内置麦克风，并且在手机端开发了相应的对讲功能。父母可以用手机和孩子进行语音对讲，孩子按住乐小宝上的语音键，就能和父母对讲沟通。通过手机 APP 和低亮度投影仪配套，可帮助用户给孩子讲故事，如图 2-11 所示。依托乐视网亲子频道的丰富内容，为用户提供涵盖教育、冒险、童话和宠物等方面的 16 万个儿童视频，时长 240 万分钟。

▲ 图 2-11 通过手机 APP 讲故事

另外，乐小宝还可以根据乐视提供的故事模板，将用户事先录制好的讲故事视频，推送给自己的宝宝，就好像是一个故事版的卡拉 OK。

**专家提醒**

亲子领域的智能硬件需要更好地服务于父母和儿童之间的互动，让两者之间的沟通更加有趣。智能硬件起的作用应该是帮助父母促进孩子生理、心理的发育和各方面的健康成长，增进父母和孩子的情感联系，这些都是移动物联网开发者需要考虑到的内容。

### 2.2.3 环境健康

雾霾已成中国最广泛关注的现象。糟糕的环境严重地影响着我们的身体健康，长时间暴露在有污染的环境中，对我们的身体百害而无一利。大环境我们一时难以改变，但是自己的家，我们是拥有完全控制权的，透过智能生活产品我们可以改善自己的“一亩三分地”。

空气中的许多污染物很难通过肉眼感知，却可以依靠智能设备监测室内环境，锁定污染物的来源，有效地改善空气质量，通过对湿度、温度、二氧化碳、氧气浓度的智能调节，让我们一直处在最适宜的家居环境中。

相关监测数据显示，2014 年 10 月上旬空气净化器线上市场的销售额环比增长了 123.3%。未来我国空气净化器销量将保持 30% ~ 35% 的高速增长。这些数据一方面使我们对周边的空气环境产生危机感，另一方面也直接说明了空气净化器在未来的重要性。

智能空气净化器的投资案例接连不断，除了前面我们提到的小米涉足空气净化器领域，互联网企业在移动物联网模式下的创新也从未停止过。例如，墨迹天气应用公司推出了一款叫做“空气果”的智能硬件，可以说这就是一款可以测量天气和空气数据的小型个人气象站，如图 2-12 所示。

▲ 图 2-12 墨迹天气“空气果”

通过与墨迹天气 APP 相连后，用户可以在手机上一键监测空气果所在室内的健康级别，获得温度、湿度、二氧化碳浓度、PM2.5 浓度等值，如图 2-13 所示。

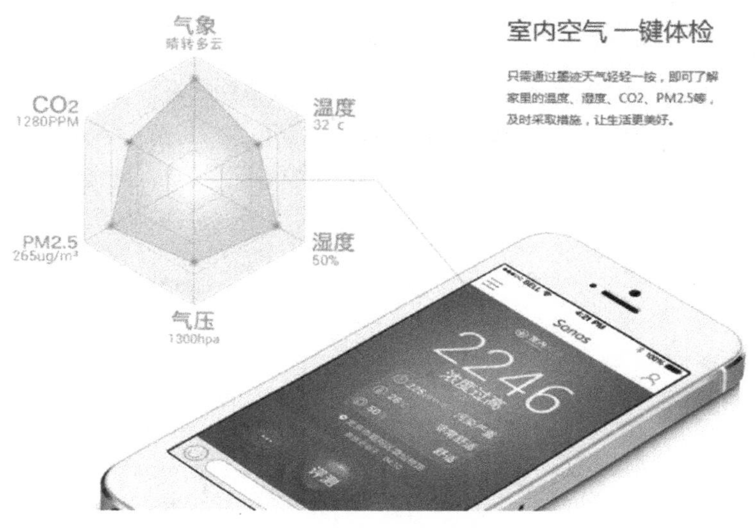


▲ 图 2-13　空气果的主要功能

空气果具备一般移动物联网产品的连接功能，可以通过 Wi-Fi 与手机的墨迹天气 APP 进行连接，随时了解室内环境的健康级别，即使出门在外，也能随时随地了解和掌握家人所在居所的空气状况。

**专家提醒**

智能硬件在移动物联网这样的大环境背景下，智能化的空气净化器正在成为刚需产品，并有机会成为智能生活的突破口。当然，空气检测与净化还需要通过大数据形成从环境监测、数据收集到空气净化的良性循环，并以透明的价格被广大消费者所接受。

## 2.2.4　家庭服务

随着家用智能用品技术的发展，智能家庭服务不再是幻想，尤其是在移动物联网的大环境下，智能家庭服务设备已变得越来越灵活。

常下厨的人会有如此的体验：倘若一道料理需要花费很长时间慢火熬制而成，那么等待的时间并不轻松。你要时不时放下刚刚玩了一会的游戏、看了半集的连续剧，跑进厨房查看。智能家居的物联网理念，就是要让人们的生活更方便。于是，智能厨具的出现解决了用户的“痛点”。

电饭煲经历了最初的仅靠一个按键控制来对米进行加热，到第二阶段增加了 LED 显示屏可以显示温度等功能，再到第三代的电饭煲可以煲汤、煮粥，到如今的智能电饭煲可以全方位对米进行加热，保障米饭的营养不流失、米质均一、口感统一。

随着科技的发展，电饭煲的设计愈加人性化。例如市场上有的智能电饭煲的设计，就增加了一项婴儿粥功能，不仅可以烹饪出适合婴儿食用的粥，还附带了语音功能。而在物联网迅速发展的今天，电饭煲将更加智能，可以直接连接手机 APP，通过手机控制电饭煲，在回家之前开启电饭煲，回到家便能享受到美味、热气腾腾的米饭了，如图 2-14 所示。

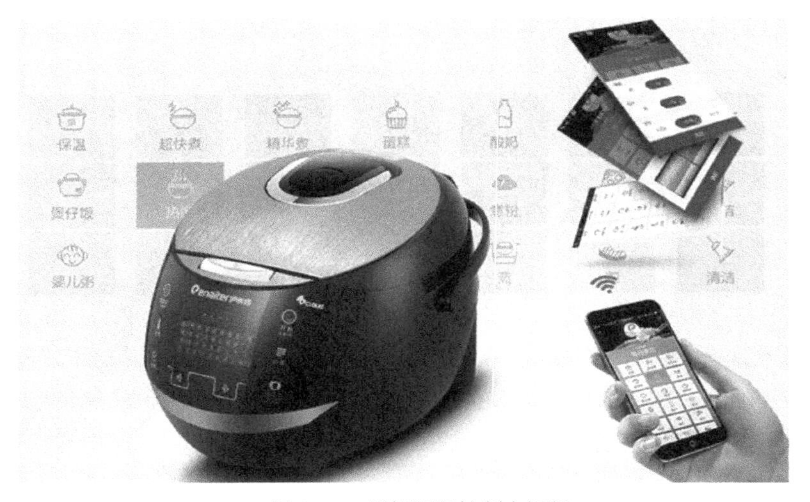


▲ 图 2-14　手机远程控制电饭煲

随着移动物联网思维的不断深入，使用普通手机对家用电器进行远程全自动智能控制的系统智能产品将不断出现。未来的移动物联网智能生活就是这一点一滴的智能创新所带来的。

## 2.2.5　智能运动

可穿戴设备除了是人体功能的延伸，也是智能生活的前哨产品，大多设备都瞄准了个人健康管理、智能运动领域，例如跑步计步、紫外线检测、心率检测，越来越多的设备开始向智能运动领域发力。

2014 年，从微信朋友圈天天晒运动数据，到互联网厂家纷纷推出记录人们运动的软硬件，这个市场似乎一夜之间火起来了。当互联网铸就了“宅生活”之后，是时候利用移动物联网技术还给用户一些运动的生活了。

伴随中国户外运动人群规模的增加，结合体感技术，为运动量身订做的智能硬件得到了越来越多的关注。专注于“大运动”概念的云狐现在也正陆续推出新产品来适应这一变化的到来，比如，推出“酷跑APP+酷跑运动手表”以及“酷玩相机APP+酷玩相机”，现在研发的无人机也初具规模。

生命在于运动，然而运动的意义很大程度上是通过竞技来体现的，尤其是像羽毛球这种技术复杂程度高、民众参与度大的运动。很多人都在追求羽毛球技术的提高，然而一个普通的球拍能够带给你的帮助却不大。如果你热爱打羽毛球，那么一定不能错过酷浪小羽智能羽毛球追踪器。2014年10月开始，酷浪小羽开始在羽毛球爱好者中悄悄流传，这款产品在淘宝众筹上线不到十天就完成了众筹目标，表现不俗，如图2-15所示。

▲ 图2-15 酷浪小羽羽毛球运动追踪器

酷浪团队专为羽毛球运动爱好者开发了酷浪·小羽2.0羽毛球追踪器，只需将不到6克的硬件贴在拍柄末端，按下开关即可。在你打球的过程中，小羽便会将数据通过蓝牙实时无线传输至移动端APP，一切统计分析都在后台和云端完成，如图2-16所示。

从外观上来看，酷浪小羽轻巧、时尚，跟球拍连接在一起也非常自然、美观，显然设计师们是下了不少功夫的。

酷浪小羽通过在手机中安装相应的APP，能够智能识别空挥、挑球、扣杀和搓球等精细动作，同时还能实时记录挥拍力度、弧度和速度等相关信息，并形成直观的统计图表，使用户的羽毛球运动过程能够得到深度分析，得到针对性的改善建议，如图2-17所示。

▲ 图 2-16　球拍末端的硬件

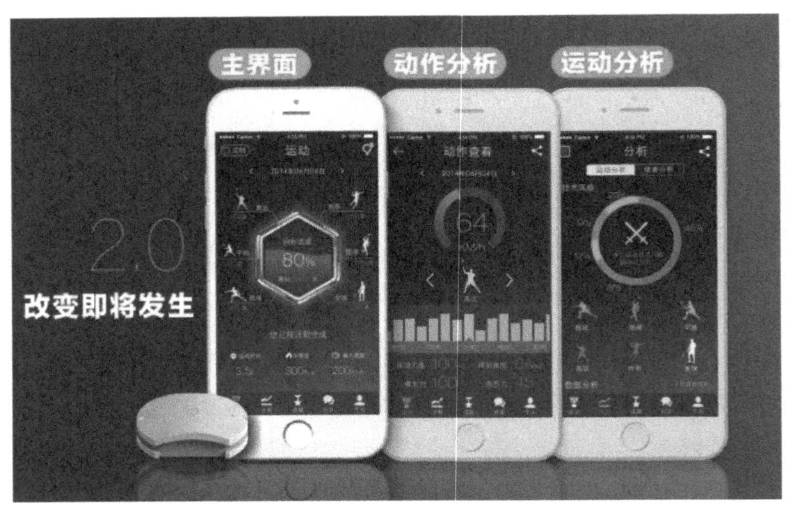


▲ 图 2-17　酷浪小羽主要功能

专家提醒

在传统的运动健身过程中，这些数据是很难被监测到的，然而在移动物联网的技术支持下，我们可以根据自己的实际需求，来为自己制定合理的运动计划，让健身运动实现智能化，同时提升运动的乐趣，通过社交平台向好友进行分享，这些都是移动互联网赋予物联网强大的功能。

另外，酷浪小羽能够对挑球和扣杀这类精细运动进行识别和记录，这是大部分运动产品无法做到的，而其他运动产品能够记录的卡路里消耗、运动时长等对酷浪小羽来说更是不在话下，如图 2-18 所示。

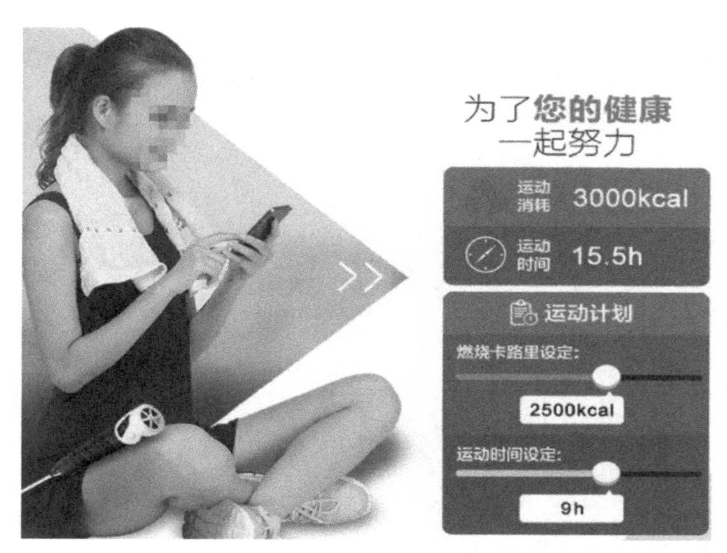


▲ 图 2-18 酷浪小羽记录的运动消耗

## 2.2.6 能源管理

上面描述的诸多场景都需要依托接入云端 24 小时保持在线，你会心存疑虑这样下来电费是否吃得消。作为智能生活，在能源控制方面不仅要做到智能，还要经济。所以，移动物联网能够根据情况自动切断待机电器的电源，既不打扰到正常生活，又能做到节能。

许多人出门都会有偶尔忘记关灯、关空调等情况，借助能源管理技术，家中的智能空调、智能 LED 灯等智能家居设备将能够统一协调工作，在我们离家时家里的智能设备将可以自动断电。

2014 年 10 月小米发布了小米智能插座。小米智能插座最大的亮点就是可以通过手机 APP 远程控制家电开关，回家路上就能让空气加湿器、电水壶等提前工作，到家备感温馨。当然如果你出门以后发现家里的电器没有关，也可以通过远程控制插座来断电，如图 2-19 所示。

除此以外，小米智能插座还有以下几大功能。

成套家电定时关闭，省电又省钱，更能完美匹配需要定时开启的小家电，让用户的煮蛋器、咖啡机、面包机每日清晨备好早餐，再不用担心上班迟到而伤了自己的胃。

配合小米路由器，当你回家手机连上 Wi-Fi 时，小米智能插座即可自动开启，离家自动关闭，无需记挂家里电器是否断电。

配合小蚁智能摄像机动作识别探测功能，当监控画面有较大变化时，小米智能插座可实现联动开关。

智能设备给人们的生活带来了很多便利，科技的发展使生活变得更加有趣。

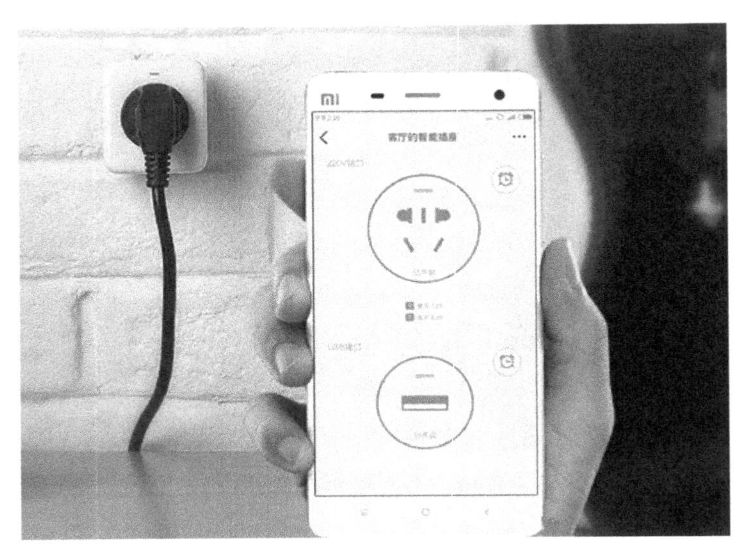


▲ 图 2-19　手机远程控制小米智能插座

# 第 3 章

## 城市建设：
## **新一代的智慧城市基础架构**

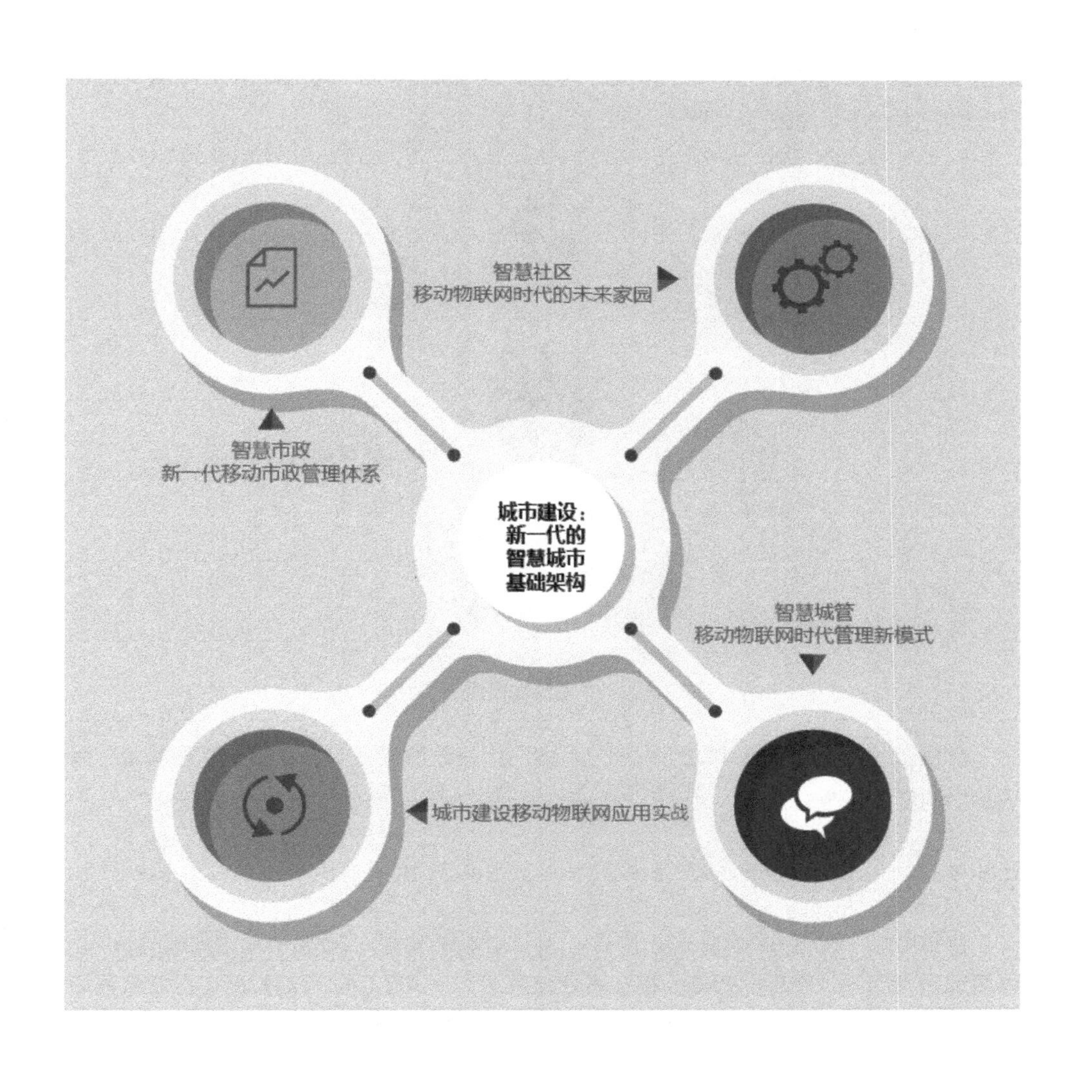

## 3.1 智慧市政：新一代移动市政管理体系

随着城市化的深入，新型城镇化建设对于城市发展提出了更多的要求。且随着经济水平的提高，人们对于基础设施建设和管理水平的提升有了更高的诉求。如何能够让城市建设更好地满足人们的需求，提供更为先进高效的基础设施服务等问题成为智慧城市概念诞生的基础。

目前全球约有 1000 个城市正在推动智慧城市的建设，其中亚太地区约占 51%，以中国为首。2013 年国家试点总数达 193 个，工信部公布试点名单也多达 140 个，目前太原、广州、徐州、临沂、郑州等已初步完成设计，中国智慧城市建设已由概念转为具体落实，将开始进入高速发展期。

而智慧城市本身就是一个生态系统，城市中的市政、交通、能源、商业、通信、水资源等是智慧城市的一个个子系统。这些子系统形成了一个普遍联系、相互促进、彼此影响的整体，如图 3-1 所示。

▲ 图 3-1　智慧城市生态系统

智慧市政属于智慧城市的组成部分，隶属于基础设施版块，其建设是智慧城市首要解决的重要问题之一。

### 3.1.1 什么是智慧市政

智慧市政，是由可自动监测、预警、告知、反应的城市设施智能监测及控制系统，可直观显示用量、费用的智能远程抄表计费系统，一卡在手即可涵盖所有日常缴费项目的市民卡及智能缴费终端等构成，实现管理、使用的便捷化、智能化。

### 3.1.2 智慧市政的要素

市政工程是以城市基础设施为主体的，为整个城市生产、生活和城市发展服务的复杂而又庞大的系统工程。

在我国，通常把基础设施分为广义城市基础设施和狭义城市基础设施两类。

广义城市基础设施又可分为城市技术性基础设施和城市社会性基础设施两大类。城市技术性基础设施包含能源系统、水资源与给排水系统、交通系统、通信系统、环境系统、防灾系统等。城市社会性基础设施包含行政管理、金融保险、商业服务、文化娱乐、体育运动、医疗卫生、教育、科研、宗教、社会福利、公众住宅等。

狭义的城市基础设施是为城市人民提供生产和生活所必需的最基本的基础设施，即以城市技术性基础设施为主体，包含给水、排水、能源、通信、环境卫生、防灾 6 大系统。

智慧市政的基础设施是指的狭义的城市基础设施。

智慧市政应在传统的市政工程的基础上，涵盖市政工程的各个方面，并且从单一的数字化某一技术领域，转变为系统的、集成的、互动的市政工程建设、运行及管理综合系统。

### 3.1.3 智慧市政的发展

基础设施建设由传统的市政工程建设方式到现代化的市政工程建设，经历了市政自动控制—数字市政（1998 年开始）—智慧市政（2008 由 IBM 提出智慧城市的概念）3 个发展阶段。

随着信息技术的发展，传统市政工程提出要实现各个环节的自动控制，提高城市基础设施运行管理的效率和水平。市政工程的自动控制，侧重自动性及远程控制，系统相对较小、单一。自动控制分为单个设备自动控制和自动控制系统。

随着自动控制技术的发展，加上网络系统的普及，自动控制系统逐渐发展壮大，融合了信息收集及处理系统，数字模拟系统之后，逐步从单一设备的自动控制，转变为整个大系统的智能控制，成为数字市政系统。

随着科技的进步，新兴技术的产生，物联网技术的成熟，城市对于提高运行管理效率、资源的整合利用以及信息的开放共享有了更高的要求，这就促使城市中各个单独的数字系统、平台进行融合，并对于城市运行中的各种问题，提出整体解决方案，这就推动了数字市政向前发展成为智慧市政系统。

数字市政侧重的是将市政工程信息数字化，结合互联网，使信息实现高速的管理和利用，包括市政管网的数字化、地下管线的数字化、市政场站设施的自动控制等；智慧市政侧重于市政工程的系统化、智能化、集成化，实现信息实时自动收集、分析，自动控制、远程控制均集成至该系统，使得市政运行管理更为便捷、高效。

智慧市政相比于数字市政，其系统还具有智能这一显著特点，借助计算机模拟技术，人们能通过采集到的信息对于未来情况进行预测，注重信息的实时监测和反馈，有利于市政基础设施的建设、管理及应急，实现最有效、最经济的城市基础设施建设及服务。

### 3.1.4 智慧市政的运行管理

智慧市政的规划及建设是硬件设施的准备，但智慧市政能否发挥其最大作用，还需要有日常运行管理作为保障。

#### 1. 韩国：U-City 计划

2004 年 3 月，韩国政府推出了 U-Korea 发展战略，希望使韩国提前进入智能社会。U-City 是一个可以把市民及其周围环境与无所不在技术集成起来的新的城市发展模式，如图 3-2 所示。

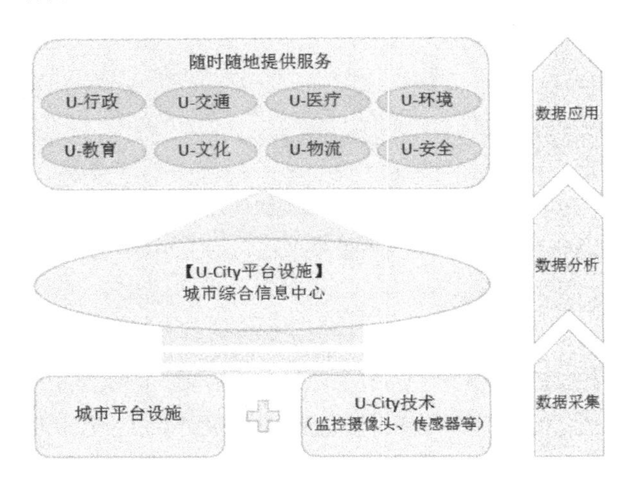


▲ 图 3-2　韩国 U-City 计划

U-City 发展可以分为互联阶段（Connect）、丰富阶段（Enrich）、智能阶段（Inspire）。2007 年 6 月 7 日，为了 U-City 工作顺利落实，韩国信息通信部成立了 U-City 支援中心，首尔、釜山、仁川等 6 个地区成为 U-City 示范区，全韩国的 U-City 建设规划与管理由政府国土海洋部负责。

#### 2. 美国：智能化响应

2009 年 1 月 28 日，彭明盛正式向美国政府提出“智慧星球”概念，建议投资建设新一代的智慧型信息基础设施。2009 年 9 月，爱荷华州迪比克市和 IBM 共同宣布，将建设美国第一个智慧城市。

迪比克市的第一步是向所有住户和商铺安装数控水电计量器，其中包含低流量传感器技术，防止水电泄漏造成的浪费。同时搭建综合监测平台，及时对数据进行分析、整合和展示，使整个城市对资源的使用情况一目了然。更重要的是，迪比克市向个人和企业公布这些信息，使他们对自己的耗能有更清晰的认识，对可持续发展有更多的责任感。

**3. 新加坡："电子政务"服务市民**

新加坡建立起一个以市民为中心，市民、企业、政府合作的"电子政府"体系，让市民和企业能随时随地参与到各项政府机构事务中。

最新的电子政府调查显示，93% 的民众在办理政府业务的过程中采用过电子方式，相比 2010 年的 84%，上升了 9%。新加坡通过资讯通信发展管理局（IDA）来制定计划、协调各个政务部门及推广数字平台。

**4. 泰州数字化管理平台**

泰州市建立了数字化管理平台，在该平台上，市民及企业可以得到多种在线服务，包括网上办事、全景泰州及市长信箱等。该数字化管理平台有一个数字化城市管理监督指挥中心，在泰州市城市管理委员会的统一领导、协调下，能够实现数字化城市管理指挥、调度、协调、监督与评价等日常运行工作，如图 3-3 所示。

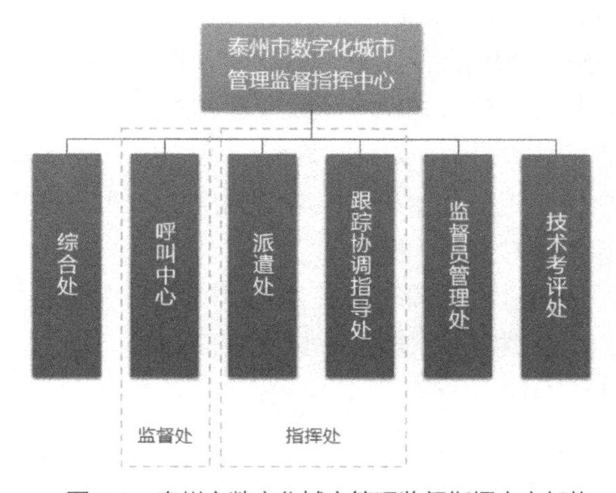


▲ 图 3-3　泰州市数字化城市管理监督指挥中心架构

**专家提醒**

平台的运行通常有专门公司管理、第三方监管及物业公司维护等几种形式，综合国内外数字化政务及智慧城市的运营经验来看，智慧市政的运行依赖成立专门机构，由其负责协调各部门以及平台的日常运营，发生事故时由该部门负责协调，各专业部门解决相关设备及管线问题。

### 3.1.5 怎样建设智慧市政

在信息产业发展的初期，技术推动管理应用创新发挥了重要作用。但同时也出现了“为技术而技术”“技术绑架应用”等不良现象。

在信息产业逐渐成熟的今天，建设智慧市政应该重视管理应用创新为先的理念，首先着力于管理应用本身的创新，再通过信息技术实现管理应用创新。从这个角度上讲，智慧市政的建设首先不是技术问题，是管理应用创新问题。

那么当前智慧市政的建设，应该加强哪些管理应用创新？

**1. 适应体制创新，厘清政府和社会的关系**

城市管理体制是智慧市政信息化建设总体设计需要参照的重要依据。只有着力于管理体制基础上的信息化开发，信息化软件才有生命力。

长期以来，信息技术在服务城市管理中，更多着力于某个具体领域的应用开发，较少从优化体制的角度去开发，导致各个应用软件之间功能关联度不强。

就拿重庆市目前的情况来说，有数字化城市管理应用软件等管理类系统，有“12319”热线投诉系统等市民监督类系统，有智能路灯管理等业务类系统，有各类公文处理的内部管理系统，但各类系统之间的数据无法共享，流程无法互动且相互重复，功能关联度不强，整体应用效果较差。

分析这些问题产生的原因，主要还是没有从体制优化的角度去整体设计和开发软件。那么当前智慧市政建设怎样从体制优化的角度去总体布局？

着力于城市管理体制的创新，对当前城市管理的体制有重大改革，为适应这样的改革，应该建立政府监管、社会组织服务、协会自治的新体制。对应这种体制的变化，智慧市政的信息化建设应该注意以下 3 点。

一是从“监管”的角度，构建政府管理系统。要将政府从复杂的各类应用软件建设中解放出来，专注于业务监管。构建“小政府”的管理系统。从数据流的角度上讲，政府关注问题的收集和问题解决的效果，而将问题处置等具体的业务交给社会组织去完成。

二是从“业务处理”的角度，构建社会组织应用系统。社会组织是城市管理的主力军，社会组织在提供社会服务的同时，需开发与之相适应的各类业务处理软件，能够接受政府的任务分派，并提供处理结果给政府的监管平台。

三是从“公共服务”的角度，构建协会服务平台。协会是社会组织的自律组织，应建立“智慧市政公共信息云服务平台”，收集、汇总、挖掘行业管理数据，形成权威的城市管理质量报告，为城市管理提供智慧支撑。

这种着力于城市管理体制创新的软件开发，由于其传承了体制改革的优势，能进一步提高城市管理的效率。

**2. 加强机制创新，着力于城市管理规律**

认识自身规律是城市智慧化的前提，遵循城市规律的智慧城市能优化资源。条条块块都是智慧城市，智慧城市不能过大过泛。智慧城市建设的思路是研究城市发展的规律，建立相应的机制，用智能的技术实现机制创新。

建设智慧市政要着力探索城市管理的规律，做到：让交通系统告诉车主道路和停车的动态，让市政设施智能降能耗，让城管执法及时知道哪里有小摊小贩，让路灯能感知日月阴晴，让化粪池能随时“体检”，让垃圾箱能及时“减负”。

具体来讲，要抓好以下3个方面的工作。

一是感知和传输设备的研发。技术的创新也应该与机制的创新同步，感知和传输设备的研发以及在城市管理中的应用，将给城市管理带来智能转变。

二是智慧管理。技术的进步会减轻城市管理者的负担，但不能取代城市管理者的智慧。为此，要加强人力资源的有效应用，智慧市政的建设应该开发相应的工具软件，实现管理的智慧化。

三是数据分析。智慧市政的一大特征，便是“大数据”带动“大智慧”，应善于组织海量数据，并进行有效挖掘，提供城市管理预测和监管服务。

**3. 加强制度创新，服务民生实事**

比如兰州市“民情流水线”系统，该系统对残疾人开展了“与你同行”服务，对学生提供了“四点半”无忧服务。分析这个系统，没有所谓的高新技术，更多的是制度的创新，但正是制度的创新，让市民感受到城市的美好、便捷、人性化。

为此，智慧市政的建设要将“以人为本”作为出发点和归宿点，加强制度创新，体现管理智慧。

**专家提醒**

智慧市政的落实应从规划智慧市政理念开始。从规划的角度进行城市整体的布局并预留出后续落实的空间，以规划指标作为该理念落实的保障。智慧市政的发展还应依靠拥有先进技术的科技企业，利用市场化的机制，推动最为先进的技术直接落实到城市建设中去。最终在科技的引领下，以相关政策进行推动，将融合了智慧市政理念的城市规划作为城市管理者的管理手段，有目标、有步骤地推动市政基础设施向更为高效、可靠、智能的方向发展。

## 3.2 智慧社区：移动物联网时代的未来家园

智慧社区是利用物联网、云计算、移动互联网、信息智能终端等新一代信息技术，通过对各类与居民生活密切相关信息的自动感知、及时传送、及时发布和信息资源的整合共享，实现对社区居民“吃、住、行、游、购、娱、健”生活 7 大要素的数字化、网络化、智能化、互动化和协同化，让“五化”成为居民工作、生活的主要方式，为居民提供更加安全、便利、舒适、愉悦的生活环境，让居民生活更智慧、更幸福、更安全、更和谐、更文明。

### 3.2.1 什么是智慧社区

智慧社区涉及到智能楼宇、智能家居、路网监控、智能医院、城市生命线管理、食品药品管理、票证管理、家庭护理、个人健康与数字生活等诸多领域，是指充分借助互联网、物联网，把握新一轮科技创新革命和信息产业浪潮的重大机遇，充分发挥信息通信（ICT）产业发达、RFID 相关技术领先、电信业务及信息化基础设施优良等优势，通过建设 ICT 基础设施、认证、安全等平台和示范工程，加快产业关键技术攻关，构建社区发展的智慧环境，形成基于海量信息和智能过滤处理的新的生活、产业发展、社会管理等模式，面向未来构建全新的社区形态。

### 3.2.2 智慧社区服务系统

智慧社区服务系统需求主要有以下几点。

#### 1. 社区网格化管理

越来越多的社会管理服务工作需要街道社区完成。同时，由于居民生活方式、培训教育方式、就业方式的转变和网络技术的普及应用，社区居民对社区服务的需求越来越多，要求越来越高，信息技术成为创新管理模式、提高服务水平的重要手段。

在一些社区中，职能部门为一些单项工作安装了软件系统，但在实际应用中存在底层数据采集口径不一，各系统间信息不能共享、互不兼容等现象，导致底数不清、数据不实等问题，进而导致基层多头管理、重复劳动、重复投资、效率低下等现象。系统功能与实际工作相互脱离，严重阻碍社区工作。

三维数字社区管理是“民情流水线”的亮点之一，它是实现社区管理数字化、信息化的基础，也是改变传统管理模式的基础。

#### 2. 社区物业管理

随着我国市场经济的快速发展和人们生活水平的不断提高，简单的社区服务已经不能满足人们的需求。如何利用先进的管理手段，提高物业管理水平，是当今社会所面临的一个重要课题。要想提高物业管理水平，必须全方位地提高物业管理意识。只有高标准、高质量的社区服务才能满足人们的需求。面对信息时代的挑战，利用高科技手段来提高物业管理无疑是一条行之有效的途径。在某种意义上，信息与科技在物业管理与现代化建设中显现出越来越重要的地位。物业管理方面的信息化与科学化，已成为现代化生活水平步入高台阶的重要标志。

在社区，由于管理面积大、户数多、物业管理范围广、管理内容繁杂，所以社区物业管理是个亟需解决的大问题。同时社区物业管理中一项重要的工作是计算、汇总各项费用，由于费用项目较多，计算方法繁重，手工处理差错率较高。同时查询某房产资料或业主资料往往也需要较长时间，给物业管理者的工作带来了诸多弊端，因此物业公司需要采用计算机进行物业管理。根据社区具体情况，信息化系统在实施后，能够满足小区住户资料查询、财产资源统计、邀费通知、收费管理、工程管理、收费管理、日常的报表查询、社区服务等工作。

### 3. 社区"一卡通"

为使社区管理科学化、规范化、智能化，为业主提供更加周到细致的服务，社区管理"一卡通"要求系统具有以下功能。

- IC 卡既要有银行卡功能，也能实现社区功能。
- 具有 IC 卡门禁系统功能。
- 具有 IC 卡停车场收费系统功能。
- 具有 IC 卡会所消费系统功能。
- 具有社区巴士消费功能。
- 具有会员积分管理功能。
- 具有保安巡更管理功能。
- 各种产品具有网络功能。

所有数据应通过网络交互，且系统应具有扩展性，为以后几个社区之间的互联互通做准备。

### 4. 社区通信基础设施

社区通信基础设施需求主要有以下几点。

（1）社区综合布线系统

为实现社区管理自动化、通信自动化、控制自动化，保证社区内各类信息传送准确、快捷、安全，最基本的设施就是社区综合布线系统。形象地讲，综合布线系统是智能社区的神经系统。实现这个系统的实质是将社区中计算机系统、电话系统、自控和监控系统、保安防盗报警系统、电力系统合成为一个体系结构完整、设备接口规范、布线施工统一、管理协调方便的体系。

（2）多网融合

随着科技的进步尤其是数字通信技术的飞速发展，以及市场需求的不断提升，具有高稳定性能、高扩展性能、高性价比的数字设备越来越被人们青睐。结合其他的工程实例从目标客户（业主）群体需求、投资方（房地产）需求、工程商建设需求、物业管理需求、各方长远发展需求 5 个方面证明了“多网合一”系统是智慧社区发展的必然趋势。

### 3.2.3 智慧社区安防体系

智能安防与传统安防的最大区别在于智能化、移动化，传统安防对人的依赖性比较强，非常耗费人力，而智能安防能够通过机器实现智能判断，从而实现人想做的事，而且智能安防正向着移动化方向发展。智能安防随着物联网的发展，实现其产品及技术的应用，也是安防应用领域的高端延伸。智能安防的实现要依靠智能安防系统。

智能安防系统是包括图像的传输和存储、数据的存储和处理，以及能够准确地选择性操作的技术系统。就智能化安防系统来说，一个完整的智能安防系统主要包括门禁、报警和监控 3 大部分，如图 3-4 所示。

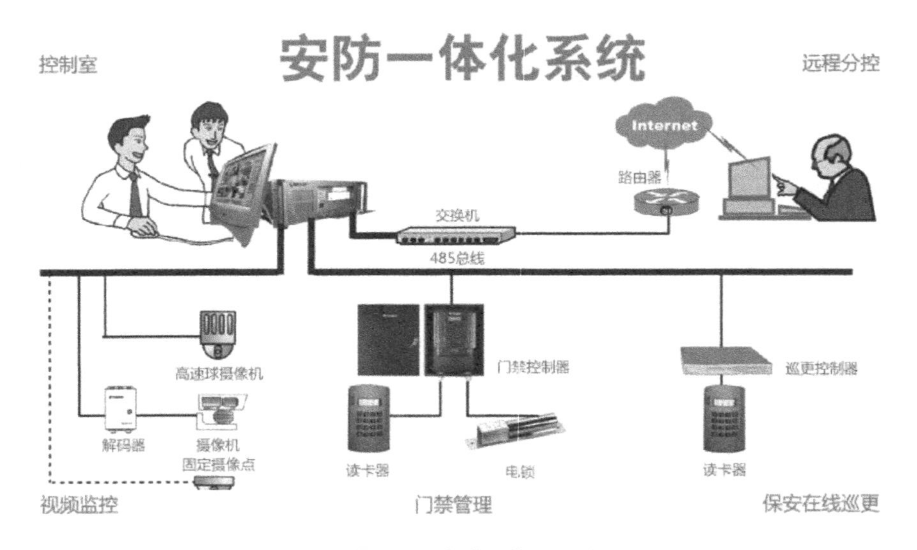


▲ 图 3-4 安防一体化系统

安防技术的发展能够促进社会的安宁和谐，智能化安防技术随着科学技术的发展与进步已迈入了一个全新的领域，物联网分别在应用、传输、感知 3 个层面为智能安防提供可以应用的技术内涵，使得智能安防实现了局部的智能、局部的共享和局部的特征感应。

安防系统是实施安全防范控制的重要技术手段，在当前安防需求膨胀的形势下，其在安全技术防范领域的应用也越来越广泛。随着微电子技术、微计算机技术、视频图像处理技术与光电信息技术等的发展，传统的安防系统也正由数字化、网络化逐步走向智能化。

这种智能化是指在不需要人为干预的情况下，系统能自动对监控画面中的异常情况进行检测、识别，在有异常时能及时报警，如图 3-5 所示。

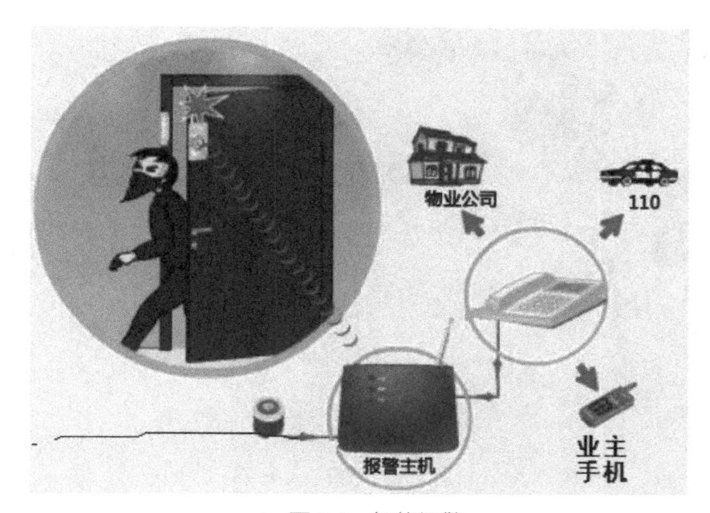


▲ 图 3-5 智能报警

物联网技术的普及应用，使得城市的安防从过去简单的安全防护系统向城市综合化体系演变，城市的安防项目涵盖众多的领域，有街道社区、楼宇建筑、银行邮局、道路监控、机动车辆、警务人员、移动物体、船只等。特别是针对重要场所，如机场、码头、水电气厂、桥梁大坝、河道、地铁等，引入物联网技术后可以通过无线移动、跟踪定位等手段建立全方位的立体防护。

**专家提醒**

物联网是安防行业向智能化发展的概念平台，可以为安防智能化发展提供更好的资金以及技术平台。具体来说，安防系统包括：视屏监控报警系统、出入口控制报警系统、防盗报警系统、保安人员巡更报警系统、车辆报警管理系统、110 报警联网传输系统。未来的安防，通过智能传感芯片，将信息进行及时感知、实时传送，给人们带来一个安全和智慧的新时代。

### 1. 智能安防的特点

（1）安防系统数字化：信息化与数字化的发展，使得安防系统中以模拟信号为基础的视频监控防范系统向以全数字化视频监控系统发展，系统设备向智能化、数字化、模块化和网络化的方向发展。

安防产品由原来的数字监控录像主机，发展到网络摄像机、电话传输设备、网络传输设备和专业数字硬盘录像机等多种产品，如图 3-6 所示。

▲ 图 3-6　智能安防产品

（2）安防系统集成化：安防系统的集成化包括两方面，一方面是安防系统与小区其他智能化系统的集成，将安防系统与智能小区的通信系统、服务系统及物业管理系统等集成，这样可以共用一条数据线和同一计算机网络，共享同一数据库；另一方面是安防系统自身功能的集成：将影像、门禁、语音、警报等功能融合在同一网络架构平台中，可以提供智能小区安全监控的整体解决方案。

集成化的安防系统具有以下几个功能。

● 自动报警：当未经授权人试图闯进安防监控区域时，智能安防系统会自动开启，同时录制视频，并进行声音报警向主人发送报警信息，图像和视频将发送到主人邮箱或智能手机以及小区管理处。如果智能社区系统完善，那么该系统还能够直接发出报警信号，与公安部门或报警应用商互动。

● 消防安全：针对居住面积较大的别墅的客厅、厨房、娱乐室等公共区域安装烟雾报警器和一氧化碳级显示器。当检测到异常时，系统会自动开启通风功能；如果出现明火，系统会自动通知用户或有关消防部门。

● 紧急按钮：当儿童和老年人在家时，很容易发生突发事件，因此紧急按钮功能可方便通知家人处理应急事件，如图 3-7 所示为紧急开关接线图。

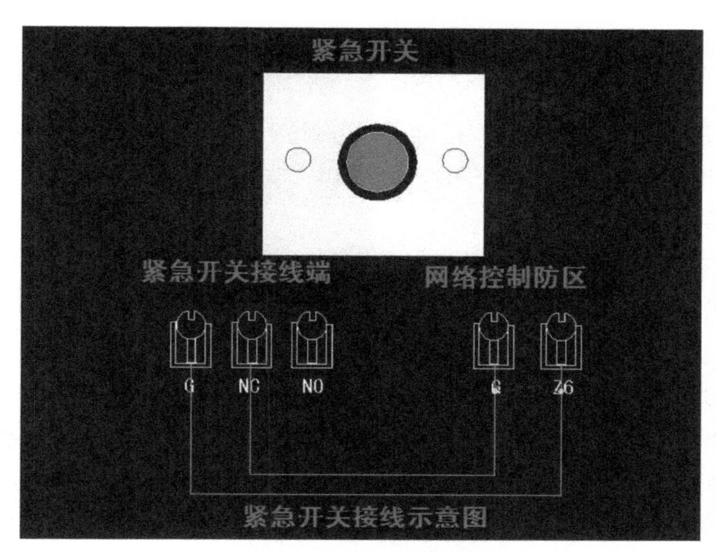


▲ 图 3-7 紧急开关接线图

● 能源科技监控：监控水、电和天然气。当检测到有漏水、漏电、燃气泄露等情况时，智能系统会自行切断总开关，并通知用户及时处理。

**2. 安全防范系统的应用**

智慧社区的安全防范系统的应用主要有以下几个方面。

（1）楼宇对讲系统

随着居民住宅的不断增加，小区的物业管理就显得日益重要。而传统的访客登记及值班看门的管理方法已不适合现代管理快捷、方便、安全的需求。楼宇对讲系统是由各单元门口安装的单元门口机、防盗门，小区总控中心的物业管理总机、楼宇出入口的对讲主机、电控锁、闭门器及用户家中的可视对讲分机通过专用网络组成，可实现访客与住户的对讲。访客来临时，住户可遥控开启防盗门，到达各单元梯口时访客再通过对讲主机呼叫住户，对方同意后方可进入楼内，从而限制了非法人员进入。同时，若住户在家发生突发事件，可通过该系统通知物业保安人员以得到及时的支援和处理。

（2）视频监控系统

为了更好地保护财产及小区的安全，根据小区用户实际的监控需要，一般都会在小区周边、大门口、住宅单元门口、物业管理中心、机房、地下停车场、电梯内等重点部位安装摄像机。监控系统将视频图像监控、实时监视、多种画面分割、多画面分割显示、云台镜头控制、打印等功能有机结合，同时监控主机自动记录报警画面，做到及时处理，提高了保卫人员的工作效率并能及时处理警情，能有效地保护小区财产和人员的安全，最大程度防范各种入侵，提高处理各种突发事件的反应速度，给保卫人员提供一个良好的工作环境。

视频监控系统的功能特点如下：加强小区周边围墙防范、实时现场监控、事后取证、减轻保安人员工作强度、提升小区形象档次、对潜在犯罪分子的威慑作用。

（3）停车场管理系统

停车场管理系统是指基于现代化电子与信息技术，在小区的出入口处安装自动识别装置，通过非接触式卡或车牌识别来对出入此区域的车辆实施判断识别、准入 / 拒绝、引导、记录、收费、放行等智能管理，其目的是有效控制车辆的出入，记录所有详细资料并自动计算收费额度，实现对场内车辆与收费的安全管理。

停车场管理系统集感应式智能卡技术、计算机网络、视频监控、图像识别与处理及自动控制技术于一体，对停车场内的车辆进行自动化管理，包括车辆身份判断、出入控制、车牌自动识别、车位检索、车位引导、会车提醒、图像显示、车型校对、时间计算、费用收取及核查、语音对讲、自动取（收）卡等一系列科学、有效的操作。

这些功能可根据用户需要和现场实际需求灵活删减或增加，形成不同规模与级别的豪华型、标准型、节约型停车场管理系统和车辆管制系统。

智能停车场管理系统给人类的生活带来了方便和快乐，不仅提高了现代人类的工作效率，也大大节约了人力物力，降低了公司的运营成本，并使得整个管理系统安全可靠。

（4）周界报警系统

随着现代科学技术的发展，周界报警系统成了智能小区必不可少的一部分，是小区安全防范的第一道防线。

为了保障住户的财产及人身安全，迅速而有效地禁止和处理突发事件，在小区周边的非出入口和围栏处安装红外对射装置，组成不留死角的防非法跨越报警系统。

一旦有人非法闯入，遮断红外射束，就会立即产生报警信号传到小区管理中心，并可通过与小区视频监控系统的联动，自动将现场的摄像机对准报警信号现场，同时在监控中心的显示屏上弹出现场画面，对现场所发生的事进行录像存储。

本系统功能如下：对小区周边围墙区域进行监控；对试图非法翻越围墙或栅栏进入小区的行为以及位置进行探测；当有人非法翻越时，向小区物业管理中心报警，并启动联动设备。

（5）电子巡更系统

随着社会的进步与发展，各行各业的管理工作趋向规范化、科学化、计算机化。住宅小区的安全防范是物业管理中一项至关重要的工作，小区的安全保卫工作主要依靠保安员日夜巡逻去维护。

传统的巡检制度的落实主要依靠巡逻人员的自觉性，管理者对巡逻人员的工作质量只能做定性评估，容易使巡逻流于形式，因此急需加强工作考核，改变传统手工表格，对巡逻人员加强监督的管理方式。

电子巡检系统可以很好地解决这一难题，使人员管理更科学化和准确。将巡更点安放在巡逻路线的关键点上，保安在巡逻的过程中用随身携带的巡更棒读取自己的人员点，然后按线路顺序读取巡更点，在读取巡更点的过程中，如发现突发事件可随时读取事件点，巡更棒将巡更点编号及读取时间保存为一条巡逻记录。定期用通信座（或通信线）将巡更棒中的巡逻记录上传到计算机中。管理软件将事先设定的巡逻计划同实际的巡逻记录进行比较，就可得出巡逻漏检、误点等统计报表，通过这些报表可以真实反映巡逻工作的实际完成情况。

（6）门禁管理系统

用智能卡代替传统的人工查验证件放行、用钥匙开门的落后方式，系统自动识别智能卡上的身份信息和门禁权限信息，持卡人只有在规定的时间和在有权限的门禁点刷卡后，门禁点才能自动开门放行允许出入，否则对非法入侵拒绝开门并输出报警信号。由于门禁权限可以随时更改，因此，无论人员怎样变化和流动，都可及时更新门禁权限，不存在钥匙开门方式时的盗用风险。

同时，门禁出入记录被及时保存，可以为调查安全事件提供直接依据。

## 3.3 智慧城管：移动物联网时代管理新模式

智慧城管是新一代信息技术支撑、知识社会创新 2.0 环境下的城市管理新模式，通过新一代信息技术支撑实现全面透彻感知、宽带泛在互联、智能融合应用，推动以用户创新、开放创新、大众创新、协同创新为特征的以人为本的可持续创新。

### 3.3.1 什么是智慧城管

智慧城管是智慧城市的重要组成部分，伴随信息通信技术的演进、知识社会的发展以及创新的民主化进程，新一代信息技术及其催生的创新 2.0 正重塑着当代社会，为城市发展与社会管理带来崭新的机遇。

当创新 2.0 与新公共服务的浪潮汇聚推动了政府 2.0，创新 2.0 与信息化城市建设的浪潮汇聚则推动了智慧城市。

政府 2.0 与智慧城市的潮流进一步汇聚，共同塑造了智慧城管。智慧城管以物联网、云计算为代表的新一代信息技术为支撑，通过全面透彻感知、宽带泛在互联、智能融合应用，形成以市民为中心、城市社会为舞台的用户创新、开放创新、大众创新、协同创新，将以人为本的价值实现提升到一个新的高度，实现城市管理者、市场、社会多方协同的公共价值塑造和独特价值创造，实现城市管理从生产范式向服务范式的转变。

### 3.3.2 智慧城管的建设意义

智慧城管的建设意义主要有两个方面，一是社会意义，二是经济意义。

#### 1. 社会意义

建设基于物联网技术的智慧城管可以解决目前视频监控严重不足等问题，满足对城市全天候、无缝隙、精细化管理的要求，具有较好的社会效益。

（1）提高城市管理的信息化水平

在城市化进程不断加快的今天，信息海量化和碎片化、网络互联化、动态实时化、覆盖全面化的特点，使城市信息化建设成为城市管理的重要组成部分。应用信息化手段科学管理城市已经成为现代城市管理的基本立足点和战略制高点。以城市管理工作信息化建设来带动城市环境综合治理工作的现代化、推动高科技在城市管理工作中的应用已成为改善城市管理方式、提升城市品位和城市竞争力的必要手段。

基于物联网技术的智慧城管利用物联网、云计算等先进信息技术来处理、分析和管理整个城市的所有城管业务和城管事件信息，通过信息编码、处置流程、服务规范的建立，并配以移动和固定监测设备、计算机、PDA（Personal Digital Assistant）等硬件，使管理人员足不出户就可以及时地处理违法问题和监控现场情况，提高城市管理和服务的信息化水平。

（2）提高城管应对突发事件的能力

经济的快速增长、市场的快速发育、城市规模的迅速扩大、流动人口的大幅度转移、治安形势的复杂化，特别是当前且今后较长一段时期内，中国城镇化步伐将迈得更大，使得城市管理的难度大大提高，提高应对城市管理中的突发事件的能力迫在眉睫。

基于物联网技术的智慧城管通过信息显示、决策会商、指挥调度等系统，基于地理空间信息进行突发事件管理、突发事件综合信息检索与分析、预案分析，实现管理资源的整合和共享及协调、城市基础设施的综合监测和管理、城市管理的精准和高效及全方位，强化城市基础设施管理的安全机制，提高其应急指挥管理能力。

通过基于物联网技术的智慧城管的高效、协同、综合运行，城市管理者能随时了解城市设施的运行状态，掌握设施的安全隐患，做到防患于未然，在执法过程中，做到心中有数，有理有据；随时响应市民的请求，更加自觉地倾听公众的呼声，敏锐地捕捉社会需求的信号，迅速做出合理有效的反应；在突发事件的应急过程中，做到所需决策信息的即时获得，快速有效地采取应对措施，最终实现城市管理从被动反应式走向前瞻式。

（3）提高城管执法的效率和公众满意度

有关研究成果表明，物联网能将各种不同类型的网络全面互联，通过传感器节点和城市基础设施感知环境、状态、位置等信息，有指向性地进行网络资源的连接和信息融合。通过实现前端海量数据的实时采集与后端云计算平台强大处理能力的结合，可以简化管理流程，提高管理效率。

基于物联网技术的智慧城管能实现数据充分共享，实现业务流程的跨区域、跨系统调用和集成，提高相关信息获取的实时化、精细化、系统化和智能化，创新管理流程，提高管理效率。这不仅可以拉近公众和城管之间的距离，增强市民对城管工作的了解，还有利于城管密切联系群众，便于倾听群众呼声，深入了解民情，充分反映民意，提高公众满意度，从而树立良好城管形象。

（4）为城市管理转型提供支撑

“一站式、个性化、多渠道”是公共服务的核心需求，而传统的城市管理以政府为中心，不能匹配公共服务的需求，在政府和公众之间存在“数字鸿沟”，暴露的缺陷是明显的：市民对企业提供的不合格公共服务产品，无法有效行使话语权；因为信息流的单向性，政府不掌握具体情况，无法对企业实行有效的监管，无法给市民提供满意的服务；公共服务属于粗犷型；公共服务企业之间的协同难度大。基于物联网技术的智慧城管很好地解决了这个信息交互问题。

**2. 经济意义**

基于物联网技术的智慧城管，对执法力量资源时空分布的数据进行统一收集，促使各部门持续共享，实现信息的互联互通，使各级决策者能够立足全区信息资源，及时、准确获取数据，多角度、全方位地看问题和进行决策，从而制订更科学更有效的方针政策。这能有效节省人力成本，提高信息的利用率和时效性，产生直接经济效益。同时，还可为区级、县级平台提供具有很强指导作用的建设方案，直接降低建设成本。

基于物联网技术的智慧城管为城市管理决策提供了及时、准确、科学的信息，并由此产生了巨大的间接经济效益，包括以下几点。

- 由于资源共享、信息整合而提高信息化利用率，减少重复建设投资。
- 由于技术手段的使用、业务流程的优化而减少公共服务成本，增强经费使用效率。

- 由于数据的统一收集，节省了信息交换成本，提升了社会的时间价值，节省了整个社会的时间成本。
- 建设基于物联网技术的智慧城管将减少市民对城市管理问题的投诉，降低了接访的人力和时间成本。
- 良好的城市管理形象的增强、城市生态环境的改善将产生外资吸引力，使旅游发展产生增值效应。

**专家提醒**

打造智慧城管，有必要借助于最新的物联网技术，这样才能够真正有效地实现数字化和智能化的城市管理。基于物联网技术的智慧城管需要从感知、传输、支撑和应用4个层面融合不同的技术，形成一个集城市管理信息采集、传输、加工处理和分析、应用及决策为一体的智慧城市管理系统平台，以满足现代化城市管理的需求。

从项目建设的角度看，基于物联网技术的智慧城管系统的风险主要有技术风险、安全风险和管理风险。针对不同风险，需要采取不同的具体措施来应对。基于物联网技术的智慧城管具有十分重要的社会意义和经济意义，有必要在中国进一步深入相关研究和建设。

### 3.3.3 智慧城管的应用风险

智慧城管的风险主要集中在技术、安全和管理3个方面。

#### 1. 技术风险

基于物联网技术的智慧城管主要涉及的关键技术包括云计算技术、智能信息处理技术、感知与标识技术、计算与服务技术等。

云计算兴起于2007年，这是具有一定前瞻性的技术，在中国尚未成熟，也未得到真正大规模的应用。智能信息处理技术受到节点资源的限制，在节点上面临低算法、复杂度的挑战，而在资源丰富的基站上则面临着如何减少网内数据流量以及传输过程中的能量消耗的难题。作为物联网的基础，感知与标识技术目前在传感器的精度、稳定性、低功耗等方面还没有达到规模应用的水平。计算与服务技术主要是对海量感知信息进行计算与处理。其中，如何实现海量感知信息的数据融合、高效存储、语义集成、并行处理、知识发现和数据挖掘等关键技术也是目前物联网发展中亟待解决的重点问题。另外，受上述技术问题的影响，具体参与建设的有关技术团队及技术人员也会存在技术水平参差不齐、工作能力强弱不均的现象。

应对这些技术风险，在建设项目时，需要多参考国内外成功的技术方案和案例，预知自身技术方案可能存在的不足；同时深入挖掘项目的关键技术，随时梳理业务需求，减少并有效规避项目建设过程中的技术风险。

另外，可通过现代化的管理模式，吸引优秀技术管理人才对关键技术进行深入研究，并不断加强对现有技术及管理人员的培训，为项目技术攻关做好人才储备工作。

**2. 安全风险**

与互联网相比，物联网存在较为突出的网络安全问题。互联网受到安全威胁后，其造成的损失一般集中在信息资产领域。

由于物联网拥有复杂的网络环境、数量较多的无线终端和无线网络等，其受到安全威胁后，造成的损失涉及范围较广，容易造成较大经济损失，从而直接影响现实生活和生产。

目前，针对物联网的攻击主要有利用系统及网络漏洞对设备进行远程控制、身份窃取、破坏数据完整性、干扰传输信号等。针对物联网安全的突出问题，在设计网络时，需要从整体、系统的角度，从物联网终端、无线传输、互联网传输等环节考虑安全性，减少安全隐患。

**3. 管理风险**

基于物联网技术的智慧城管存在多个子系统，各个子系统的需求又不同，各子系统的应用开发、网络建设、运行环境搭建及系统联调等工作的完成时间也存在一定的不确定性，这都是管理上的风险。

要解决管理风险，最关键的是在项目实施过程中，对项目实施进行严格的监控管理，实时对照计划进度与实际进度是否一致。出现不一致时，及时找出原因，有针对性地解决问题，并及时调整进度计划，以保证项目顺利实施，按时完成项目的建设。

### 3.3.4 智慧城管的挑战与对策

当前，智慧城管在城市管理与服务方面普遍面临巨大挑战。

首先，流动人口，尤其是低端流动人口快速增加，使城市社会管理中的各种矛盾加剧。比如，无照经营群体急剧恶性膨胀，导致经济社会矛盾日益严重；游商摊贩侵街占道、沿街设点，扰乱社会公共秩序；无照经营的食品缺乏卫生监督，过期食品、假冒伪劣食品泛滥；公共卫生安全隐患突出。

其次，随着社会和城市的发展，城市违章建筑问题也逐步蔓延。违章建筑侵占公区绿地、堵塞消防通道、占压地下管线，不仅损害市容市貌，破坏城市土地资源、水资源和整个生态环境，还给人民群众的生命财产带来很大的威胁。

这些城市管理问题严重影响了区域经济社会的正常发展和城市功能的正常发挥，也影响了正常的市场经济秩序，对城市管理工作提出了严峻的挑战。

面对挑战，应从城市管理工作的实际需要出发，立足当前，着眼发展，遵照系统工程科学原理、规范及技术要求，充分利用移动物联网技术，强化城市管理的科技支撑，打造资源共享、协同联动、面向行动、支撑一线、精确管理、敏捷反应、以人为本、强化服务的物联网城管指挥调度平台，稳步推进市、区两级指挥中心建设，使之有机形成一个上下贯通的敏捷指挥调度体系。

搭建集信息受理、跟踪督办、分析研判、视频监控、应急处置、指挥调度的“六位一体”全流程物联网城市管理平台，使之成为具有专业化水准的信息采集分析中心、指挥调度决策中心。这将大大提高城市管理队伍快速反应与处理问题的能力，不断提高城市的动态监控能力、智能研判能力以及对突发事件的实际现场感知和快速反应能力，逐步实现城市日常管理和应急管理的有机结合，进一步维护、保障城市环境秩序，促进城市经济和社会的协调及可持续发展。

再围绕城市管理执法责任单元工作机制，建立“覆盖到面、监测到线、控制到点”的集信息采集、指挥调度及决策为一体的基于物联网技术的智慧城管体系。其总体应用框架自下向上可以分为立体服务智能感知平台（感知层）、传输层、基础支撑平台、综合应用平台（应用层），并有安全保障体系、标准规范体系作为辅助，利用已有网络基础设施进行搭设，如图 3-8 所示。

立体服务智能感知平台（物联网感知平台）作为指挥中心的感知系统，提供前端传感器等硬件设备，使信息符合规范互联和控制协议，具备位置感知、图像感知、状态感知等多方面感知能力。

视频感知系统包括固定点位摄像头、执法车载视频采集设备等多种图像感知装置，为执法取证、现场指挥提供图像信息。

位置感知系统用于执法员、执法车辆和装备的定位，可以帮助城管明确执法力量分布。状态感知系统用于工地噪声等扰民问题的发现、预警及取证。

基于物联网技术的感知平台是整个智能城市管理系统的基础部分，是城市管理所有信息的采集端口，集成了软件、硬件和通信网络的应用。其感知的信息范围和类型非常广泛，包括位置感知、视频感知、状态感知、服务感知以及其他信息感知。

传输层主要是依托城市的网络基础设施，实现传感器信号、数据的传输。传输层通常可以借助于城市的电子政务网络、物联数据专网、无线宽带专网、移动公网、桌面互联网和移动互联网等网络平台实现城市管理信息的传输，在传输过程中，还可以实现对数据包的加密。

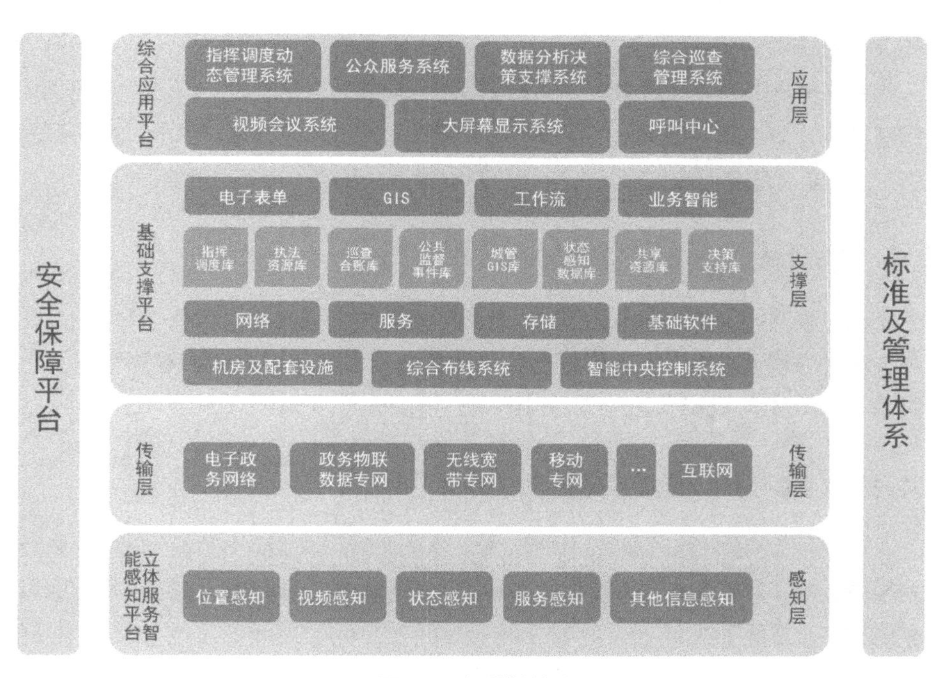


▲ 图3-8 智慧城管体系

基础支撑平台（即支撑层）主要是基础设施平台，包括支撑城管物联网平台的基础网络设施、存放和加工分析数据的服务器和存储设施、相关基础软件，以及对各类数据（包括状态感知数据、视频感知数据、位置感知数据以及各类业务数据）存储、运算、分析的功能。

基础设施平台共享交换接口，向上实现城市管理部门和有关机构的数据交换服务，向下实现下级城市管理部门和指挥中心的数据交换服务，此外还可与城市管理等其他部门进行物联网平台的信息交互。共享交换平台实现对数据的交换服务内容、发布策略、交换形式、访问控制及审计的管理。

综合应用平台（即应用层）实现对监控信息的关联分析、智能识别、高效融合和全景展示，支持实时的预警和事件接入，并支持执法力量的分布展示和执法指挥调度。该平台一般包括指挥调度动态管理系统、视频显示系统、综合巡查管理系统、公众服务系统、数据分析决策支持系统、呼叫中心等。

基于物联网技术的智慧城管要得到良好实现和运营，还需要物联网安全保障体系和物联网标准规范体系两个方面配合。

物联网安全保障体系指根据项目建设不同阶段的需求、业务特性及应用重点，采用等级化的安全体系设计方法，形成一套覆盖全面、重点突出、节约成本、持续运行的等级化物联网安全防御体系。

物联网标准规范体系是组织、协调项目顺利发展的重要手段，也是科学管理的重要组成部分。通过制定和贯彻执行各类物联网技术标准，就能从技术上、组织管理上把各方面有机地联系起来，形成一个统一的整体，保证项目有条不紊地进行。

## 3.4 城市建设移动物联网应用实战

移动物联网技术是集成电路技术、计算机软硬件应用技术、传感器技术、互联网技术、移动互联网技术、3G 视频技术、车联网技术、电子技术等多种学科集合的综合技术。这种技术在智慧城市的建设中有着广泛的应用。

### 3.4.1 【案例】：浙江政务服务 APP

2014 年 6 月浙江政务服务网正式上线，网站收纳了全省 11 个地市的政府服务和便民服务。原本要跑到各种政府部门办事窗口去查询或办理的事项，坐在家里点点鼠标就能搞定，方便了不少。

可是，在移动互联网时代，大家面对手机的时间比面对计算机多了很多，一个没有移动客户端的网站就好比是拄着拐杖在走路，总觉得少了些什么。

2014 年 8 月，浙江政务服务 APP 正式上线了。除了能查询权力清单、政府重点事项外，这个“手机版政府”容纳了 6000 个场馆、17000 项便民导引、77000 个办事项目，更注重便民，更擅长互动。

打开浙江政务服务 APP，登录之后就能看到“热点应用”“我要看”“我要问”和“便民服务”4 大版块，简洁明了，如图 3-9 所示。

有别于传统以信息发布、资料查找为主要功能的政府网站客户端，浙江政务服务 APP 更加强化交互功能，整合了各级政府部门和公共服务通过移动端实现的智慧应用。

目前在 APP 上可以实现的服务包括：全省医院预约诊疗挂号，水电气缴费，出入境证件办理进度查询，机动车违法违章记录查询，驾驶员记分信息查询，空气质量查询，全省市内公交、铁路公路客运、航班信息查询等，甚至还提供国税非网络发票真伪查询和饮食业有奖发票查兑功能。

其中，“办事进度”栏目目前已实现省级 20 余个部门、500 多个事项的办事进度查询功能，不论是在网上提交或在办事大厅提交的事项，都可以在客户端中输入申报号和查询密码，或扫描二维码查询进度。

▲ 图 3-9　浙江政务服务 APP 首页

另外，在“我要问”版块，APP 还提供了“智能问答”“我要咨询”“我要投诉”“信件答复”等功能，为用户提供全省各级政府机构在线办事咨询和投诉受理服务。

APP 里还有一个“个人中心”。个人的水电气账单、社保缴费、医疗挂号等信息，都可以通过这个个人中心实现一站式查询，如图 3-10 所示。

▲ 图 3-10　浙江政务服务 APP“个人中心”

浙江政务服务 APP 还推出了个性化信息提示功能，可以根据用户需求推送事项办结提醒、缴费功能通知等。

不知道你有没有过这样的经历，去一个新开的商场或逛一处景区，常常会去找指引地图。在这张图上，你可以先找到“你当前所在的位置”，通常是个红点，然后再从那个位置往四周延伸，寻找你想要去的店铺或景点。

在浙江政务服务 APP 上，也有类似这样的功能，叫“地图服务”。这张地图分两类内容，一类是查询单位机构，另一类是查询场馆设施，如图 3-11 所示。

▲ 图 3-11　浙江政务服务 APP“地图服务”

比如，游客从其他地市来杭州旅游，突然有个头疼中暑之类的不适，周围哪里有药店呢？打开地图服务，就可以查到周边的医院、药店。

“单位机构”除了有医院和药店外，还包括中小学、幼儿园等学校，体检、养老、预防接种等健康服务机构，以及福利、慈善、社会救助、税助、法律等单位。

如果用户想安排一个充实的周末，那么可以选择“场馆设施”，这里可以查询艺术馆、博物馆、纪念馆、图书馆、文化馆、展览馆、文物保护单位、演出场馆、公园、体育场馆、基层文体中心、纳凉场所等。

如果用户是杭州本地人，那么还有一个实用功能，就是“公共自行车租借”查询。在地图上，不同颜色的自行车标明了这个租借点的状态：绿色表示可租可还、黄色表示可租不可还、蓝色表示不可租可还、灰色则是不可租不可还。

### 3.4.2 【案例】：智能别墅安防监控

随着物联网技术与安防监控的融合，智能安防技术应用于智能家居、智能楼宇中的情况已经很常见了。下面就是一例智能安防监控应用于别墅区的实例。

武汉的 F 天下山水别墅是个集万国风情于一体的超大型生态别墅城，她的成功开发，赢得了政府、广大客户及社会各界的充分认可和赞许，获得了国家、省、市各级、各部门众多奖项，它是华中地区规模最大的纯别墅区，也是武汉唯一的山地湖泊别墅群。

这样一个生态环保、景色宜人、融合了众多先进科技的生态城，整个别墅区都是智能化系统工程设计，综合考虑用户的照明、自动控制、环保节能等需求，为用户提供舒适、便捷、可靠、绿化的生活环境，全方位、多重防护的安全保障，智能化、可视化的灯光环境控制，提升用户的生活品质，当然在这里我们着重介绍的是它可靠安全的安防技术。

随着人们生活水平的提高，安全问题成了人们在乎的新问题，家庭、人身、财产安全尤为重要，F 天下山水别墅便根据业主的安全需要在建筑中融入了智能安防监控系统来保护家庭的安全。

它采用了加拿大枫叶原装进口探测器，不仅产品性能稳定、功能技术先进、误报率极低而且外观美观大方，配合装修起到了锦上添花的作用，有人闯入即可报警。

同时 F 天下山水别墅还采用了多段防范，室内、室外报警结合，即采用室外报警系统语音驱赶、室内报警的方式，这样极大地减少了误报的情况，如图 3-12 所示。

▲ 图 3-12　监控器与报警探测器

视频监控系统主要用来监控画面，是对安防报警系统的补充，同时可以用作后期的取证，而且通过远程监控可以随时随地观看家里的情况，让客户放心外出。

智能监控系统采用 Avtech 摄像头，具有智能视频分析功能，能对监控画面的闯入者报警，同时推送 15 秒视频到主人的手机，起到提醒报警作用。

### 3.4.3 【案例】：南岸智慧城管 APP

2014 年 1 月南岸区在重庆市范围率先推出的智慧城管 APP 正式上线，市民手机登录 nasz.cqna.gov.cn 下载移动终端软件，即可随时随地举报身边的城管问题。首页分为“我要举报”“举报记录”“便民服务”“办件查询”等版块，市民既可以注册登录举报也可匿名举报，同时在便民服务栏内市民还可查询到附近的停车位、公厕、公交车站、酒店、电影院、医院等，如图 3-13 所示。

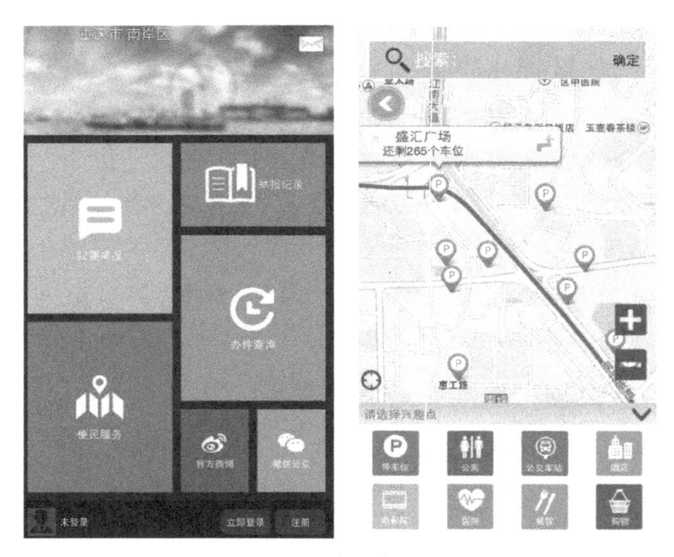


▲ 图 3-13　智慧城管 APP

同时为了提高市民参与维护城市管理的积极性，下载举报成功后可以获得相应的积分，积分可以兑换话费或者流量，相当方便。

据介绍，2009 年起，南岸区市政园林局开始打造“数字城管”，将南岸区划分为 1862 个单元格，每个单元格以 1 万平方米为基本单位实施精细化管理，全区城市管理水平迅速提升。

2014 年起，南岸已着手打造以物联网为支撑的“智慧城管”项目，也就是基于街景影像地图建设“数字城管”的实景化门户网站，为公众参与城市管理、举报城管问题提供一个开放、可视化的操作平台，从而调动全民参与城市管理的积极性。

2013年，南岸区以“智慧南岸”建设为契机，依托物联网技术，积极推动智慧城管建设。目前，已建设完成数字化城市管理体系、城管执法单兵系统、城市管理视频监控系统、智慧城管公共服务平台、下水道化粪池危险源气体监控系统、特种车辆管理系统、城市照明路灯监控管理系统，这7大系统的建设初步搭建完成了具有南岸特色的智慧城管体系。

截至智慧城管APP上线，智慧城管公共服务中心共立案派遣317182件，处置315234件，处置率99%以上。截至目前，中心月结案数量已经超过13000条。而且今后占道停车，车主会收到短信提醒，如果30分钟内挪车将不受罚。

# 第 4 章

## 节能环保：**新兴产业和业态的新机遇**

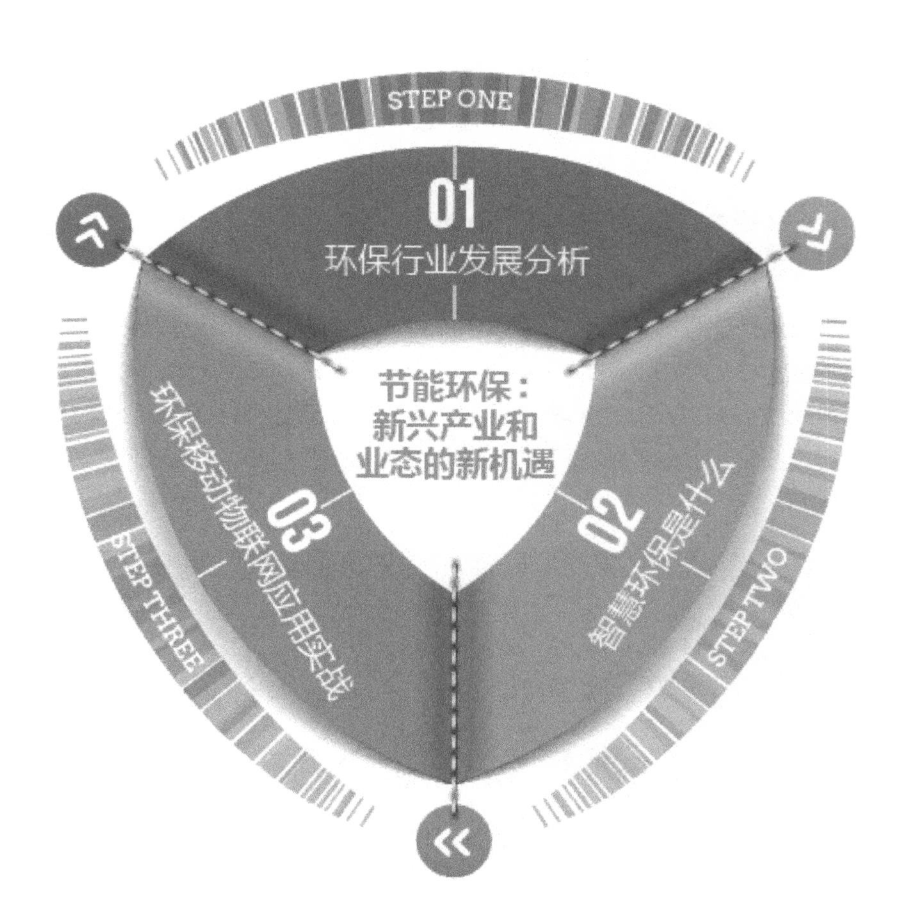

## 4.1 环保行业发展分析

2012—2013 年年底，环保牛市，相对沪深 300 累计超额收益率达到 111.8%，相对创业板累计超额收益率为 35.8%。2014 年，环保全年除水务板块外表现平淡，相对沪深 300 累计超额收益率为 -37.1%，相对创业板累计超额收益率为 -11.1%。

2015 年，环保在两会和“穹顶之下”效应下再度开始活跃，1—3 月相对沪深 300 超额收益率为 16.7%，相对创业板累计超额收益率为 -21.3%，如图 4-1 所示。

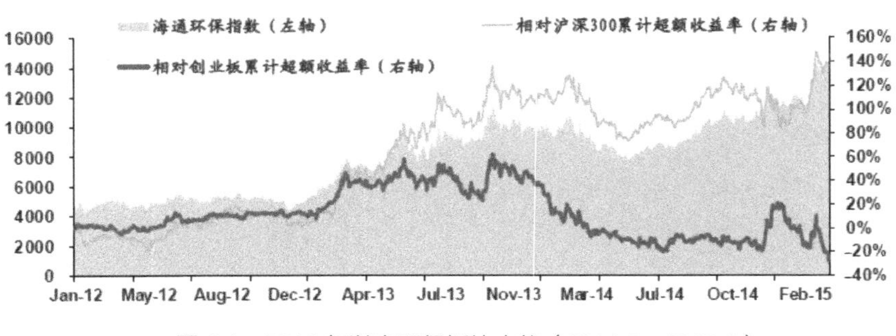


▲ 图 4-1　2012 年以来环保板块走势（2014.1—2015.3）

### 4.1.1 PPP 模式：国家主导打开市场

PPP 模式即 Public Private Partnership，是指政府与私人组织之间，为了合作建设城市基础设施项目，或是为了提供某种公共物品和服务，以特许权协议为基础，彼此之间形成一种伙伴式的合作关系，并通过签署合同来明确双方的权利和义务，以确保合作的顺利完成，最终使合作各方达到比预期单独行动更为有利的结果。

财政部、发改委都高度重视环保物联网，为此带来了存量与增量项目的释放，如图 4-2 所示。

| 上市公司 | PPP经典案例 |
|---|---|
| 万邦达 | 与芜湖市建设投资有限公司签署了《PPP模式项目合作协议》，项目总投资约30亿，其中污水处理投资超11.01亿、垃圾处理投资1.02亿，其他环保工程项目投资超15.60亿。 |
| 碧水源 | 非定向增发参与5个PPP项目，项目投资总额18.1亿元；<br>积极与各地方政府设立合资公司，开拓业务，旗下云南水务（PPP SPV公司）即将于H股上。 |
| 国中水务 | 子公司和湘潭经开委签订了《湘潭经济技术开发区污水处理一期工程项目特许经营合同》，合同金额2.99亿元。 |
| 巴安水务 | 将联合贵州水业产业投资基金、贵州水投水务有限责任公司共同组建贵州水务股份有限公司，公司股权比例10%。 |

▲ 图 4-2　上市公司 PPP 模式案例

以污水处理为例：2014年全国污水1.57亿立方米/日，以吨建设成本1000元计算，资产证券化率提高10%，对应市场空间为157亿元；以吨污水处理费1元计算，社会力量运营比例提升20%，运营市场空间115亿元。

### 4.1.2 大国治水：山雨欲来PPP相助

“水资源智慧网络”就是利用物联网技术，把与水资源相关的传感器（包括计量设施、水质、水位、流量监测等传感器）装备到水资源开发、利用、保护等各个层面，然后将各个节点的传感器与现有的无线网络、互联网连接起来，实现人类社会与自然水体的整合。在此基础上，以更加精细和动态的方式管理水资源，提高水资源利用效率，改善人与水的关系，促进人水和谐。

对主要水体的治理有以下几种策略，如图4-3所示。

- 市政水务：“十二五”“水十条”与PPP模式三驾马车驱动市场放量。
- 工业水处理：监管与处罚加强，园区化第三方治理是大势所趋。
- 自然水体治理：搭乘PPP模式顺风车，有望成为水务企业新业绩增长点。

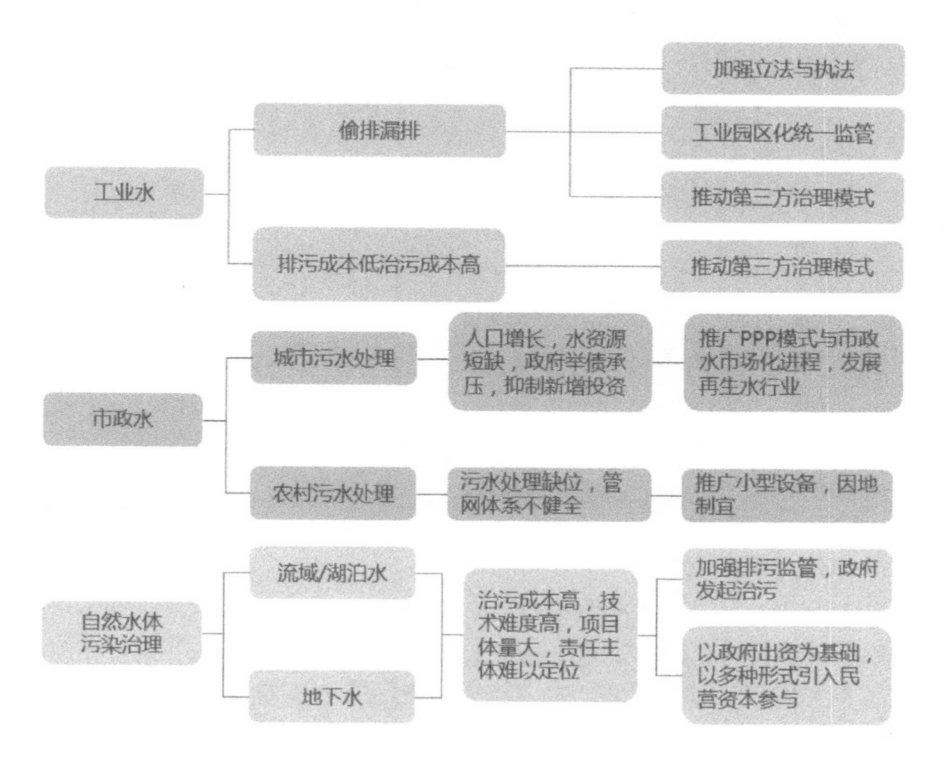


▲ 图4-3 水体的治理策略

### 4.1.3 固废：垃圾焚烧的环保空间大

2011—2015 年，根据中国（包括村镇）的城镇生活垃圾无害化处理的选择路线比较结果显示，垃圾填埋的比例在逐年下降，垃圾焚烧的比例在逐年提高，尤其“十大影响力企业”的垃圾焚烧运营能力占到了市场集中度的 54%。

《2015 中国垃圾处理行业报告》也显示，未来垃圾焚烧在面临良好发展形势的同时也面临着更多的压力，比如焚烧的标准提高、监管趋严、公众质疑、低价竞争及成本提升等，行业实际是外热内冷的状况。

不过，在压力之下，垃圾焚烧也孕育着机遇和变革，中国的环境问题正进入生态循环的时代，在向价值导向跨越，垃圾焚烧也会迈向新的时代。

目前中国垃圾焚烧比率仅占垃圾无害化处理率的 20%，各国垃圾焚烧占无害化处理量比率与人均土地面积相关，对比丹麦（40%）、法国（33%），中国仍有较大上升空间，如图 4-4 所示。

| | 人均GDP（1000$/人） | 人均土地面积（平方米/人） | 垃圾焚烧占比（%） | 市政固废产生量（百万吨） |
|---|---|---|---|---|
| 日本 | 35.3 | 2849 | 75% | 53 |
| 瑞士 | 82.9 | 5405 | 50% | 5 |
| 瑞典 | 58.9 | 48544 | 47% | 5 |
| 丹麦 | 60.3 | 7937 | 40% | 4 |
| 法国 | 42.6 | 8403 | 33% | 33 |
| 德国 | 45.5 | 4255 | 32% | 47 |
| 美国 | 51.6 | 29412 | 14% | 228 |
| 英国 | 40.6 | 3861 | 8% | 36 |
| 中国 | 10.3 | 7053 | 21% | 416 |

▲ 图 4-4 主要国家垃圾焚烧比率一览（2014）

新时代的垃圾焚烧会有以下几个特点。

（1）去中心化。垃圾焚烧不再是唯一的产业环节，只是切入固废管理的最好产业切入点，更多要强调上下游的协同，以产生更大的价值增量。

（2）生态循环。需要垃圾处理处置企业将产业链向更后面延伸，实现更多增量的价值收益。

（3）极致化。每个企业需要在其环节以极致化的服务显示出自己在上下游的存在价值。

（4）产业协作。价值流转需要很多跨界环节，如固废处理与农业领域、垃圾处理与能源产业等。

### 4.1.4 监测：移动物联网与环保合作

相比环保产业已日益成熟的发达国家，我国的环境监测工作起步较晚。20 世纪 70 年代中期，随着管理“三废”工作的开展，各省市相继建立环境监测站，基本形成了覆盖重点城市的国家、省、市、县四级环境监测网络，环境监测行业的发展脉络如图 4-5 所示。

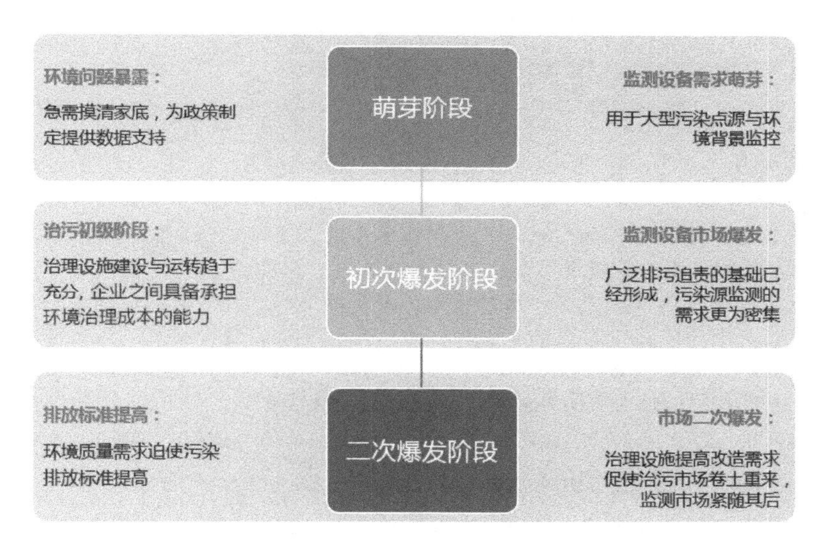


▲ 图 4-5 环境监测行业的发展脉络

移动物联网和环保监控的合作是污染源监控和防治的新形式，也是智慧环保建设的关键，需要建立完善的污染源在线物联网监控工程，通过在全市或全县范围内布置大气、水体、固体废弃物、特征污染物、辐射等监管物联网，多方位、全时段地对各种可能的污染源进行在线监控，实现事故早发现、早预警，为环境事故及时、有效的管理提供有力保障。

## 4.2 智慧环保是什么

智慧环保是数字环保概念的延伸和拓展，它是借助物联网技术，把感应器和装备嵌入到各种环境监控对象（物体）中，通过超级计算机和云计算将环保领域物联网整合起来，可以实现人类社会与环境业务系统的整合，以更加精细和动态的方式实现环境管理和决策。

### 4.2.1 智慧环保简介

2009 年初，IBM 提出了“智慧地球”的概念，美国总统将智慧地球上升为国家战略。智慧地球的核心是以一种更智慧的方法，通过利用新一代信息技术来改变政府、企业和人们相互交互的方式，以便提高交互的明确性、效率、灵活性和响应速度，实现信息基础架构与基础设施的完美结合。

随着智慧地球概念的提出，在环保领域如何充分利用各种信息通信技术，感知、分析、整合各类环保信息，对各种需求做出智能响应，使决策更加切合环境发展的需要变得越来越重要，于是“智慧环保”概念应运而生。

智慧环保是“数字环保”概念的延伸和拓展，是信息技术进步的必然趋势。

**专家提醒**

“数字环保”是在数字地球、地理信息系统、全球定位系统、环境管理与决策支持系统等技术的基础上衍生的大型系统工程。

数字环保可以理解为以环保为核心，由基础应用、延伸应用、高级应用和战略应用的多层环保监控管理平台集成，将信息、网络、自动控制、通信等高科技运用到全球、国家、省级、地市级等各层次的环保领域中，进行数据汇集、信息处理、决策支持、信息共享等服务，实现环保的数字化。

智能环保平台由数据采集硬件和数据中心软件系统两部分组成。

数据采集硬件负责采集现场的各种环境数据并将数据传输到数据中心，数据中心安装智能环保软件系统，软件系统负责对数据进行存储、分析、汇总、展现和报警。

智能环保平台可以采集的环境数据，包括空气温湿度、土壤温湿度、$CO_2$ 浓度、光照强度、水中温度、水中的氨氮、溶解氧浓度和 pH 值等。

数据传输方式采用无线方式，各个采集器之间以及采集器和路由之间采用无线 ZigBee 技术可以自由组网，路由和数据中心服务器之间采用 GPRS 或者 3G 通信技术进行通信。当环境数据超出系统设置的阈值时，系统会产生报警，通过声光报警器、手机短信和弹出窗口等形式通知相关人员，同时启动或者关闭相关设备调节现场环境指标。

### 4.2.2 智慧环保系统的构建

基于云平台的系统架构有别于传统的企业信息系统架构。传统的企业信息系统架构无法适用于完全分布式的、无共享（No-Sharing）方式为特性的云计算平台的环境。因此，需要为智慧环保构建起全新系统架构，其系统分层如图 4-6 所示。

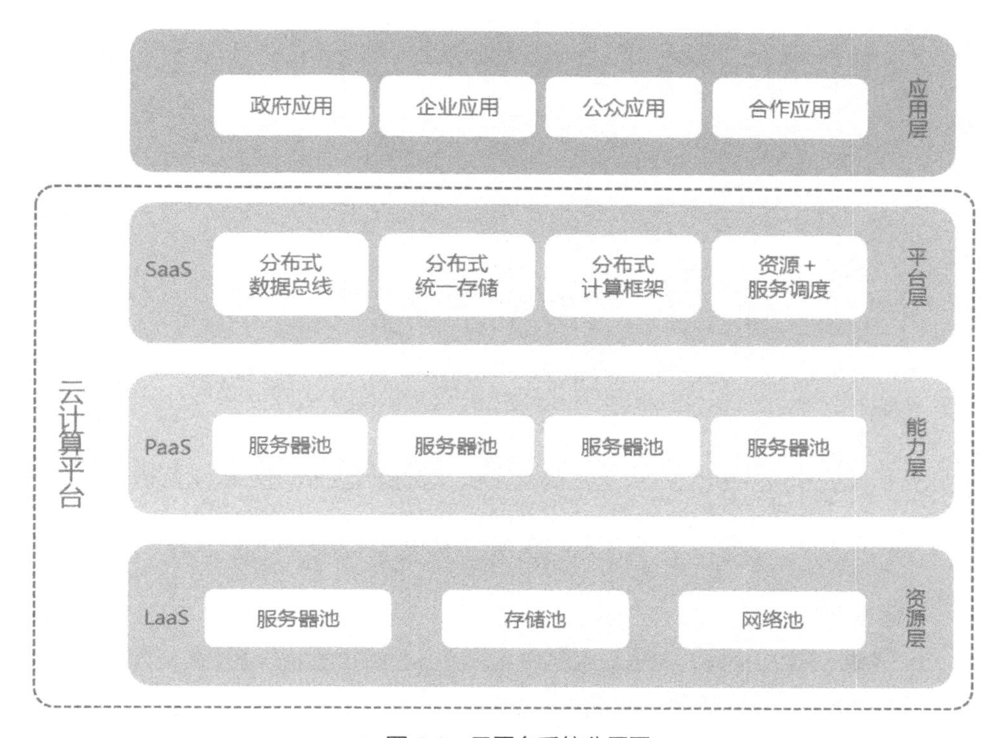


▲ 图 4-6 云平台系统分层图

云平台系统整体分成 4 层，分别为资源层、能力层、平台层及应用层。

- 资源层：将分布式系统中离散的资源聚池化。
- 能力层：将资源层池化的资源封装成为通信、存储和计算能力，并提供资源描述、分配和调度功能。
- 平台层：将能力层封装好的能力以服务编程友好的形式展现，并提供面向服务和能力的管理及调度功能。
- 应用层：由基于平台层提供的系统能力来实现业务逻辑的模块构成。模块通过良好定义的接口对外提供服务，模块之间的交互通过平台层的服务管理功能实现。

基于大数据和云计算的智慧环保技术架构，智慧环保整个系统划分为 4 层：智能环保应用层、信息处理层、网络层、感知层，如图 4-7 所示。

在物理资源及网络资源的基础上，采集整合所有环保相关的数据汇聚于大数据平台；在 PaaS 平台上实现对数据的分析挖掘，建立统一的中间件平台，将数据分析结果以服务形式提供给应用，为上层具体应用提供统一、虚拟化的应用接口。

▲ 图 4-7　基于大数据和云计算的智慧环保技术架构

整体技术架构各层功能如下所示。

- 智能环保应用层：基于云服务模式，建立面向对象的环保业务应用系统和信息服务门户，为第三方环保应用提供商提供统一的应用展示平台，为公众、企业、政府等受众提供环保信息服务和交互服务，从而实现“更智慧的服务”。
- 信息处理层：基于智慧环保专有云体系架构，重点构建智慧环保数据中心和应用支撑平台，以云计算、虚拟化和商业智能等大数据处理技术手段，整合和分析环保及相关行业的不同地域、不同类型用户群的海量数据（信息），实现大数据存储、实时处理、深度挖掘和模型分析，实现“更深入的智能化”以达到智慧化。
- 网络层：利用物联网、通信网、互联网，结合 3G、卫星通信等技术，与感知层获取的数据（信息）进行交互和共享，传送到信息处理层进行集中处理，实现“更全面的互联互通”。
- 感知层：利用任何可以随时随地感知、测量、捕获和传递信息的设备、系统，获取各种环保数据，实现对外部环境因素“更透彻、更全面的感知”。

在信息处理层中，包括了云服务中的 IT 基础设施（IaaS）及应用支撑平台（PaaS），在 IaaS 中对各种 IT 基础设施实现集中管控部署，对各种资源实行虚拟化共享分配，从而实现环保资源的合理利用、分配及调度。

在 PaaS 中为虚拟化的环保资源设计了一整套统一的应用接口，对资源状况实现实时监控管理，为开发人员提供应用开发测试统一平台。

信息处理层中的 DaaS 不仅包括基于传统意义上数据仓库的商业智能，还将结合对大数据领域的海量数据采集、存储、建模、挖掘、可视化技术的研究，建立多层次多种类环保数学模型、合理制定环保减排管控方案等，为科学决策提供参考依据，产出更多的环保“智慧”。

### 4.2.3 智慧环保的技术应用

智慧环保利用移动物联网技术的目的在于通过综合应用传感器、红外探测、射频识别等装置技术，实时采集污染源、生态等信息，构建全方位、多层次、全覆盖的生态环境监测网络，从而达到促进污染减排与环境风险防范、培育环保战略性新型产业等方面的目的。我国环境保护领域在十几年的发展过程中，广泛采用传感器、RFID 等物联网相关技术，具有良好的物联网运作基础，对实现物联网在环保领域的深度运用提供了先决条件。

#### 1. 构建环保物联网体系

物联网作为一个系统，与其他网络一样，也有其内部特有的架构。结合物联网的基本构架，可以根据水污染检测、空气质量检测、噪音污染检测等环保领域各方面的不同，构建环保领域物联网系统体系。以图 4-8 所示的水污染检测物联网应用框架为例。

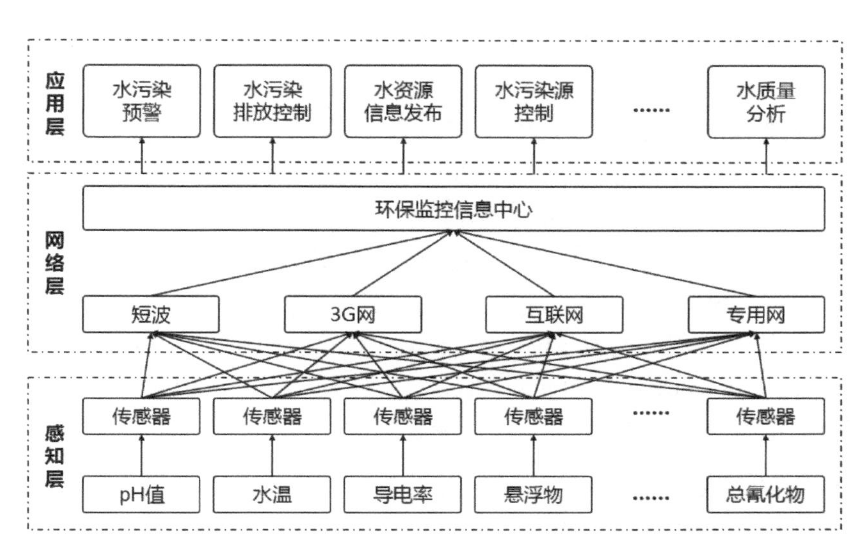


▲ 图 4-8 水污染检测物联网应用框架

### 2. 开发智能化处理功能

物联网技术应用的目的在于，通过广泛采集的数据，运用数据挖掘等智能化技术，对采集的数据进行筛选和提炼，为决策层提供安全、可靠、有效的决策依据。所以，数据的智能化处理是物联网技术应用的本质特征之一。

充分发挥物联网智能化优势，对环境监测进行智能化处理，将简单的环境监测数据提炼为各有价值的统计数据，至少可以达到以下两点目的。

一方面，延长污染预警时间。传统的方式在数据到达信息中心后，根据各项数据，对比预警指标，从而得到预警信息。传统的环保预警方式的实时动态监测能力不强，面对紧急状况下的环境污染问题处理能力不足，对预警监测的精确度、稳定性甚至下一步采取防污措施都造成一定的负面影响。要发挥物联网技术的智能化优势，根据实时监控的环保数据变化，分析污染发展趋势，推算达到预警指标的时间和趋势，充分延长污染监测的预警时间。

另一方面，为环保部门治理环境污染提供可靠的决策依据。环境污染并不是孤立、无序的，对大多数环境污染的治理都具有一定的经验。物联网技术的应用可以根据环境变化的区域、时间、事件等信息，根据已有的环境治理经验，分析环境污染产生的原因及规律，提出治理环境污染的重点和难点问题，提供污染治理的可靠方式，缩短环境治理决策周期，降低人工决策风险。

### 3. 实现自动化控制作用

物联网技术在环保领域中的应用，除了要达到对环境污染提前预警和智能决策之外，还应实现在污染扩大之前自动对污染做出早期处理，缓解或阻止环境污染的进一步扩大。

移动物联网的特征之一，就是实现数据采集设备与自动控制设备之间的信息互通，自动控制设备根据采集数据，结合已输入的自动处理程序，实现快速的自动处理，形成类似于感受器到神经反射弧的条件反射机制。

环保领域的物联网技术应用，可以通过将环境保护区域内布置的环境感应装置与控制装置连接，构成信息传输整体网络，通过加载智能芯片，使环保设备具备独立计算及控制能力，构成自动控制系统。当污染达到一定指标时，自动控制系统自动采取一系列措施，达到快速调节污染的目的。实现环保的自动化控制功能，也是为了缓解信息中央处理部门的工作压力，在紧急状况下，为下一步治理工作延长处理时间。

### 4. 强调简易化发展方向

在环保领域物联网技术的应用，首先应强调物联网的简易化发展，使环保物联网技术设备朝微型化、网络移动化发展，适应人们日常生活中的环保需要。比如，应该将物联网技术投入垃圾桶的检测、垃圾车的控制、生活污水的处理等生活方面，不能仅将物联网用在大型的环保项目中。

当前，水资源、空气、土地等方面的环保工作已有突出的成绩，但日常生活环保的发展并不是非常理想。随着人们物资生活的不断丰富，生活污染问题也日益突显出来，迫切需要新技术改善生活环境。

现阶段，移动物联网技术发展处于起步阶段，智能化、自动化等方面有一定的应用基础，RFID 标签、红外线感应等物联网底层技术应用具有结构简单、目的明确、智能运用条件低等优势。在生活环境污染控制方面，移动物联网技术需求突出。

环保移动物联网技术发展，要充分开发物联网底层技术的专业化功能，形成产业规模，降低总体成本。通过提高智能芯片嵌入技术的应用，在降低使用成本的同时，有利于改造已有的环保设施设备，便于智能芯片的更换和淘汰，适应多样化的环保功能需要。

**5. 构建多平台网络模式**

当前，在不同领域，物联网应用的网络平台大多数是以互联网为基础的，原因在于一方面互联网使用成本低，另一方面互联网运行稳定，便于物联网技术的开发和使用。

由于环保工作中环境监控的主要对象分布较广泛，离基础设施较好的区域越远，网络条件越差，对实现物联网数据的高速稳定传输造成了一定的负面影响。

若以互联网为单一的网络平台基础，一方面需要在不同的自然环境中布置大量互联网接入设备，会耗费一定的物质成本；另一方面，以单一网络平台为基础，若面对复杂的自然环境变化，互联网使用将受到破坏，物联网运作可能停滞，运作流畅性得不到充分保证；且由于互联网属于开放性网络，物联网使用需要面对各类网络安全风险。

为保证环保工作中物联网的正常运作，需要建立以互联网为主体，多网络平台共同适用的网络平台环境。以互联网为主体，原因在于环保工作中信息采集处理的范围广，需要互联网作为主要运作平台，且面对城市、大型环保工程等基础设施较好的区域，互联网平台优势明显。多网络平台共同适用的原因在于，虽然大部分环保监控区域是孤立的，但大多数已具备一定的信息传输基础，如电信 3G 网络，充分利用已有的电视、电话等网络平台，为数据传输提供硬件基础，同时积极开发小范围内无线传感专用网络，为实现环保监控区域系统化提供条件。

## 4.2.4 智慧环保的应用现状

数字环保是借助物联网技术，把感应器和装备嵌入到各种环境监控对象中，通过服务器、网络设备和软件平台，实现对监控对象的实时监测监控和预警。

智慧环保是数字环保概念的延伸，它通过超级计算机和云计算将环保领域物联网整合起来，实现环境业务系统的智能化，以更加精细和动态的方式实现环境管理和决策。

通过数字环保的建设，目前烟台市已经建设了烟台市重点污染源监测监控系统、城市空气质量监测系统、污水处理厂监控系统、饮用水源地水质监控系统和机动车排气检测系统。

重点污染源监测监控系统和污水处理厂监控系统由企业端自动监测仪器、数据采集仪、无线传输和监控平台组成。

通过企业端数据采集仪自动采集自动监测设备的实测数据，经 GPRS 或 CDMA 的无线网络向省、市两级监控平台同步传输，数据存储至数据中心，由监控平台进行处理。通过三级联网的网络架构，监控平台的层级用户管理，使各级环保部门能够实时共享在线监测数据，实现对重点企业污染排放情况的有效监管，使各重点企业也能够实时查看当前污染排放情况，提升对环境污染达标排放实时监控的技术水平。

饮用水源地监控系统通过水质自动监测站实现了对饮用水源地和重点河流断面水质的 24 小时连续监测监控，监测数据自动传输至市监控平台，使环保部门能够实时掌握饮用水质情况。

城市空气质量监测系统通过空气质量自动监测站对城区空气质量进行实时监测，并通过无线网络自动传输到市城市空气质量监测系统，实时掌握空气中各主要污染物指标，并通过环保网站向市民公开。

机动车排气检测平台通过 MSTP 专线将机动车尾气检测站与市平台连接，对机动车尾气的检测标准和过程进行监控。

通过对重点污染源、污水处理厂、饮用水源地、主要河流断面、城市空气质量和机动车排气检测的信息化建设，智慧环保已经展现雏形。

自“智慧环保”的概念形成以来，多个国家和城市逐步开始推进智慧环保的建设，并取得了一定的成效，其建设内容各具特色。其中典型的智慧环保应用包括哈佛大学的“城市感官（City Sense）”计划、美国密歇根州的“回收奖励（Rewards for Recycling）”项目、美国大鸭岛生态环境监测系统、塞尔维亚河川水质污染管理与预警系统。

近年来，国内环保信息化受到政府和环境保护部门的重视，环境保护事业进入新的发展阶段，其中无锡、重庆、广州等城市智慧环保的建设，已经突显出信息技术在环保领域的重大作用和意义。

### 4.2.5　智慧环保的发展对策

经过全国各级环保部门多年努力，我国的环保信息化建设已经初具规模，取得了显著成效。但是由于前期缺乏统筹规划，在标准规范制定、集约化建设、资源共享和业务协同、信息综合利用等方面仍有很多问题亟待解决。

### 1. 环境信息标准规范体系有待完善

我国各类环境业务系统建成于不同时期，不同的业务系统都自成一套管理体系，由于缺乏统一的环境信息标准和规范，导致了同一类数据有多种不同的编码体系、同一种管理事务有多套应用系统、同一数据来源有多个采集渠道等问题。

由于不同部门的信息管理渠道与数据标准存在差异，造成了基层环保工作人员工作内容繁冗重复，领导决策缺少横、纵向可量化分析的数据基础，严重制约了环境管理效率和环境监管能力。

### 2. 低水平重复建设现象普遍存在

近几年，我国各地环保部门纷纷加大信息化建设力度，采购了大量软硬件资源，建立了多个应用系统。

但是由于缺乏统一的环境信息化建设规划和顶层设计，各部门多数都是独立开展环保信息化建设工作，面向同一业务需求存在多个相互独立的业务应用系统，数据、应用相互矛盾的现象也时有发生。

与此同时，各部门的信息化建设在运维过程中普遍存在设备资源利用率低、信息系统运维难、人工成本高和能源消耗大等问题。

### 3. 信息资源共享和业务协同能力不足

多年以来，我国各级环保机构面向不同业务需求，已建成了环境监测、应急管理、污染源监控等一系列应用系统，也积累了大量的环境信息资源，但这些系统的互联互通性差，信息资源交换难，造成大量的“应用孤岛”“数据孤岛”。

此外，目前我国的环境业务应用系统的功能更多停留在表层的信息存储和传递，缺乏面向管理决策的数据海量存储、深度挖掘、综合应用和智能分析，无法满足新时期环境管理与科学决策支撑的业务需要。

### 4. 信息化应用与管理需求不匹配

环境污染常常是多地域共同造成的，环境治理需要各方的协同配合。但目前的环境管理方式是辖区负责制，各地方环保机构只关注自己管辖范围内的环境问题，严重影响了污染治理的效果，亟需打破部门壁垒，促进跨行业、跨区域、跨部门的业务协同和资源共享。

环保信息化的深入推进对现行的环境管理工作方式提出了新的挑战，需要国家层面站在更高的角度，统筹推进全国各区域的环保信息化建设。

### 5. 智慧环保顶层设计要以协同共享为核心

上述问题的存在，迫切需要高起点的环境管理业务流程梳理、体系化的信息化建设需求分析、前瞻性的设计信息化总体框架，以统一规划、统一平台、统一标准的方式推进环保信息化建设。

电子政务顶层设计的思想是国家政务“十二五”规划的具体体现和有效实践，主旨在于运用系统方法论改善政府部门间各自为政、分兵把口导致的资源难以共享、信息难以互联互通的困顿局面，解决总体规划的实施问题。

秉承电子政务顶层设计互联共享的思想，智慧环保顶层设计是针对一个区域环保信息化的建设，从全局的视角出发，设计总体技术架构，并对整体架构的各方面、各层次、各类服务对象、各种因素进行统筹考虑和设计，进而为整个区域的环保信息化建设提供统一指导和规范。智慧环保顶层设计可协助环境管理者通过信息化手段做出各种管理和技术决策，进而推动环境管理模式的创新变革。

赛迪设计基于长期对智慧环保建设的咨询实践经验，同时结合全国环境保护业务实际需求和国内外环境信息化建设最佳实践，综合提出智慧环保顶层设计的总体框架。智慧环保的总体架构概括起来分为“三横三纵”“三横”是指在横向上划分为 3 个层次，自上而下分别是应用层、环境信息资源层和基础设施层；“三纵”是指信息标准规范体系、信息安全体系和运维管理体系 3 大体系，如图 4-8 所示。

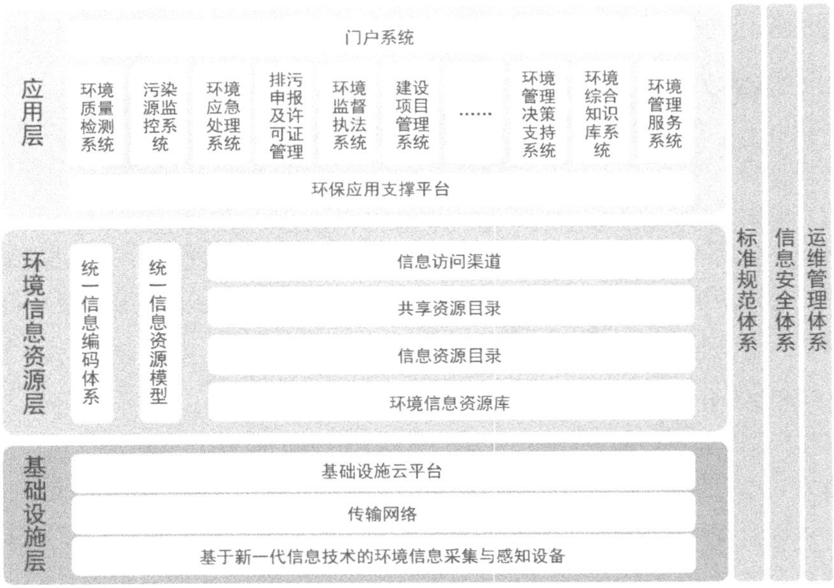

▲ 图 4-9　智慧环保“三横三纵”架构图

各部分具有相对独立的职能，相邻层级之间又有一定的关联。推进智慧环保建设，应用是关键，信息资源开发利用是主线，基础设施是支撑，标准规范、信息安全和运维管理是保障。智慧环保是一个统一的整体，在一定时期内相对稳定，具体内涵将随着环保业务需求和经济社会发展而动态变化。

**6. 环保物联网建设面临的挑战**

环保物联网建设面临的挑战有以下几点。

（1）环保物联网应用中环境监控、环境信息共享范围与协同能力尚不能满足环境保护的需要。

（2）环保物联网应用在环境质量监测，行业、企业污染防治，总量减排等履行环保职责中还没有充分发挥作用，影响了环境保护的效果。

（3）科技创新和技术应用的意识、思路有待进一步开拓，环境管理理念、方法、体制、机制不匹配，缺乏统筹规划与组织。

（4）目前环境保护管理模式从污染控制为目标开始向环境质量改善为目标转变，在这种形势下，现有环境监控模式和能力还存在明显差距。

（5）环保物联网相关产业发展也滞后于应用需求，同时，公共服务能力与公众参与水平还不能满足日益增长的需求。

**7. 环保物联网难题的解决之道**

环保物联网难题的解决方法有以下几点。

（1）进行环保物联网顶层设计要明确建设理念。目前和今后相当一段时间内环保物联网建设和应用应当以服务的理念为出发点和落脚点，服务对象包括政府的环境管理、监测和研究部门、污染排放及治理企业、其他社会机构和社会公众等。

（2）现阶段环保物联网建设和应用必须强调周密的配套设计。前些年环保部门中相对简单、易于实现的系统已经初步实现，剩下的全是“硬骨头”，并且与方方面面密切联系，涉及组织建设、制度建设、体制创新等诸多方面，需要对涉及的建设、应用、运维的所有方面进行整体配套设计。

（3）要明确环保物联网建设和应用的范围，通盘考虑环保物联网应用的服务体系、应用体系、信息资源体系、管理体系、基础设施，统筹好各部分之间的依赖关系，使其能有效支撑、协同发挥作用；同时，要把握建设重点、合理规划建设策略和实施路径，确保环保物联网建设和应用的效果。

（4）要把握好国家和地方的关系，考虑中央、地方的制度体系及其管理的优化，做好环保物联网建设、应用和运维的财政、行政等体制、机制统筹，并通过把顶层设计上升到决策高度，保证顶层设计的落实。

**专家提醒**

环保物联网的建设和应用关系经济可持续发展，关系亿万民生，需要锐意进取，周密设计，履行面向现代化、面向民生需要、面向未来的历史担当，相信在各方力量的不懈努力下，必将构建出远大宏伟、利国利民的环保物联网。

# 4.3 环保移动物联网应用实战

移动物联网在环保领域的运用会随着移动物联网技术的不断完善逐渐成为节能环保不可或缺的一部分。

## 4.3.1 【案例】：空气监测器

频频出现的雾霾报道，变本加厉的大气污染，使得人们越来越关注空气质量的优劣，空气监测器、净化器等相关产品也一度成为人们关注并消费的热点，移动物联网技术的渗入带动了环保产业的高速发展。

从大的方面来讲，目前我国已建立众多环保监测系统，绝大部分环保监测系统都能实时采集和检测排污点的二氧化硫和化学需氧量排放量，但是生活中的我们，怎样才能更方便快捷简单地知道我们所处环境的大气质量呢？空气监测器能有效解决这个问题。

2014 年，海尔推出了空气监测器产品“空气盒子”。空气盒子是以家庭空气检测和空气相关电器的远程遥控为功能特色的周边产品，它能够与手机互联实时查看室内外空气状态，内置温度、湿度、二氧化碳及 PM2.5 四大工业级传感器，可以用来检测环境温度、湿度甚至是检测空气质量等，如图 4-10 所示。

▲ 图 4-10　空气盒子手机 APP

家电控制功能是空气盒子主打的第二个重要功能。空气盒子与家电的连接过程非常简单，只要两步便可轻松搞定。首先，把空气监测器连接上电源，用手机扫描包装盒上的二维码，或在应用商店中直接搜索下载空气盒子 APP。然后，只要用户的手机与空气盒子在同一 Wi-Fi 环境下，打开应用依次按照注册、登录、绑定设备提示操作即可完成连接，非常简单。

具有家电控制功能的空气监测器可以与绝大部分空调、净化器产品进行配对绑定。而且，绑定完空调或者空气净化器以后，在智能模式下，无论何时何地，当你室内空气较差，需要开启相关设备净化室内空气时，空气盒子就会自动发出指令，智能联动家中设备，进行空气净化，如图 4-11 所示。

▲ 图 4-11　智能联动界面

有了这样的空气监测器，不仅能实时了解到家中的空气质量，还能及时通过远程控制提早进行净化。相信这也会是未来智能家居中的一项必不可少的应用，虽然从环境保护这个大方向来讲，这只是“小我”方面的环保应用，但相信也是最贴近生活的环保措施。

## 4.3.2 【案例】：垃圾桶 RFID 项目

美国俄亥俄州的克里夫兰市一直执行着严格的环保法规，该市的居民被要求回收包括玻璃、金属管、塑料瓶、纸张和纸板等可回收材料。但是，由于缺乏有效的监管手段，很长一段时间，这项环保法规的执行并不理想。

不过，市议会批准的一项最新决议，将确保这种尴尬局面不会持续太久。这项新决议授权市政府部署基于 RFID 的高科技垃圾收集系统，用以监控居民的垃圾桶，如果居民将可回收物倒入垃圾桶，将会收到巨额罚单。

克里夫兰市的新垃圾收集系统，在垃圾回收车上嵌入了 RFID 芯片和条形码。此前，RFID 标签经常被用于零售业的防盗和食品安全追溯。

在克里夫兰市，RFID 芯片可以帮助市政管理人员监控居民们将装有可回收材料的回收箱推到路边的频率。如果某个回收箱持续数周未被使用，芯片将提醒市政管理人员。市政管理人员会对该住宅附近的垃圾桶进行检查，如果超过 10% 的垃圾为可回收材料，该居民会面临 100 美元的罚款。

这个项目得到了市议会 250 万美元的预算支持，将 RFID 覆盖的居民住宅数以每年 25000 户的速度增加，直至完全覆盖该市 150000 户住宅。

“我们正在努力提高系统的准确性、可用性和自动化。”克里夫兰市可再生垃圾收集处长罗尼·欧文斯（Ronnie Owens）说，“RFID 芯片的推广，会帮助我们将工作做得更好。”

克里夫兰市的 RFID 项目，实际上只是物联网一个很小的应用。相信在未来，随着物联网技术的不断发展和应用的普及，很多目前看似无法监管且 IT 爱莫能助的事情，都会由于物联网的应用而变得轻松。

### 4.3.3 【案例】：自动支付咖啡杯

随着大众环保意识的增强，一些咖啡馆的顾客现在采用内嵌 RFID 芯片的可再用杯子（又称 Smug）购买饮料，不仅减少纸杯垃圾的数量，还可减少购买饮料的时间。

这套系统由克里斯·哈尔伯格（Chris Hallberg）开发，当哈尔伯格还是马凯特大学的学生时就构思了这套 RFID Smug 杯。

2008 年，受一堂生物工程课程的启发，哈尔伯格开始设想一种 RFID 咖啡杯，可用于购买饮料，只需下载一个现金账号，将咖啡杯轻碰一台与服务器有线相连的阅读器，服务器就会储存账号的相关数据。

哈尔伯格向当地几家咖啡馆推销这个想法，最终赢得了 Stone Creek Coffee 的兴趣。哈尔伯格开始与 Stone Creek 的店主艾瑞克·雷西（Eric Resch）合作开发一套方案，可成功用于常用咖啡馆。

哈尔伯格强调自己设计 RFID 咖啡杯的目标是尽量使这套系统简单化。虽然曾考虑专门为这个应用设计一台阅读器，可直接与互联网相连，或用于独立服务台，但最终还是选择了一台市场现有的阅读器，可直接插入一台计算机或收银台，采用哈尔伯格开发的软件发送标签信息到商店后端系统。

# 第5章

## 医疗健康：
## 移动物联网驱动医疗革新

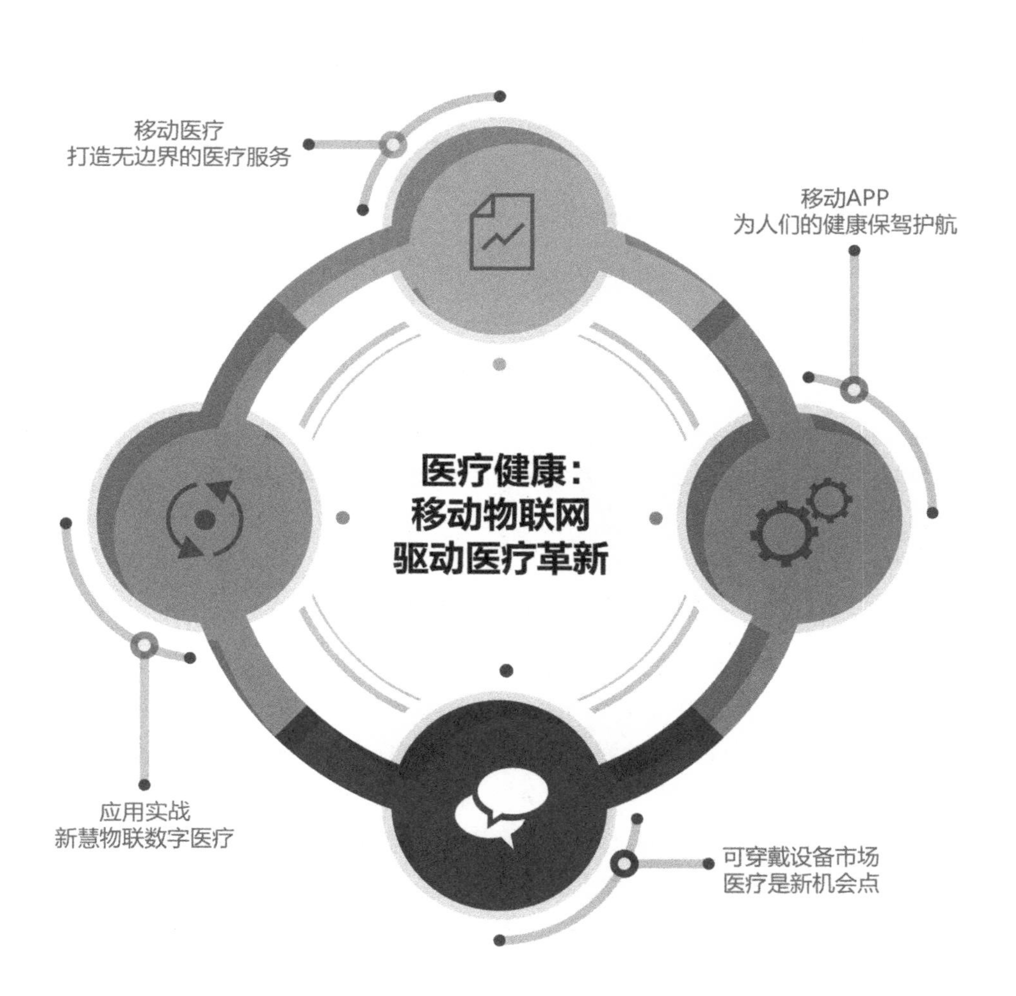

## 5.1 移动医疗：打造无边界的医疗服务

谷歌眼镜（Google Glass）、苹果的 iWatch、Fitbit 的智能手环等可穿戴设备，向大众传达了未来的无限可能，这些可穿戴设备的功能涵盖了运动健身、医疗保健、社交娱乐等方面。其中，医疗保健无疑是用户需求最多、功能最具革命性的一个，如图 5-1 所示。

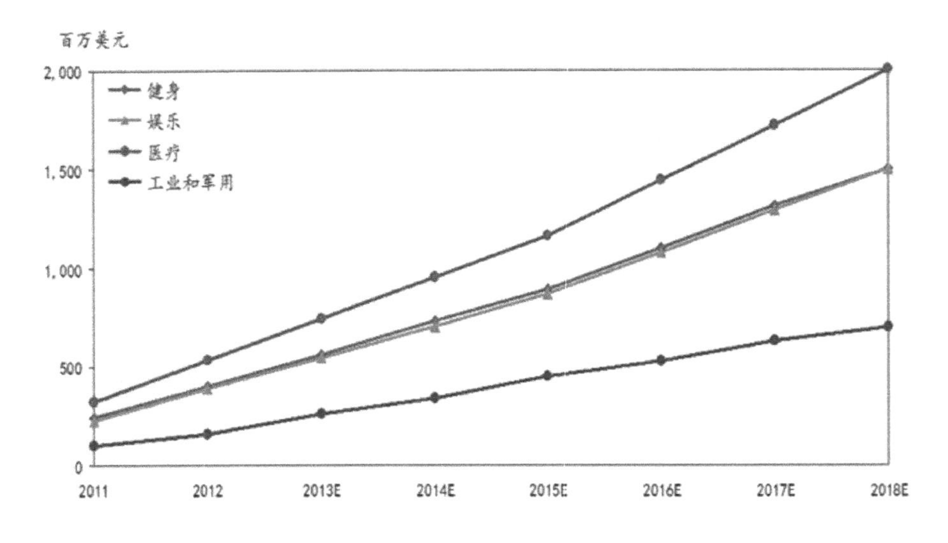


▲ 图 5-1 未来 5 年可穿戴设备在各个不同领域发展趋势预测

移动医疗产业的发展，打破了传统医疗服务的地域时空限制，让无处不在、无时不在的新型"无边界医疗服务"梦想触手可及，并有望在未来 5 年内引领全球医疗模式变革。

### 5.1.1 市场分析：移动医疗发展趋势预测分析

美国著名智库布鲁金斯学会（Brookings Institution）研究报告指出，2013 年全球移动医疗产业市场规模为 45 亿美元，2014 年约为 69 亿美元；预计 2014 年之后，全球移动医疗产业将迎来爆发式增长，2015 年市场规模将达到 102 亿美元，同比增长 47.8%；2017 年市场规模为 230 亿美元，同比增长 49.4%，如图 5-2 所示。

2017 年，欧洲地区将拥有全球最大的移动医疗市场，产业规模达到 69 亿美元，占全球的比重为 30%；其次是亚太地区，产业规模为 68 亿美元，所占比重为 30%。其中，中国移动医疗产业市场规模在亚太地区占比最大，约为 25 亿美元；北美地区产业规模为 65 亿美元，位居全球第三。其中，美国的产业规模为 59 亿美元；拉丁美洲和非洲移动医疗产业市场规模很小，仅为 16 亿美元和 12 亿美元，如图 5-3 所示。

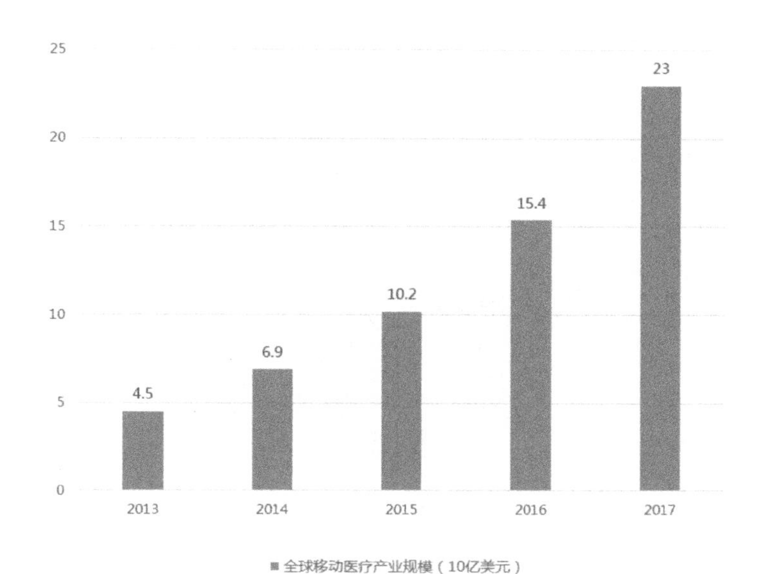


▲ 图 5-2　2013—2017 年全球移动医疗产业市场规模

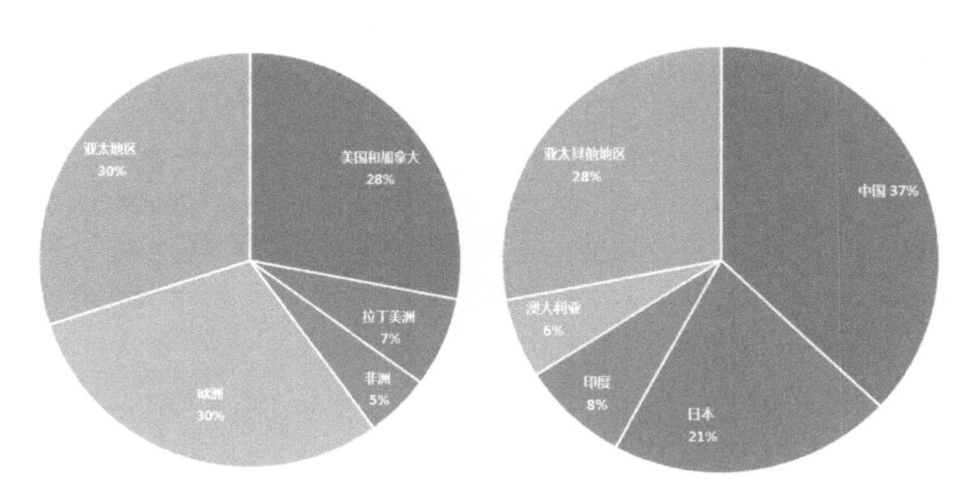


▲ 图 5-3　2017 年全球主要地区移动医疗产业市场所占比重

布鲁金斯学会的研究报告还指出，2017 年，移动医疗在监控领域应用的市场规模将达到 150 亿美元，占全球移动医疗产业市场规模的 65%；其次是在诊断领域，市场规模为 34 亿美元，所占比重为 15%；治疗领域的市场规模为 23 亿美元，占比为 10%，如图 5-4 所示。

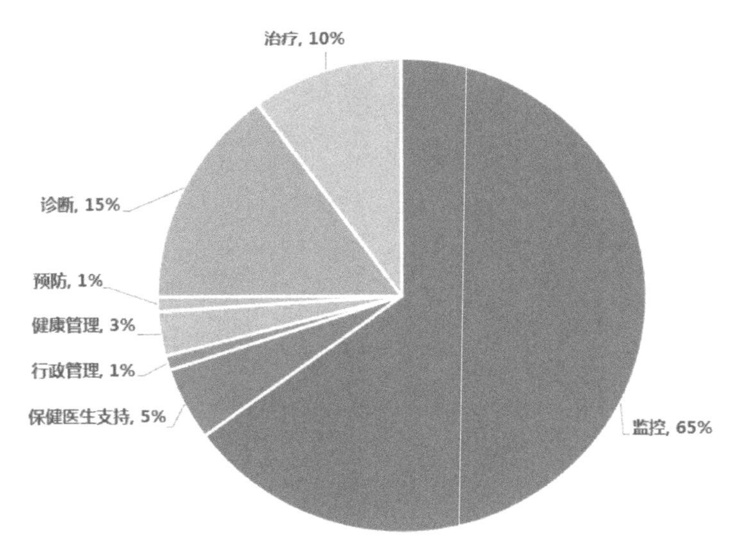


▲ 图 5-4 2017 年全球移动医疗产业市场应用所占的比重

## 5.1.2 需求分析：人们对健康的关注度越来越高

随着人们对自身健康的关注度提高，可穿戴医疗设备有更加广泛的需求基础。在医疗保健领域，穿戴式的产品应用已不再停留在“被谈及”的层面，目前在体征信号检测方面、慢性病监测方面已经出现了一些商用产品。

据 ABI 公司调查数据显示，2012 年在医疗电子领域大约有 3000 万无线可穿戴式健康传感器应用，这个数字比 2011 年增长了 37%。ABI 预测，用于远程病人监控以及在线专业医疗的应用，将在 2017 年占到整体可穿戴无线设备市场的 20%。而根据 BCC Research 的预测，移动医疗市场将从 2010 年的 98 亿美元增长到 2015 年的 230 亿美元，复合增长率为 18.6%。

**专家提醒**

ADI 公司亚太区医疗行业市场经理王胜认为：“随着移动医疗热潮兴起，穿戴式医疗电子无疑会成为未来的穿戴设备的热门行业。”

### 1. 慢性病依赖智能医疗设备

根据美国独立民调机构皮尤基金会（Pew Foundation）的调查数据显示，美国 45% 的成年人都患有至少一种慢性病。患一种慢性病的人中，有 40% 的人在追踪自己的健康指标，而患有两种或两种以上慢性病的人中，则有 62% 的人在追踪自己的健康状况，但只有不足19%的非慢性病用户会监测自己健康状况。

如果将2014年售出的所有健身腕带和智能手表的销售额乘以6，还是远低于美国血糖试纸市场的销售额。慢性病患者不会因为图新鲜而购买智能医疗设备，也不会用一阵子就放弃使用。对于慢性病患者而言，智能医疗设备提供的检测和跟踪等服务，可使患者真正远离病房，因此他们是稳定的客户群体。

### 2. 老龄化成为智能医疗基础

根据联合国2012年人口发展基金会的统计数据显示，2012年全世界60岁以上的人口已达到8.1亿，占全世界总人口的11%；预计到2050年，60岁以上的人口将达到20.3亿，占全世界总人口的22%。

中国的人口基数大，人口老龄化严重，预计2020—2050年，中国将进入加速老龄化阶段，到2050年，中国的老龄人口总量将超过4亿，老龄化水平将达到30%。而这不断加剧的老龄化趋势，正是医疗保健增长的基础。

### 3. 健康管理要智能医疗协助

可穿戴医疗设备可以协助患者进行科学设计的个性化健康管理。例如，通过检查指标来纠正功能性病理状态，中断病理改变过程；通过合理的慢性疾病管理，减少看急诊和住院治疗的次数。

智能医疗设备的加入，还能节约医疗支出费用和医疗人力成本。全球智能医疗服务效果的临床研究显示，出院后的远程监护，可让患者的医疗费用总体下降42%，看医生的间隔时间延长71%，住院时间减少35%，如图5-5所示。

| 研究疾病 | 研究地区 | 研究主题 | 研究结果：成本降低 |
| --- | --- | --- | --- |
| 糖尿病 | 美国 | 出院后的远程监护 | 每个病人全部医疗费用降低了42% |
| 高血压 | 美国 | 通过无线远程设备将主要生命体征信息传送到电子病历中 | 把两次发病看医生的间隔时间延长了71% |
| 心力衰竭 | 欧盟 | 远程监护接受心脏起搏器植入手术的病人 | 住院时间降低了35%；出院后看医生次数降低了10% |
| 慢性阻塞性肺病 | 加拿大 | 远程监控有严重呼吸疾病的病人 | 住院次数降低了50% |

▲ 图5-5 全球智能医疗服务效果临床研究

患者期待智能医疗设备能够帮助他们全盘管理健康，并希望能够获得用药信息，如图 5-6 所示。

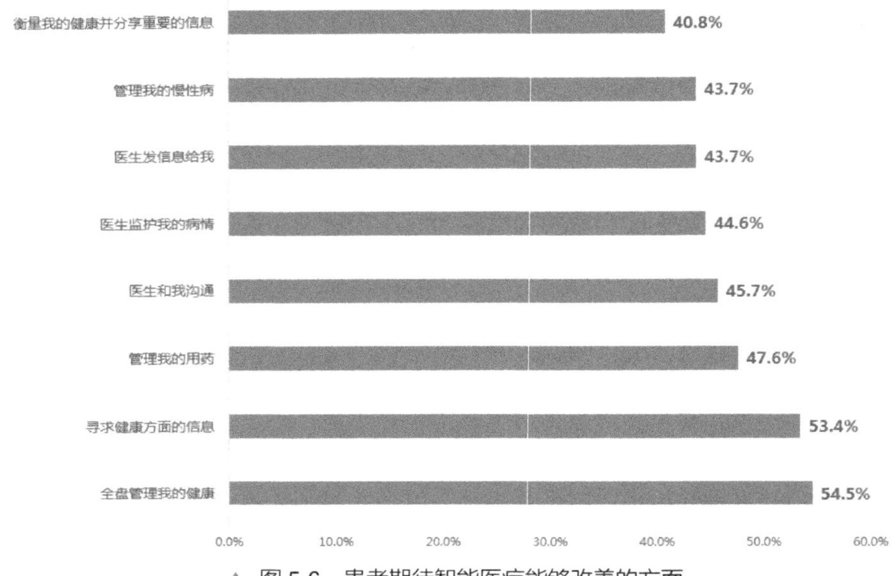


▲ 图 5-6　患者期待智能医疗能够改善的方面

经济学智库的调查显示，患者付费意愿最高的移动医疗项目，是收集病情数据并发送给医生，更好地和医生交流，如图 5-7 所示。

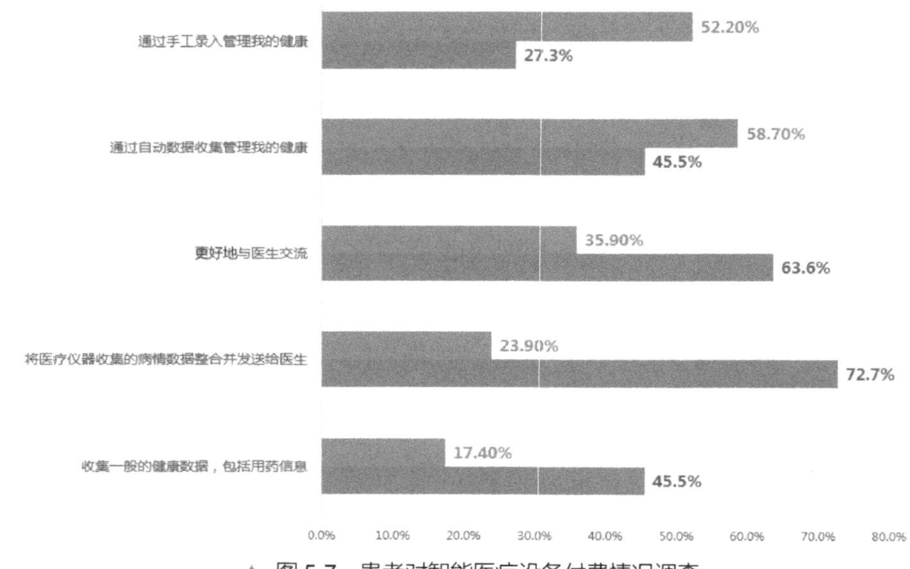


▲ 图 5-7　患者对智能医疗设备付费情况调查

#### 4. 智能医疗获投资者的青睐

在美国股权投资基金的投资项目中，医疗相关的投资占40%，超出了互联网相关投资12.8个百分点，如图5-8所示。

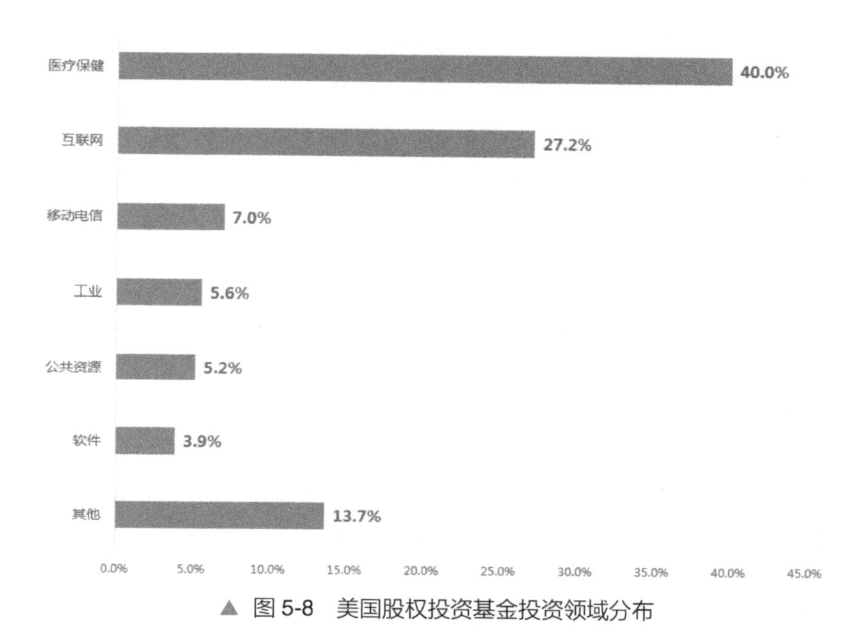


▲ 图5-8 美国股权投资基金投资领域分布

另外，在医疗相关投资的子行业中，医疗设备的投资超过了半数。投资者对智能医疗领域的追捧，彰显了可穿戴医疗保健的前景。

### 5.1.3 供应链分析：高新科技与云技术的结合

可穿戴医疗的供应链与传统医疗的供应链的差别体现在下面3个方面。

#### 1. 前端检测设备

可穿戴医疗的前端检测设备主要是指传感器和电路芯片。目前，可穿戴医疗前端的检测设备存在2个技术难点。

（1）传感器的成本高，质量低：传感器的监测精度保证能够顺利采集数据，能生产低成本高质量产品的公司会有相当的竞争优势。

（2）医疗器械的审核非常严格：心电图、血压等测量属于医疗设备范畴，不同于普通测量仪器，医疗仪器设备及器械制造业由国家食品药品监督管理局主管，目前实行三级分类监督管理。

医疗器械的生产采取生产许可证和产品注册制度，对设立医疗器械企业的资格和条件审查非常严格，目前已经在严格控制企业数量，且对医疗器械产品的注册条件要求较高。传统的医疗设备厂商有丰富的医疗资源和充足的临床数据，在测量的可靠性上更容易受到市场认可。

**2. 数据传输模块**

可穿戴医疗的数据传输模板包括无线 GPRS 通信模块和蓝牙模块。

（1）无线 GPRS 通信模块属于独立模式：在这种模式下，不需要经过智能手机或计算机传输数据，通过设备本身的通信模块，就能将数据传输到中心处理系统中，使用起来更加方便。不过，需要在前端设备中加入无线 GPRS 通信模块，而且体积较大，辐射较强。

（2）蓝牙模块属于附属在手机中的模式：在这种模式下，需要通过中介手机 APP 传输数据到中心处理系统中。和独立模式相比，多了开启手机蓝牙传输数据这一环节，不过比无线 GPRS 通信模块的辐射小。

**3. 中心数据处理**

可穿戴医疗的中心处理系统需要完成的任务有以下 2 个。

（1）比较数据：中心数据处理系统会把采集到的数据与正常的数据进行比较，比如心电图波动数据。中心数据处理系统会在收到数据后辨别数值与正常范围的差异，如果数据异常，会记录数据异常的时间，然后做出提醒和预警。

（2）进行预测：中心数据处理系统会通过以往采集的数据总结出趋势，如果某天的实际情况和预测差别很大，就说明身体不正常，然后进行提示。

当大量的用户健康数据在后台汇集成海量数据时，中心处理系统就需要云技术来帮忙了。云技术对可穿戴医疗的协助会有利于数据中心的建设与运营维护，有利于海量数据的存储和处理。

### 5.1.4 阻碍分析：移动医疗各方面都不够成熟

虽然移动医疗具有广阔的应用前景，但目前产业发展仍处于起步阶段，主要面临 3 个方面的挑战和困难。

**1. 移动医疗产业市场规模小，移动服务未被广泛接受**

移动医疗产业链是比较复杂的，电信运营商、设备制造商、用户、医院、系统集成商、互联网公司、医疗健康公司等，众多利益相关者聚集在产业链各环节，如图 5-9 所示。

- 电信运营商：为医院提供改善运营效率的解决方案，提供网络服务平台。
- 医疗器械商：制造具有移动通信功能的家用医疗设备。
- 医院：基于移动电话的预约功能和行政提醒服务；依托医院信息系统，为消费者和医生提供服务。

- 系统集成商：为医院提供医疗信息移动化解决方案。
- 互联网公司：通过移动通信平台，提供消费者或医生的相关信息。
- 医疗健康公司：与互联网公司等合作，为用户提供移动医疗服务。

▲ 图 5-9 移动医疗产业链示意图

如何协调产业链中各方的利益、推动产业协同发展，是目前移动医疗产业面临的重要难题，这也是导致移动医疗产业规模不大、移动服务没有被广泛接受的一个重要原因。

**2. 移动医疗产业发展面临政策和法律挑战**

目前，国家卫计委只允许移动医疗服务供应商通过移动设备向用户提供咨询服务，而没有授权其为患者治病或者提供处方。这就成为了中国移动医疗产业发展的主要障碍。

而美国移动医疗产业发展面临的最主要问题是移动医疗费用的报销方式。在美国，大多数公共和私人医疗保险都不覆盖移动医疗咨询、诊断或治疗的费用，使得美国大多数医生并不接受移动医疗报销。这就在一定程度上阻碍了美国移动医疗产业的发展。

**3. 移动医疗产业发展还遇到不确定性法规和标准**

目前，美国大多数移动医疗 APP 还不规范，因为它们并不被视为具有真正医疗性质的程序，而仅仅是反映用户身体的基本数据。然而，某些应用程序在本质上可能会被视为医疗，必须遵守美国有关医疗器械的法律，否则不允许向用户开放。在实践中，医疗应用程序主要包括诊断、治疗以及试图治愈或预防特定疾病等领域。

此外，在中国的一项调查数据表明，50%的受访者认为缺乏硬件和软件标准是阻碍移动医疗市场发展的一个重要原因。

相关标准的缺乏使得移动医疗市场具有更大的不确定性，也难以让企业开发新的产品和服务。

## 5.2 移动APP：为人们的健康保驾护航

要想保持健康，移动科技能帮上你的大忙。随着移动科技的进步，健康保健相关的移动服务正在走近越来越多的用户，这些移动健康APP能帮助人们保持身体健康。

### 5.2.1 春雨掌上医生：做用户的专业医疗Database

春雨掌上医生APP目前主要具备两大功能：症状自查与咨询医生，如图5-10所示。

▲ 图5-10　春雨掌上医生APP界面

用户身体不适时可以登录春雨掌上医生APP，在人体界面图选择不适部位，再选择此部位的症状，之后与此症状相关的病症名称及对应的检查、治疗、预疗方法就会展示出来。

如果用户仍不确定病情，还可以在线上向医生问诊，获取专业帮助。同时，春雨掌上医生还提供 LBS 服务，用户可以查询周边医院和药店信息。

目前，春雨掌上医生的团队成员有 13 人，包括 3 名全职医生，另外已签约 38 名兼职医生。医生分别负责内科、外科、男科、妇科、儿科、综合科 6 个分科。

现阶段产品下载和服务免费，每天提供 100 个免费问诊名额。未来会对特殊病例和用户进阶的问诊需求收费。此外，还会与药品反向数据库对接，用户可以在线搜索药店，自查并购买药品，药品能直接送货到家，可能会采用 CPS（按转化效果付费）作为药店的结算方式。

### 5.2.2 5U 家庭医生：口袋里的移动家庭医生

5U 家庭医生是中国首个提供私人家庭医生服务的移动医疗应用，用户通过手机 APP，就可以享受到私人家庭医生提供的健康管理和预约就医服务，如图 5-11 所示。

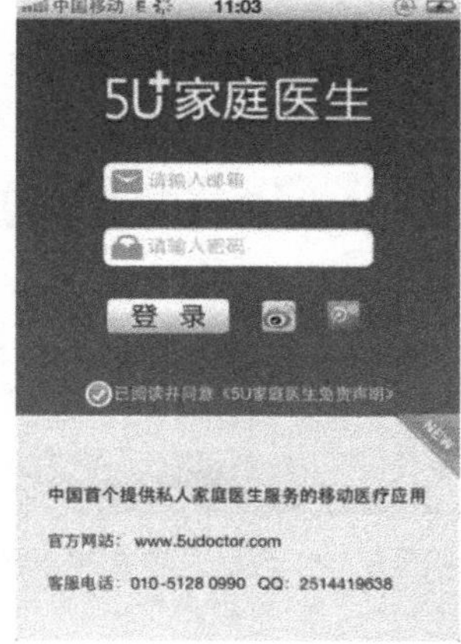

▲ 图 5-11 5U 家庭医生 APP 界面

5U 家庭医生主要是为重视个人和家庭成员健康管理的中高收入群体引入私人家庭医生，提供专业的健康医疗咨询、预约及治疗服务。5U 家庭医生作为中介平台，会收取一定的费用。

5U 家庭医生产品规划负责人钟宏表示，5U 的愿景是让每个家庭都拥有自己的移动家庭医生，这也是对政府大力推进的社区家庭医生的有益补充。作为移动家庭医生的先行者，5U 家庭医生将运用移动互联网、物联网等技术持续创新，让用户获得更专业、更便捷的医疗健康服务。

5U 的特色有以下 3 点。

- 家庭医生：申请知名三甲医院医生成为自己的家庭医生。
- 诊前咨询：健康问题、就医需求可以第一时间向医生咨询。

- 预约挂号：基于病情诊断的便捷就医预约系统省时省心。

### 5.2.3 全科医生：“医”路领先移动医疗

全科医生 APP 是在国家新医改政策的推动下，为顺应我国全科医生制度的推行而专业开发的面向基层医务工作者的应用程序，与普通用户建立契约关系，尝试由当地卫生局和政府付费，为大众用户及一线医务人员提供决策支持及综合信息服务，如图 5-12 所示。

▲ 图 5-12　全科医生 APP 界面

全科医生推出了以下 3 项核心功能。

智能导诊：采用独创的疾病推导引擎，从大众熟知的症状和体征入手，按部位选择（支持多选）并智能推导出可能的疾病，500 多种症状、2500 多种疾病关系型数据库、加上独有的决策树模型算法，充分保障了导诊的科学性和便利性。

健康记录：随时随地记录本人及家庭成员的健康信息，支持文本、图片音视频及物联网数据接入，健康数据既可以储存在本地、同步到远端也可以分享给授权的医务人员，为个人健康管理及远程医疗服务提供技术支持。

患者教育：国内最强大的健康教育数据库，13 万条问题及正式答案全部由临床专家收集和编撰，涵盖了几乎所有可能想到的健康及疾病话题，深入浅出，科普易懂。基于医学词库的专业分词搜索引擎可以帮助用户迅速找到所需的答案，从而使稀缺的专家资源惠及最广大的移动互联网用户。

## 5.3 可穿戴设备市场：医疗是新机会点

要选出这两年最时兴的医疗高科技产品，非可穿戴医疗设备莫属。小到眼镜、手环，大到衬衫、床垫，都可以跟踪跑步数据、判定跌倒是否造成伤害、报告糖尿病患者的血糖水平，监测住院病人的心率……有人甚至预言，可穿戴设备将引发一场医疗革命，在健康管理、远程医疗等方面发挥不可估量的作用。

### 5.3.1 十类可穿戴设备改变未来医疗

《生命时报》综合国内外报道，通过专家选出了最可能影响未来医疗的 10 款可穿戴设备。

#### 1. 眼镜类

目前名气最响亮的可穿戴设备莫过于谷歌眼镜，如图 5-13 所示，它同时也因概念性强、用途不广而饱受诟病。

▲ 图 5-13 谷歌眼镜

然而，美国资深软件工程师宫本和明指出，美国 Pristine 公司为谷歌眼镜研发的一款软件可以实现医院内工作流程自动化，比如，术后对内窥镜等装置进行消毒处理时，可在眼镜上显示步骤。

还有一款软件能实现远程医疗，比如在重症监护室（ICU），主治医生可通过眼镜向专科医生播放患者的情况，进行会诊。

**2. 手表类**

韩国一家网站曝出，三星智能手表的日销售量仅为 800 ~ 900 台，远低于预期，但这并不意味着手表类产品没有前途。

美国 SPO Medical 公司推出的“血氧手表”可监测使用者在睡眠中的血氧饱和度，降低睡眠呼吸暂停综合征患者在夜间发生呼吸阻碍的危险。

天津九安医疗也研发出了一款智能手表计步器，可推测用户运动时消耗热量和睡眠质量等信息，并将数据应用到健康管理和减肥中，如图 5-14 所示。

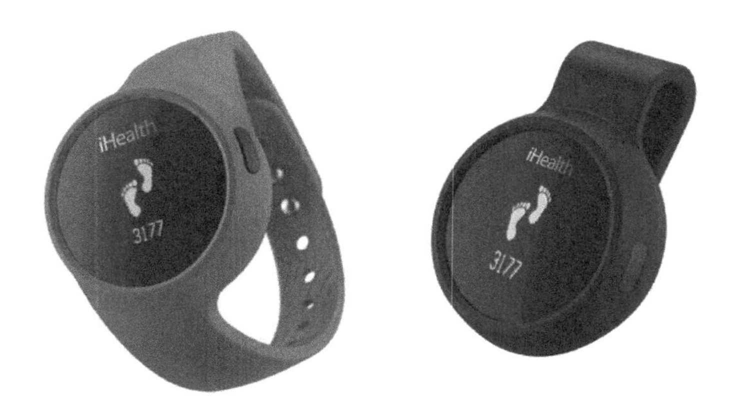


▲ 图 5-14　九安医疗的智能手表计步器

**3. 腰带类**

腰带类设备除了佩戴舒适，测量的参数也比手环等更精准。

北京海利赢医疗科技有限公司研发的智能监测腰带是一种可穿戴式的生命信息监测产品，如图 5-15 所示。

▲ 图 5-15　海利赢医疗的智能监测腰带

海利赢公司董事长俞海介绍说，只需将其像腰带一样系在腰间，便可连续动态监测心电图、呼吸频率等参数，还可以将数据传输至后台专家分析平台上，进行睡眠呼吸分析、动态心电分析等。

**4. 袜子类**

北京慕道健康科技有限公司负责人曹栋栋说：“现有的腕带、手表类产品一来佩戴起来不舒服，二来接触人体面积有限，获得的生理数据可能不准确。”不少企业也意识到这一问题，开始将目光投向衣服、鞋袜。

美国 Heapsylon 公司研发出一种由舒适的智能织物材料制成的智能袜子，内置微型传感器和导电织物，可将数据发送至配套的通信脚环上，从而记录用户的运动量，如图 5-16 所示。

▲ 图 5-16 Heapsylon 智能袜子

据统计，60% 的慢跑者每年都会遭遇足部受伤的情况，这款智能袜子能帮助他们避免受伤。

**5. 手环类**

手环类产品是可穿戴设备的领头羊，市面上产品众多，比如 Jawbone 的 UP 手环、索尼的 Core 手环与雷蛇的 Nabu 手环等。

手环类可穿戴产品的优势在于无论何时都可以与身体接触，在健身方面意义很大。比如号称全球第一款可识别运动种类的智能腕带 Amiigo，配备有一个鞋夹，分别记录上半身和下半身运动数据，更能准确计算使用者的运动量及消耗的热量数据，如图

5-17 所示。

▲ 图 5-17　Amiigo 智能腕带

### 6. 服装类

最近，耐克、阿迪达斯、探路者、奥康国际等服装企业纷纷进军可穿戴设备市场。在已有产品中，美国美信（Maxim）公司设计的生命体征测量 T 恤最具代表性。这款 T 恤被称为“Fit 衫”，嵌有多种传感器，能监测心电图、体温及活动量等生命体征数据，以供医疗机构监测患者身体状况，如图 5-18 所示。

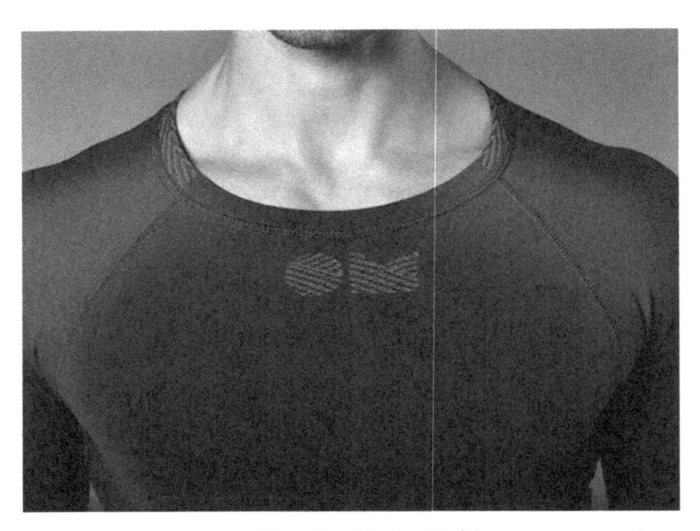

▲ 图 5-18　Maxim Fit 衫

### 7. 贴片类

儿童不善表达，一旦发烧就比较棘手。对此，北京睿仁医疗推出一款智能体温计，可以贴在孩子的腋下，实时监测体温，并可设置报警温度，在手机上获得提醒，如图5-19所示。

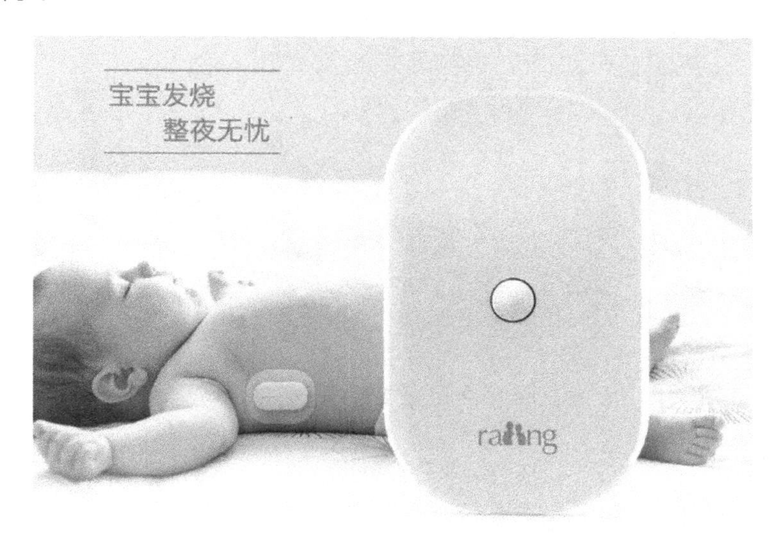


▲ 图5-19 睿仁医疗智能体温计

贴片式设备甚至可以用来监测女性排卵。英国“温度概念”公司（CTC）开发的一款贴片可测量女性排卵期体温的细微变化，精确预计排卵日，以达到避孕或怀孕的效果，其准确度达99%，可将受孕率在6个月后提高20%，媲美昂贵的体外受精法。

美国斯坦福大学则为心脏病人研发出一种贴片式传感器，可随时随地进行心脏测试，免去将导管插入血管之苦。

### 8. 项链类

维锐团队（Veari）打破常规，推出一款Fineck智能项链，从智能手表转战到智能项链。Fineck智能项链配合APP使用，有3个量化指标：颈部运动量、平衡姿态和关爱提醒，如图5-20所示。

**专家提醒**

在这个动不动就要运动睡眠检测的穿戴设备年代，Fineck提倡的微运动更加容易让人接受。颈椎病可以说是人们的常见病，想把这些人从计算机前拉起来去跑步不是那么容易的事情，Fineck刚好就是为了你的脖子而生，通过颈部的微运动来降低颈部疾病发生的概率。

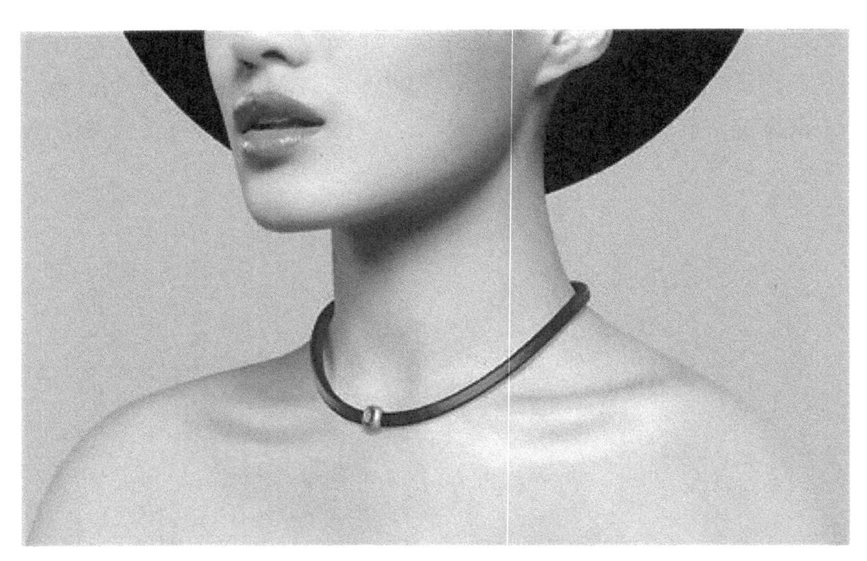

▲ 图 5-20　Fineck 智能项链

## 9. 鞋子类

谷歌在 SXSW 大会上就推出了智能鞋概念产品，如图 5-21 所示。

▲ 图 5-21　谷歌智能鞋

这款智能鞋由谷歌和创意设计机构 YesYesNo 以及 Studio 5050 合作完成，鞋子配备处理器、加速计、陀螺仪、压力感应器、喇叭和蓝牙芯片。传感器可以收集鞋子的运动信息并发出俏皮的语音评论，智能鞋同时也可以与手机应用进行连接。

小米科技 CEO 雷军也表示未来会开发小米智能鞋，主要功能是测算用户的跑步距离和跑步时的心率等数据。

**10. 床垫类**

睡眠显然是人类最重要，也是最基本的生存需求之一，但很多成年人无法获得良好的睡眠质量。而随着物联网技术的崛起，我们看到了越来越多睡眠监测设备的出现，或注重睡眠监测、或实现助眠体验，帮助人们睡个好觉。

床垫制造商 Kingsdown 推出了一款主打睡眠监测、提升睡眠质量的智能床垫。Kingsdown 智能床垫本身集成了大量智能传感器，可以精准地监测用户的翻身次数，并测算出深度睡眠质量。不仅如此，床垫本身还支持调节软硬度及按摩功能，支持多区域工作，能够有效帮助你找到最舒适的睡姿，放松身体。通过附赠的三星 Galaxy Tab2 平板电脑和应用程序，用户可以观察到睡眠数据、调节床垫模式、软硬度及头部高度等，十分智能，如图 5-22 所示。

▲ 图 5-22　Kingsdown 智能床垫

## 5.3.2　医疗类可穿戴设备需软硬件结合

2013 年被称为可穿戴设备的元年，投资人开始频繁投资国内创客做的硬件和软硬结合的可穿戴设备。这一波软硬结合热潮是借助智能手机红利，把软件及处理器做成低成本、低功耗、高效能、高稳定的硬件，满足用户的细分需求。这一趋势将持续数年。

### 1. 可穿戴设备百花齐放，未来生活将被颠覆

现在可穿戴设备百花齐放，除了常见的手表、手环、眼镜等，还出现了指环、腕带、项圈、鞋子、近景投影等不同领域和市场的产品。

国内已经出现很多有意思的产品和现象。如“幻腾”是几个清华学生做的智能家居控制系统，通过更换智能灯泡实现远程和手机控制电灯或者空调等家电，不需要改动原来的设备，价格适中，是非常酷的创意和实践，如图 5-23 所示。

▲ 图 5-23 幻腾智能灯泡

再如，国内已出现智能穿戴设备 ODM（原始设计制造商）厂家，诸如智能手表可基于他们的平台开发，同时还可以开发定位运动、人脑、健康管理等类型的产品，把 OEM（代工）企业抛在了脑后。

智能概念已经占领了每个设备的领域，知名自媒体人雷鸣这样描述可穿戴设备的爆发：“凡是能塞进处理器的设备，大家都想做成智能设备。”国外甚至出现了很多奇葩应用，如满足特殊需求的智能内衣、内裤等。

智能可穿戴设备的本质是人体某一功能的强化，如眼镜是视觉的强化。虽然现在的可穿戴设备已经花样百出，但还处在过渡和构建阶段。

我们正处在科技大爆炸的信息时代，包括纳米技术、脑电波技术、新材料等未来与人体能够融合的技术实现量产后，我们的生活将被可穿戴设备颠覆。

### 2. 现有设备存在短板，刚需设备是未来方向

现有的可穿戴设备存在短板，以智能手表为例，在用户体验上，分辨率低，性价

比低，应用体验不佳，满足不了用户的细分需求，也有悖于用户的使用习惯；在技术上，功耗过大，紧贴皮肤发热较多，带来的人体不适等硬伤还存在；从商业价值上讲，由于屏幕很小，其软件附加值很低，特别是广告和游戏价值很低，盈利模式是一个非常大的挑战。

设备功能需要适应国情，国外很多设备老外会买账，而国内却缺乏这样的需求者。而且现有的很多设备只能满足用户的基础需求，用户黏度非常低。如运动手环等，用户新鲜感消失后，就基本不会被再次使用。而持久的需求是来自用户的刚需，如孕妇、病人等。像糖尿病患者对可穿戴设备就有特别强烈的需求，因为他希望随时知道自己的血糖浓度，如果有可穿戴设备能帮助解决这一问题，用户黏度和收费模式都不是问题。而可植入人体体内的、可降解的小型设备等，都是刚性的需求。

**3. 医疗类软硬件结合被看好，痛点造就市场**

手环等健康类设备在白领人群中开始流行起来。如果一款移动医疗类产品可收集和分析用户身体的数据，对健康状况做预判，并给出预防或治疗的建议，这也是一种趋势。

硬件创新有 4 个方向：健康医疗类、智能汽车、智能家居、智能手表。

医疗行业有很多痛点，包括心跳、血压等都是很传统的痛点，但是由于技术瓶颈，与可穿戴设备结合还有待完善，但每个痛点一旦突破技术瓶颈，每个细分市场都是非常大的市场。比如，智能眼镜可与治疗假性近视功能结合，通过玩游戏去矫正眼球肌肉的松弛程度，实现治疗近视的功能，把刚需和娱乐结合起来。

除了技术难点，用户教育也是一大难点。孕妇等敏感人群对于设备的安全和辐射会非常在意，他们习惯使用无线网络和用手机打电话，却非常在意电子设备的辐射。即便是采用多普勒超声原理设计的设备，也需要普及很多知识，才能打消他们对设备安全性的顾虑。

## 5.3.3 美信：生命体征测量 T 恤

曾经也有很多人动过穿戴式设备的心思，并真的做出产品，但最终却都是“昙花一现”。不是消费者没有这样的功能需求，而是从半导体工艺到芯片级解决方案供应商，统统都没有做好准备。如今，可穿戴式设备已呈爆发之势。在可穿戴式设备范畴，除了手表、眼镜等，另一大领域便是医疗电子。“可穿戴”的好处是可以随时监测佩戴者的身体状况，这在健身及医疗监护领域都极具可行性。

美信的“可穿戴式医疗设备解决方案”可监测三导联心电图、体温和运动状态，如图 5-24 所示，未来还可测量更多导联数的心电图。

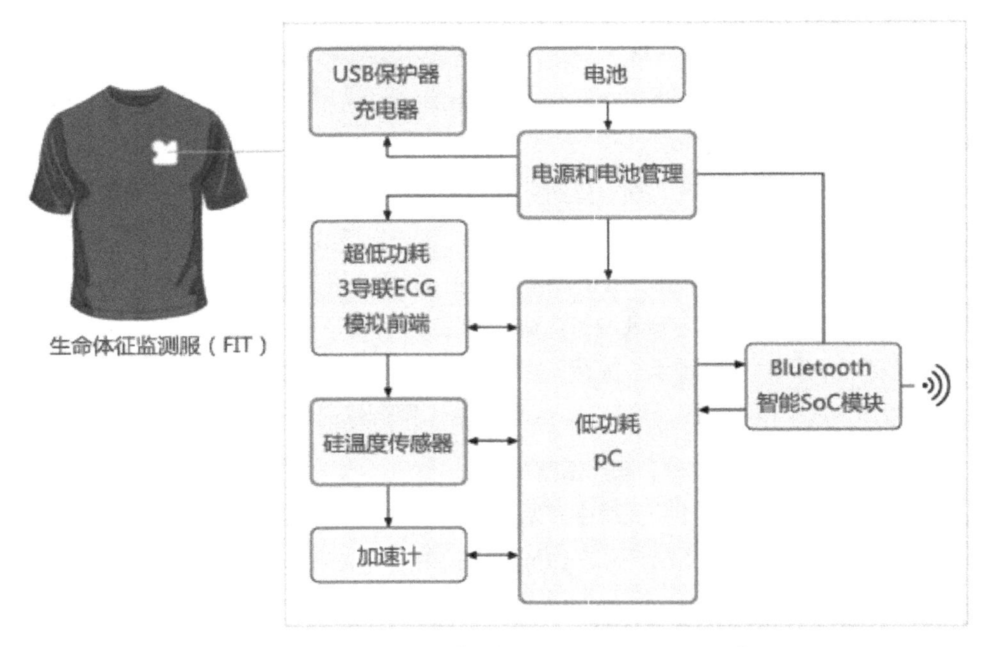


▲ 图 5-24 美信的“可穿戴式医疗设备解决方案”

医疗市场应用经理史蒂夫·拉热内斯（Steve LaJeunesse）称该款生命体征监测服有 3 个版本，分别应用于健身场合、医院和疗养院。它们带有不同数量的传感器。

美信的新型生命体征监测服重点是可穿戴可水洗。在衣服袖子及腹部位置内置了四个触点，通过有线方式连接至传感器，然后再由传感器将数据通过蓝牙方式传给移动终端，便可随时随地检测心率体温等基本体征参数。

目前该方案中有 8 个芯片，其中美信的芯片包括 4 个，分别是 MCU、PMU、温度传感器以及 USB 保护器，未来将进一步集成，使方案只包含 4 个器件，产品将更小，待机时间更长，售价更便宜。

## 5.3.4 HealthTech：助力个人健身

目前，消费市场出现了一股新趋势——个人健身装置。心率监控器、可穿戴式健身追踪器、可分析人体成分的体重计，都是运动员和健身爱好者用来量测和监控其个人化健身锻炼和日常活动的选项。

为了开发出更智能的健身监控装置，TI 提出了一系列以创新方式提高整合度、降低功耗，并拥有智能连接的组件，让健身装置更灵活，价格更实惠。

由于健身电子器材的用户们通常都希望能立即得知自己的健康状况，因此，可携式和电池供电的健身设备通常都必须具备延长电池寿命、高精确度和快速响应时间等特色。其他要求还包括可能需要更多内存来储存历史记录、有线/无线网络接口，用来上传数据存取传感器；或是简单的音频反馈功能引导用户操作或发出指示。在不增加功耗的情况下，这些功能都将是一大挑战。

为此，TI 提出了广泛的全面性系统架构图、选择表和关键的设计工具，协助制造商加快创新。

TI 的 HealthTech 系列产品整合了 TI 的全球企业资源，以大量且丰富的模拟、嵌入式处理器组件知识和在健身应用领域的经验来为其提供数据支持，如图 5-25 所示。

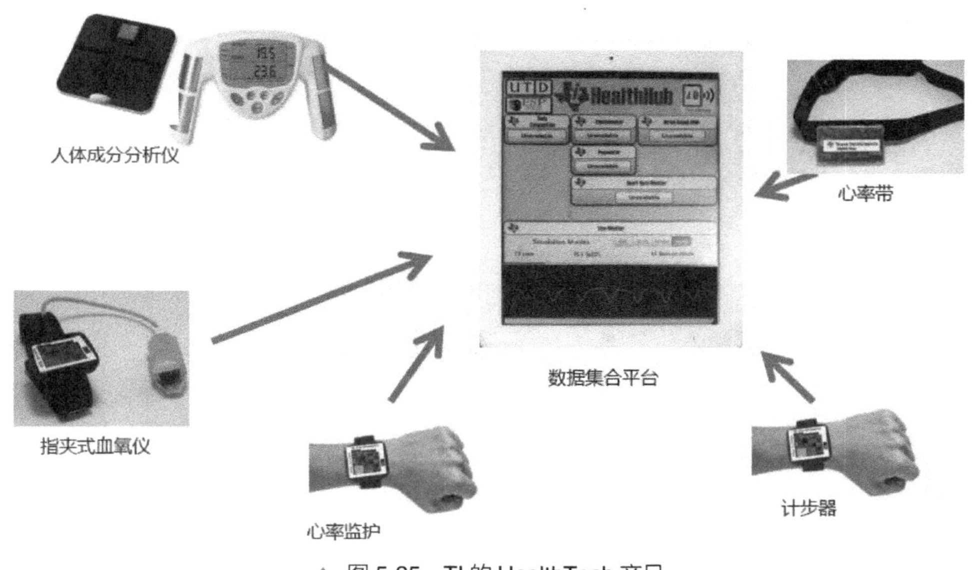


▲ 图 5-25 TI 的 HealthTech 产品

例如，心跳/健身监控装置可衡量一个人的运动量和速率（如英里和动作节奏），通常情况下，手表或腕戴显示器可用于控制并提供反馈。储存的数据可以透过 USB 或无线 USB dongle 下载到计算机。所有的系统组件都需要超低功耗嵌入式控制器和功率 RF 通信组件。心跳监测和运动输出监控（如运动速度传感器或传感器电源）则需要额外的讯号调理。

## 5.3.5 Valencell：微型生理监测模块

所有的个人健康与保健监测器皆需使用配件，Valencell 则利用一款多数人已经拥有的智能型手机，将应用的复杂程度降至最低。

Valencell 开发的生理监测模块，包含一个传感器、一个数字信号处理（DSP）芯片，以及生物辨识韧体与应用程序编程接口，让 OEM 代工业者能将之整合至耳塞式耳机、臂带或腕带等可穿戴式运动与健身产品。

这种生物传感器包含了一个光学机械传感器模块，其中还运用了 DSP 技术，能感测并计算用户的心律、行走速度和距离，以及燃烧的卡路里数与血氧信息，用户只要透过智能型手机便能查询，如图 5-26 所示。

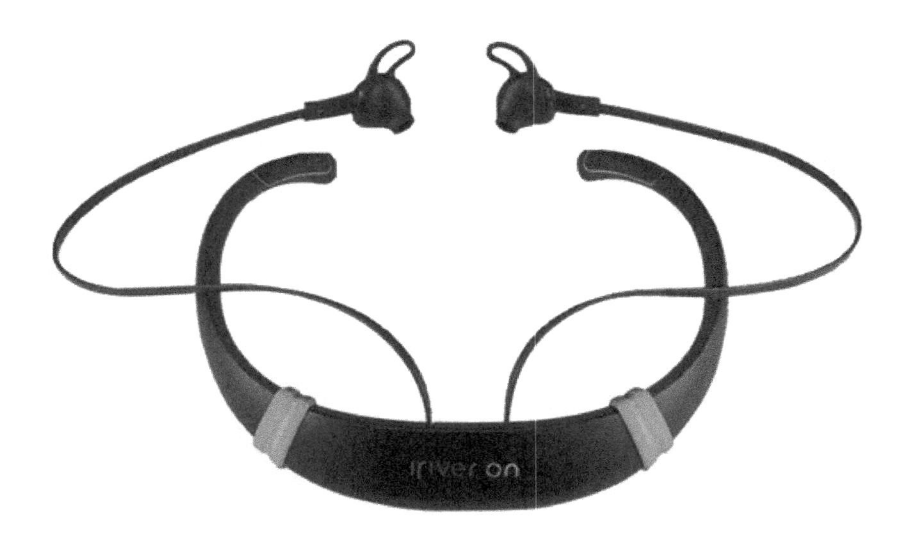


▲ 图 5-26 iriverOn 内置了 Valencell 的生理监测模块

Valencell 利用 DSP 技术，侦测用户耳中血管的血流如何调整那些反射回到耳机系统的入射红外线（IR）波。Gartner 认为这个产品可服务的市场范围相当广，零售商、耳机制造商，或像 Polar 与 Garmin 这些投资保健与健身产品的 OEM 代工厂，以及医疗人员与终端用户，都会对这样的东西有兴趣。

### 5.3.6 Google Glass：全程直播外科手术

最近，一位医生佩戴 Google Glass 完成了一次外科手术。根据 PCmag 的报道，这是 Google Glass 第一次用于外科手术中。东缅因医疗中心的拉斐尔·格罗斯曼（Rafael Grossmann）医生通过 Google Glass 的 Hangout 功能直播了手术的过程，当然，这段视频是不会向大众公开的，如图 5-27 所示。

▲ 图 5-27 佩戴 Google Glass 完成外科手术的医生

Grossmann 说：“通过这件事情，我想要展示的是，这个设备及平台是一个直观的工具。它在医疗，特别是手术方面有着巨大的潜能。它也能够实现更好的术中咨询、手术指导，以及强化的远程医学教育，而且是以一种非常简单的方式呈现。”这次手术中使用 Google Glass 是经过病人同意的，同时他也采取了一些措施以确保病人的信息不被泄露。在此次手术中，Grossmann 提前设置 Hangout，将 Glass 拍照的影像投射到附近的一个 iPad 之上。

Grossmann 这样说：“我不仅能够展示病人的腹部，而且能够以一种非常聪明、简单而且便宜的方法，展示出内窥镜中的影像。我觉得，应该有直接把内窥镜视角传输到 Google Glass 的方法。”

### 5.3.7 宠物狗跟踪器：监测宠物健康状况

你是否想过跟你的宠物狗对话呢？你想知道是什么让它感到不安吗？你不在家里时，它活动了多长时间呢？

据国外媒体报道，2013 年 6 月 6 日，Whistle 公司专门为宠物狗研发了一种可佩戴式跟踪设备，可检测狗的活动和健康状况，帮助主人实现心愿。

Whistle的外形是一枚金属圆盘，吸附在宠物狗的颈圈上。Whistle具有防水性能，电池续航时间长达 10 天，不仅可以记录宠物狗的日常活动和睡眠，还可以结合日常运动数据分析出宠物狗可能患上的疾病，给主人提供参考，如图 5-28 所示。

▲ 图 5-28 Whistle

可以说，Whistle 是一款面向宠物狗的运动健身设备，宠物狗主人通过手机 APP 应用就能随时查看宠物狗的状况。

除了记录宠物狗运动数据，Whistle 的手机 APP 应用还加入了一个照片分享功能，可以拍照记录宠物狗与主人的生活瞬间。此外，Whistle 也可以把宠物狗的健康数据分享给宠物医生，帮助医生更好地了解和诊治宠物狗，如图 5-29 所示。

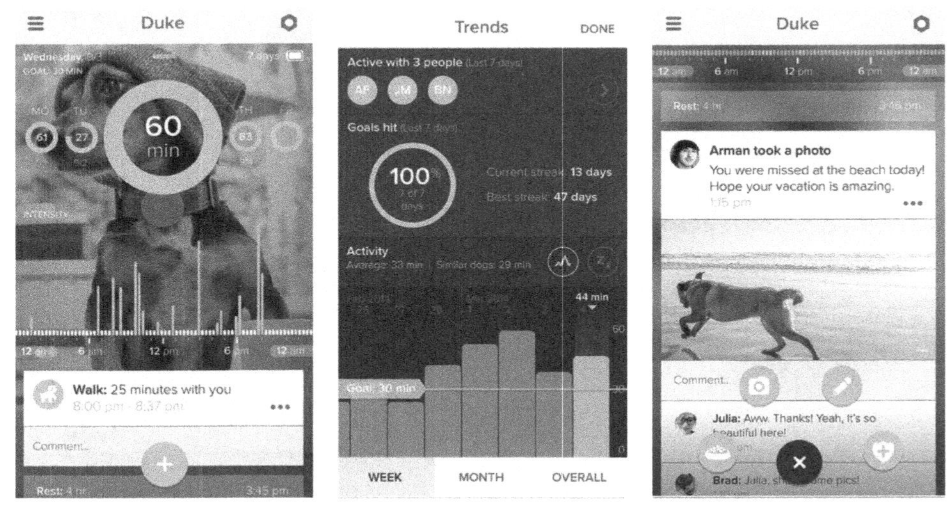


▲ 图 5-29 Whistle 的 APP 应用界面

Whistle 的主要目的是收集数据，帮助宠物主人了解宠物狗的健康情况，从而帮助宠物狗预防和治疗疾病。

### 5.3.8 新锐市场：印度人的智能鞋

印度初创企业 Ducere Technologies Pvt 于 2014 年 9 月推出一款具有蓝牙功能、名为“Lechal”的智能鞋。该智能鞋与智能手机 APP 应用同步，利用谷歌地图和振动来提醒用户应何时何地转向，以到达最终目的地，如图 5-30 所示。

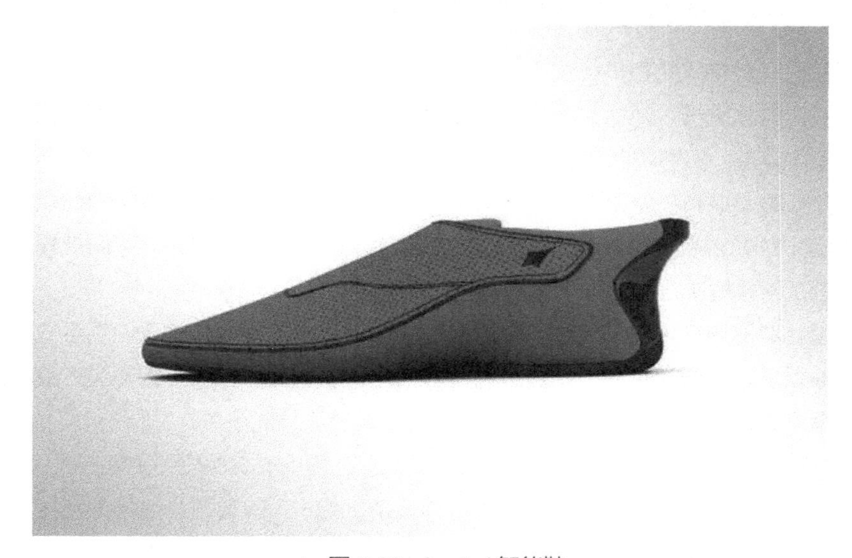

▲ 图 5-30 Lechal 智能鞋

用户只要告诉手机想去哪里，然后就可以把手机放在口袋里，Lechal 智能鞋可通过其左鞋或右鞋的嗡嗡振动声，提示用户前进的方向。

Ducere 的联合创始人兼首席执行官克利斯佩安 • 劳伦斯（Krispian Lawrence）表示：“鞋子是人体的自然延伸。你离家外出时可能会忘记戴手表或腕带，但不可能会忘记穿上鞋子。”

劳伦斯利用其曾经担任美国专利检察官的经验，让公司的可振动智能鞋获得了 24 项国际和印度的专利。

在印度语里，Lechal 的意思是“带我走”。最初，Ducere 开发 Lechal 智能鞋旨在帮助依靠手杖行走的盲人。

虽然手杖可以帮助视障人士探测到障碍物，但不能告诉他们该走哪条路或什么时候转向。劳伦斯说：“所以我们参与进来，填补这一空白。”

根据世界卫生组织的数据，全球大约有 2.85 亿视障人士，其中大部分是在印度。

但在测试这款智能鞋时，Ducere 发现它对正常人也能有所帮助。例如慢跑者、山地自行车爱好者甚至游客可以在出发前设置好目的地，这样在路途中，他们就不需要经常停下来查看手机，因为 Lechal 智能鞋的振动声会让他们知道何时转向。该智能鞋还可以精确地记录旅行距离和消耗的热量。

Ducere 还计划与非营利组织和视力保护机构合作，以优惠价格向视障人士出售 Lechal 智能鞋。

## 5.4 应用实战：新慧物联数字医疗

新慧物联数字医院整体解决方案通过应用移动计算、智能识别、数据融合、云计算、物联网等先进技术对医院临床业务和医院管理两个核心的应用进行数字化、交互式、智慧化管理，最终帮助医院提升管理水平和病人满意度。

苏州新慧物联科技有限公司通过与国内著名医院的长期合作，结合现代化医院的管理流程和业务特点，参考不同医院对信息化建设的需求开发出面向不同规模医院的数字化医院整体解决方案。

新慧物联的数字化医院整体解决方案包含以下子系统：婴儿防盗识别系统、移动门诊输液系统、输液监护感应系统、消毒供应室管理系统、远程医疗解决方案、健康档案管理系统、数字化医院综合运营平台、医院信息化集成服务。

医疗物联网（Internet of Things，简称“IOT”）是未来智慧医疗的核心。

医疗物联网的实质，是将各种信息传感设备，如 RFID 装置、红外感应器、全球定位系统、激光扫描器、医学传感器等种种装置与互联网结合起来而形成的一个巨大网络，进而实现资源的智能化、信息共享与互联。

高效、高质的智慧医疗不但可以有效提高医疗质量，改善医护业务流程，更可以有效阻止医疗费用的攀升。智慧医疗使医生能够随时搜索、分析和引用大量科学证据来支持临床诊断。

从大的范围来看，通过搭建区域医疗数据中心，在不同医疗机构间，建起医疗信息整合平台，实现个人与医院之间、医院与医院之间、医院与卫生主管部门之间的数据融合、信息共享与资源的交换，从而大幅提升医疗资源的合理化分配，真正做到以病人为中心。

新慧物联在智慧医院建设中采用全新的面向物联网的架构技术 TOA 解决了由于 IOT 网络的复杂化和多元化而导致系统设计、开发、维护相对困难的问题。同时开发了基于 TOA 的面向物联网通信的中间件 TOC，实现低成本、高可扩展性、可维护性的面向 IOT 的医疗智慧解决方案。

另一方面，通过智能识别技术应用来构建医院病人、药品等信息的主索引，通过条码扫描和 RFID 技术，为智慧医院提供精确的信息确认和识别系统，从而杜绝传统人工判断和识别所产生的差错事故。

### 5.4.1 婴儿安全系统

XHLINK 婴儿安全系统是新慧物联在物联网技术上的一次创新应用，如图 5-31 所示。

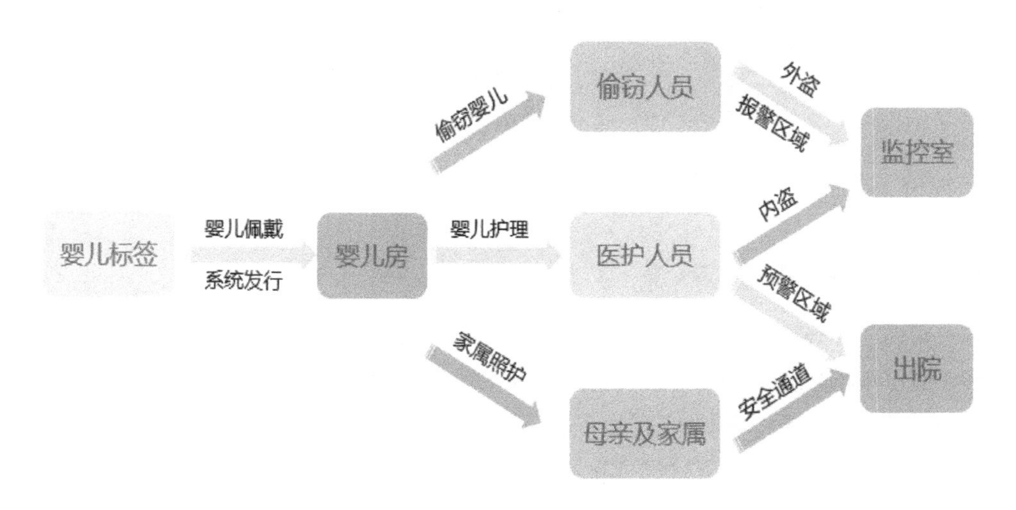


▲ 图 5-31 物联网母婴识别防盗系统

通过在婴儿身上佩戴可发送 RF 信号且对人体无害的电子标签，同时在医院内需要进行控制的区域安装信号接收装置。

信号接收装置可以随时接收婴儿电子标签所发出的射频信号，并据此信号判断标签所处的状态，从而对婴儿所在位置进行实时监控和追踪，对企图盗窃婴儿的行为及时发出报警提示，配合门禁控制系统有效防止盗窃婴儿事件的发生。

### 5.4.2 移动门诊输液系统

XHLINK 移动门诊输液管理系统主要依托 2 个方面，如图 5-32 所示。

（1）依托条形码技术、移动计算技术和无线网络技术实现护士对病人身份和药物身份的双重条形码核对，杜绝医疗差错。

（2）依托无线呼叫技术实现病人求助时，护士及时响应，并改善输液室环境以及减轻护士工作强度和工作压力。

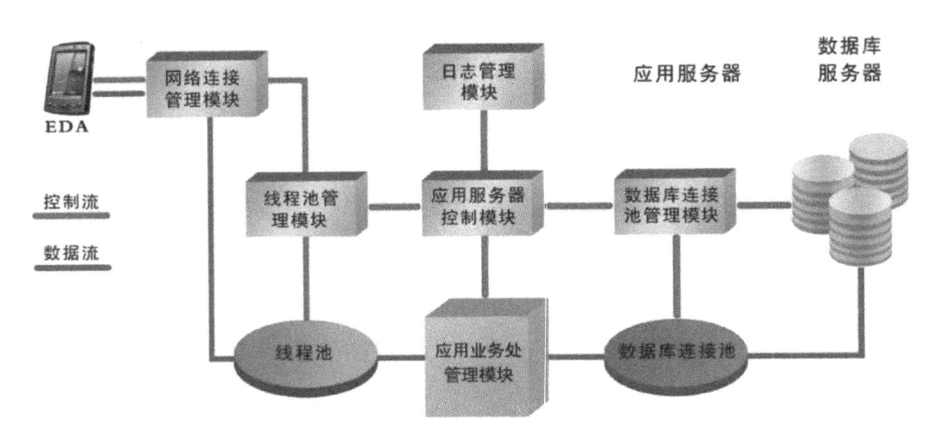


▲ 图 5-32　移动门诊输液管理系统

### 5.4.3　输液监护感应系统

XHLINK 静脉输液是临床最常见的治疗手段，由于住院病区自身条件的限制，静脉输液分布较为分散，护士不能进行有效有序管理。确保输液安全是病区护理管理的工作重点，新慧物联输液监护感应系统可以有效减少护理差错和纠纷的发生，提高患者的满意度，提升医院的社会效应，如图 5-33 所示。

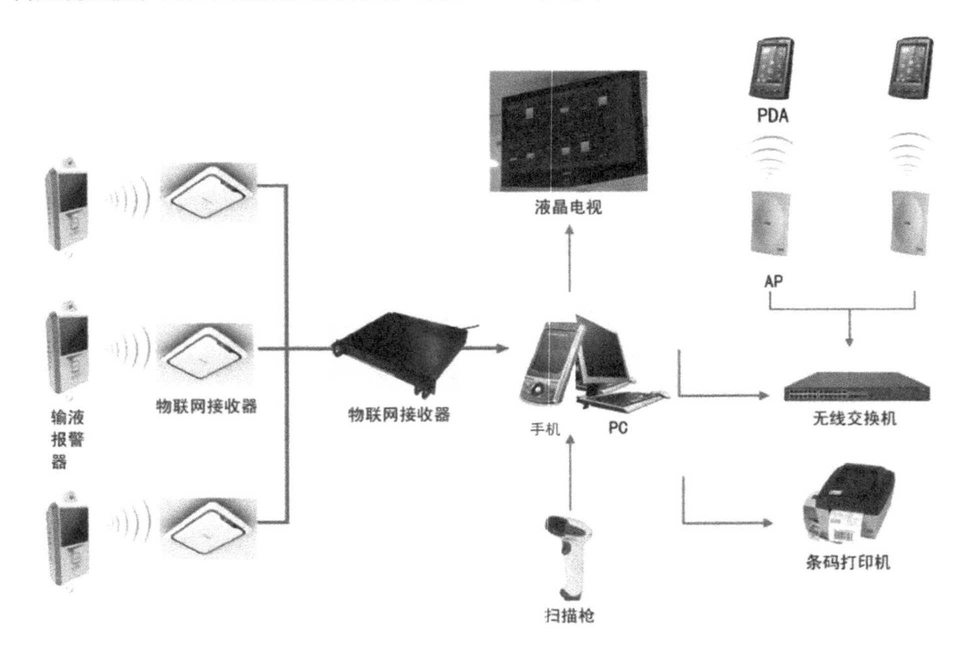


▲ 图 5-33　输液监护感应系统

### 5.4.4 消毒供应室管理系统

XHLINK 消毒供应室管理系统以新慧物联网应用平台为基础，结合 PDA 平台和智能识别技术，对器械包的回收、清洗、分类包装、消毒、发放等环节进行信息化管理，对器械包的存放、使用实行监控，最大限度控制和消除了器械包的安全隐患，已成为医院信息建设的一个重要环节，如图 5-34 所示。

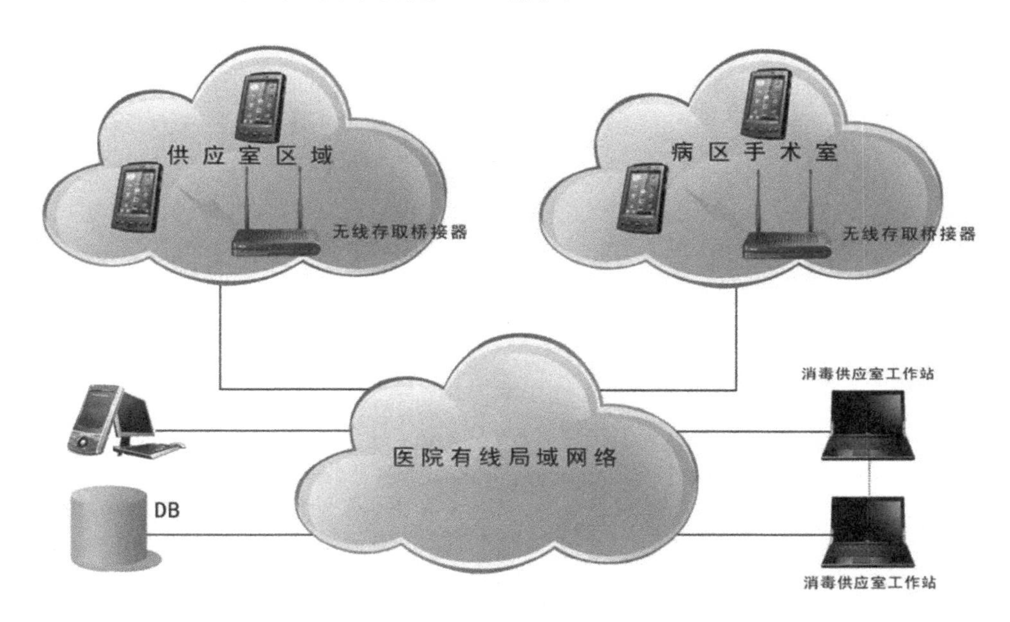


▲ 图 5-34 消毒供应室管理系统

### 5.4.5 远程医疗管理系统

XHLINK 远程医疗管理系统利用现代化通信技术、信息技术以及多媒体技术，与医疗技术相结合，实现医疗信息的远程采集、传输、处理、存储和查询，对异地患者实施咨询、分诊、监护、查房、协助诊断、指导检查、治疗和手术及其他特殊医疗活动，是一种极其方便、可靠的新型就诊方式。

系统对参与远程医疗的人员应有明确的角色界定及相应的权限分配，对所开展的服务项目有规范的业务流程和功能模块支撑，保障远程医疗各参与方实现信息对称和无障碍的沟通，以达到满意的应用效果。

### 5.4.6 健康档案管理系统

XHLINK 的健康档案管理系统是响应“卫生信息网市民健康卡集成系统”的智能

医疗创新产品，有利于深化医改，更有助于体现医疗公平、公正、高效，如图 5-35 所示。

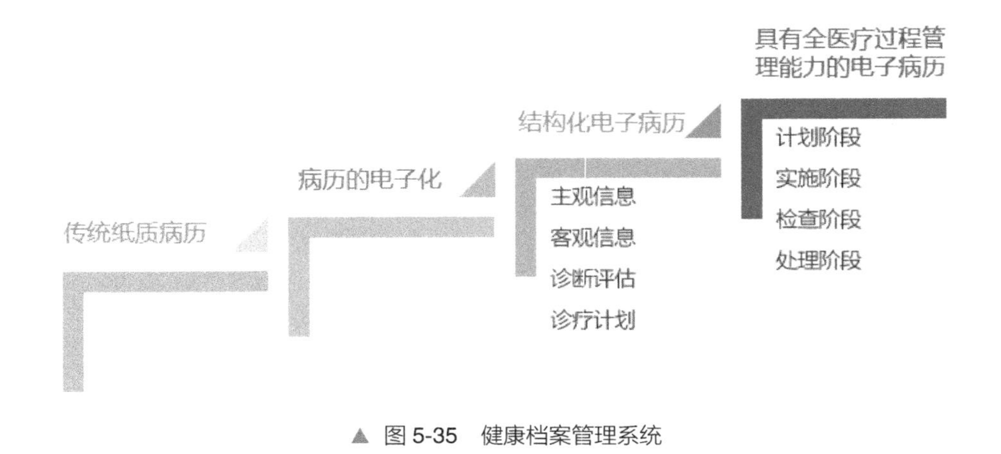


▲ 图 5-35　健康档案管理系统

专家提醒

该系统在医院、社区间实现医疗信息的互联互通，使病患持健康卡可以在社区内任一家医院实现自助挂号、自助缴费、自助查询功能。

该系统是医改的重要内容之一，不仅能有效提高医院挂号、缴费的效率，降低运营成本，解决居民“看病难、看病贵”问题，还提高了就医舒适度，有助于居民的自我健康管理，提升了居民的幸福指数。

### 5.4.7　数字化医院综合运营平台

方案以协同办公平台为基础、职能科室的业务规范管理为核心，紧紧围绕“人、财、物、质量”等要素建设管理平台，并通过信息整合等手段建立起医院的经营决策平台和科室运营管理平台，为医院领导、科主任、护士长进行内部经营管理提供各类有效信息，最终从整体上推动医院的科学化管理，如图 5-36 所示。

### 5.4.8　医院信息化集成服务

XHLINK 数字医院信息化集成服务全面整合了先进的医院信息系统、医学影像存储与传输系统、医院实验室系统、医院综合管理系统、办公自动化系统和远程会诊等系统，同时结合公司多年从事移动医疗系统开发技术和系列产品化软件，是新慧医疗面向医院全面信息化建设需求而推出的个性化系统集成服务，如图 5-37 所示。

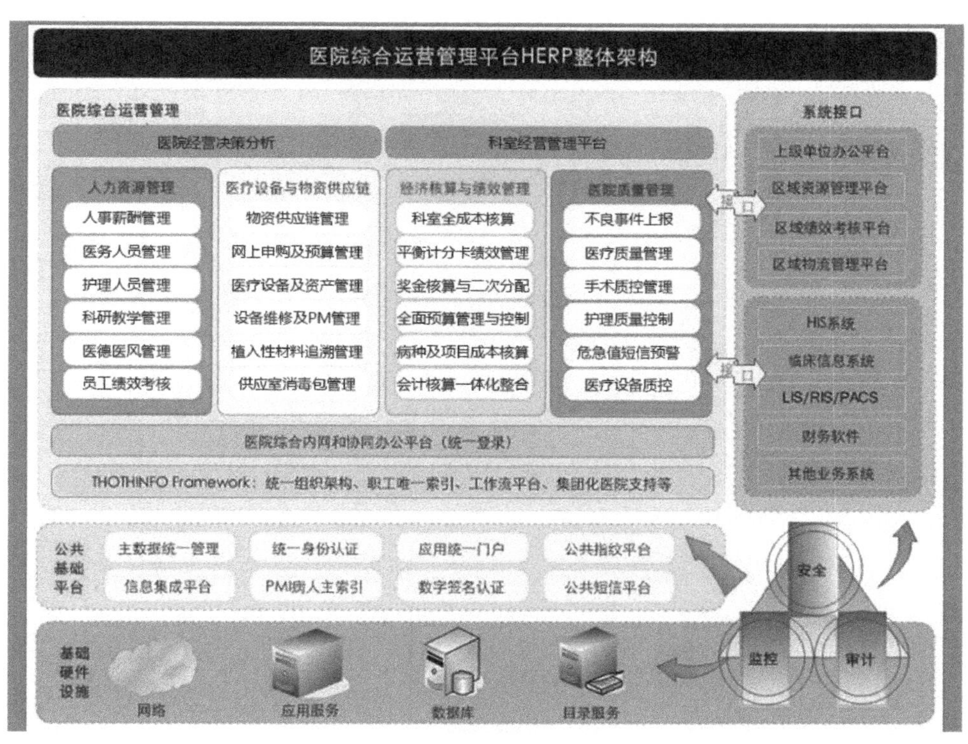


▲ 图 5-36 数字化医院综合运营平台

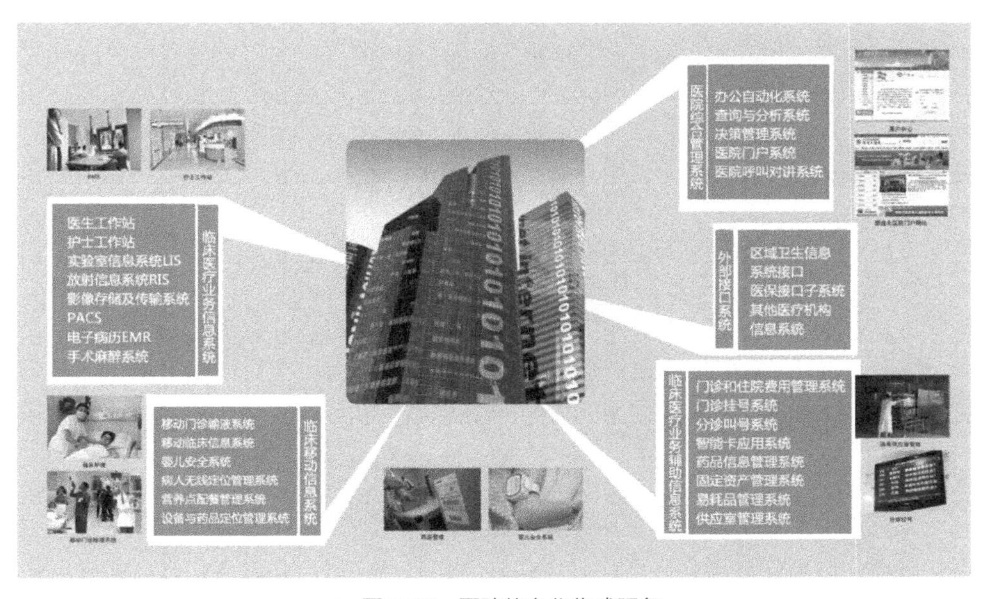


▲ 图 5-37 医院信息化集成服务

# 第 6 章

## 智能家居：
## **颠覆移动时代的家居行业**

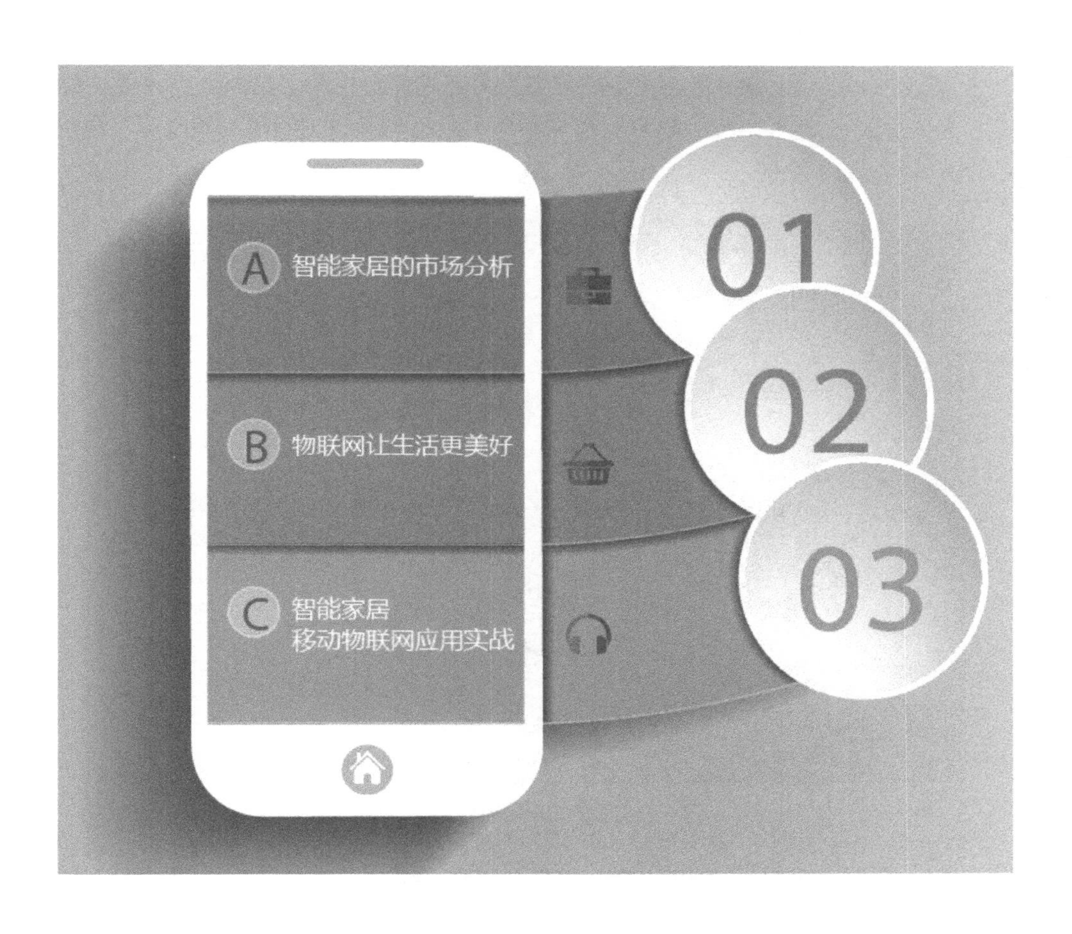

# 6.1 智能家居的市场分析

在信息技术飞速发展的今天，越来越多的人愿意体验高科技带来的全新生活方式。

在物联网发展的基础上，智能家居应运而生，并日渐渗透到日常生活中。而智能家居是家居领域的必然发展趋势，而且产业前景诱人，这就毫无悬念地引发了国内外诸多行业巨头进入智能家居领域抢占市场。

乐视网与富士康、高通等企业的合作，打响了互联网企业进军智能家居领域的第一枪。随后，东芝、三星、LG 等日韩家电巨头，以及海尔、长虹、康佳等国内家电企业，都纷纷推出了自家品牌的智能家居产品和解决方案，这标志着智能家居大潮的全面来袭。

## 6.1.1 国外智能家居市场发展现状

美国及一些欧洲国家在智能家居系统研发方面一直处于世界领先地位，日本、韩国、新加坡紧随其后。例如，微软公司开发的“未来之家”（如图 6-1 所示）、IBM 公司开发的“家庭主任”、Nespot 公司开发的家庭安全系统等。

▲ 图 6-1 微软“未来之家”的智能厨房

各大运营商和互联网企业推出的智能家居产品、系统，主要有以下几种形式。

### 1. 运营商整合资源，捆绑自有业务

运营商整合资源，捆绑自有业务主要有以下几个代表。

（1）Qivicon 智能家庭业务平台

德国电信联合德国公用事业、德国易昂电力集团、德国 eQ-3 电子、德国梅洛家电、三星、Tado（德国智能恒温器创业公司）、欧蒙特智能家电等公司共同构建了一个智能家庭业务平台“Qivicon”，主要提供后端解决方案，包括向用户提供智能家庭终端、向企业提供应用集成软件开发、维护平台等，如图 6-2 所示。

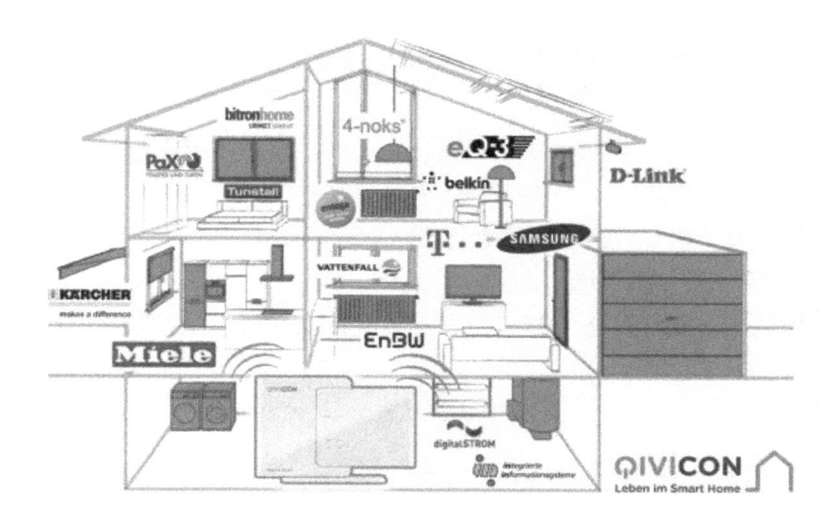


▲ 图 6-2　Qivicon 平台

目前，Qivicon 平台的服务已覆盖了家庭宽带、娱乐、消费和各类电子电器应用等多个领域。据德国信息、通信及媒体市场研究机构报告显示，目前德国智能家居的年营业额已达到 200 亿欧元，每年以两位数的速度增长，而且智能家居至少能节省 20% 的能源。

Qivicon 平台的服务一方面有利于德国电信捆绑用户，另一方面提升了合作企业的运行效率。

德国联邦交通、建设与城市发展部专家雷·奈勒（Ray Naylor）说：“在 2050 年前，德国将全面实施智能家居计划，将有越来越多的家庭拥有智能小家。”良好的市场环境，为德国电信开拓市场提供了有利条件。

（2）Verizon 打包销售智能设备

Verizon 通过提供多样化服务捆绑用户，打包销售智能设备。

2012 年，Verizon 公司推出了自己的智能家居产品，该产品专注于远程家庭监控及能源使用管理，可以通过计算机、手机等调节家庭温度、远程查看家里情况、激活摄像头、远程锁定或解锁车门、远程开启或关闭电灯和电器等。

（3）AT&T 收购关联企业

- 2010 年，AT&T 收购家庭自动化创业公司 Xanboo。
- 2013 年，AT&T 联合思科、高通公司推出全数字无线家庭网络监视业务，消费者可以通过手机、平板电脑或者 PC（台式计算机）来实现远程监视和控制家居设备。
- 2014 年，AT&T 以 671 亿美元收购了美国卫星电视服务运营商 DirecTV，加速了在互联网电视服务领域的布局。

AT&T 的发展策略是将智能家居系统打造成一个中枢设备接口，既独立于各项服务，又可以整合这些服务。

**2. 终端企业发挥产品优势，力推平台化运作**

终端企业发挥产品优势，力推平台化运作主要有以下几个代表。

（1）苹果 iOS 操作系统

苹果依托 iOS 操作系统，通过与智能家居设备厂商的合作，实现智能家居产品平台化运作。

2014 年 6 月，苹果在全球开发者大会上发布了 HomeKit 平台，如图 6-3 所示。

▲ 图 6-3　HomeKit 平台

HomeKit 平台是 iOS8 的一部分，用户可以用 Siri 语音功能控制和管理家中的智能门锁、恒温器、烟雾探测器、智能家电等设备。

不过，苹果公司没有智能家居硬件，所有硬件都是第三方合作公司提供的，合作公司包括 iDevices、Marvel、飞利浦等。这些厂商在 iOS 操作系统上可以互动协作，各自的家居硬件之间可以直接对接。同时，HomeKit 平台会开放数据接口给开发者，有利于智能家居的创新。

苹果公司的举措有望让苹果的智能设备成为智能家居的遥控器，进而增强苹果终端的市场竞争力。

（2）三星 Smart Home 智能家居平台

2014 年，三星推出了 Smart Home 智能家居平台，如图 6-4 所示。

▲ 图 6-4　Smart Home 智能家居平台

利用三星 Smart Home 智能家居平台，智能手机、平板电脑、智能手表、智能电视等可以通过网络与家中智能家居设备相连接，并控制智能家居。

但是，目前三星构建的 Smart Home 智能家居平台还处于较低水平，而且三星构建 Smart Home 智能家居平台主要还是为了推广自家的家电产品。

**3. 互联网企业加速布局，市场前景值得期待**

2014 年 1 月，谷歌以 32 亿美元收购了智能家居设备制造商 Nest，这一举措不仅让 Nest 名声大噪，也引发了业界对智能家居的高度关注。

Nest 的主要产品是自动恒温器和烟雾报警器（如图 6-5 所示），但 Nest 并不仅仅只做这两个产品，Nest 还做了一个智能家居平台。

在 Nest 智能家居平台里，开发者可以利用 Nest 的硬件和算法，通过 Nest API 将 Nest 产品与其他品牌的智能家居产品连接在一起，进而可以实现对家居产品的智能化控制。而且，Nest 支持 Control4 智能家居自动化系统，用户可以通过 Control4 的智能设备和遥控器等操作 Nest 的设备。Nest 还收购了家庭监控摄像头制造商 Dropcam。

▲ 图 6-5 Nest 自动恒温器（左）和烟雾报警器（右）

由此，谷歌通过自身海量数据的优势加上 Nest 生产数据的优势，将数据细化，从而提升用户的智能家居体验。

## 6.1.2 国内智能家居市场发展现状

随着智能家居概念的普及、技术的发展和资本的涌进，国内家电厂商、互联网公司也纷纷登录智能家居领域。

国内各大运营商和互联网企业中具备硬科技实力的科技巨头具备更明显的优势和发展潜力。

**1. 运营商布局缓慢，鲜有重量级产品推出**

国内运营商智能家居方面的发展程度相较于国外运营商来说，布局略显迟缓。

（1）运营商推出的产品较少，且仍处于产品的初级阶段

目前，中国移动推出了灵犀语音助手 3.0，可以用语音实现对智能家居的操控。

中国电信也推出了智能家居产品“悦 me”，可以为用户提供家庭信息化服务综合解决方案。

（2）平台化运作模式还未成型

中国移动推出的“和家庭”是面向家庭客户提供视频娱乐、智能家居、健康、教

育等一系列产品服务的平台，而“魔百盒”是打造“和家庭”智能家居解决方案的核心设备和一站式服务的入口。不过，现阶段“和家庭”仅重点推广互联网电视应用，至于“和家庭”的一站式服务，还只是未来的方向及目标。

中国电信宣布了与电视机厂家、芯片厂家、终端厂家、渠道商和应用提供商等共同发起成立智能家居产业联盟，但智能家居的中控平台何时落地尚不可知。

### 2. 互联网企业依托核心优势，打造智能家居平台

国内的互联网企业纷纷依托自身的核心优势推出相关智能家居产品，规划智能家居市场。

（1）阿里巴巴依靠自有操作系统

2014 年中国移动全球合作伙伴大会上，阿里巴巴集团的智能客厅亮相展会。

阿里巴巴的智能客厅是由阿里巴巴的自有操作系统阿里云 OS（YunOS）联合各大智能家居厂商共同打造的智能家居环境，内容包括阿里云智能电视、天猫魔盒、智能空调、智能热水器等众多智能家居设备，如图 6-6 所示。

▲ 图 6-6 阿里巴巴集团智能客厅体验区

（2）京东、腾讯、百度利用自身平台优势

京东打造的智能硬件管理平台京东云服务包含了 4 大板块：智能家居、健康生活、汽车服务和云空间。各个板块的产品都可以通过京东的超级 APP 来实现统一管理。

腾讯构建的是一个 QQ 物联社交智能硬件开放平台，主要是利用 QQ、微信、应

用宝这些软件的大量用户资源，将第三方硬件快速覆盖到用户，向用户分发软件、产品及营销。

百度推出的百度智能互联开放平台——百度智家，涵盖了路由器、智能插座、体重秤等智能家居设备，可以为用户提供智能家居设备的互联互通，如图 6-7 所示。

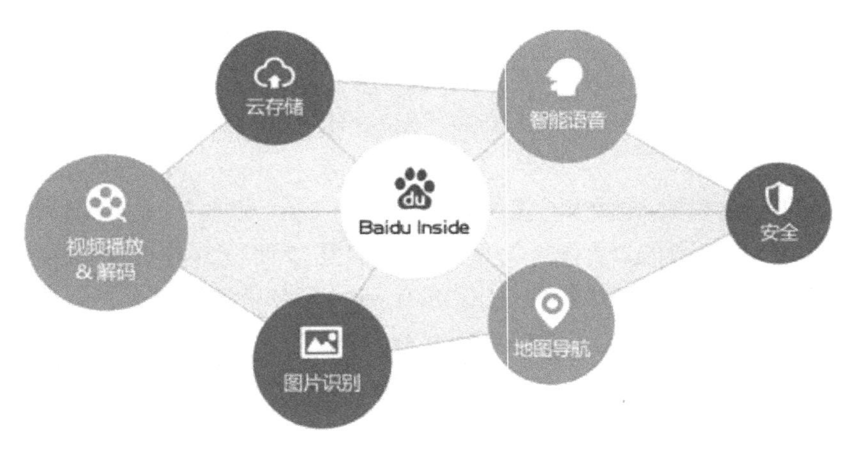


▲ 图 6-7　百度智家

**3. 传统家居制造企业不甘落后，各类产品层出不穷**

传统家居制造企业也不甘落后，纷纷推出了自己品牌的智能家居产品。比如，海尔推出的“海尔 Uhome”（如图 6-8 所示），美的推出的空气、营养、水健康、能源安防 4 大智慧家居管家系统，长虹推出的 ChiQ 系列产品等。

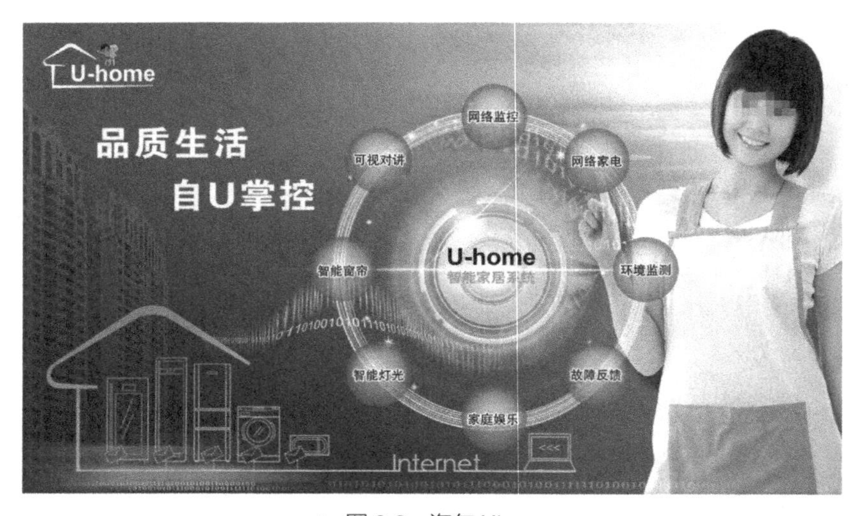


▲ 图 6-8　海尔 Uhome

而且，传统家居制造企业已开始与互联网企业联手，合力布局智能家居市场。比如，美的与小米签署了战略合作协议，TCL 与京东开启了首款定制空调的预约，长虹推进与互联网企业合作的业务，阿里巴巴入股海尔电器公司等。

未来传统企业与互联网企业相结合会成为一种必然趋势，如何保持双方的利益对等，成为摆在两者之间的一个重要课题。

### 6.1.3 物联网技术与智能家居

智能家居作为家庭信息化的实现方式，已成为社会信息化发展的重要组成部分。物联网技术的发展与成熟，使跨产业、跨领域技术和业务融合成为现实，也为智能家居引入了新概念及发展空间。

智能家居可以被看作是物联网的一种重要应用，随着物联网、大数据、云计算、无线通信、人工智能等技术的不断发展及其在智能家居上的应用，人们生活水平的不断提高和智能化生活观念的普及，物联网智能家居已成为智能家居发展的新趋势。

物联网智能家居是智能家居单品和传统智能家居的“升级版”。智能家居单品只是家居生活用品的智能化，主要特点是设备安装简单、功能单一、运行独立，各设备之间不存在关联性，如单独的智能门锁、智能开关、智能插座等，如图 6-9 所示。

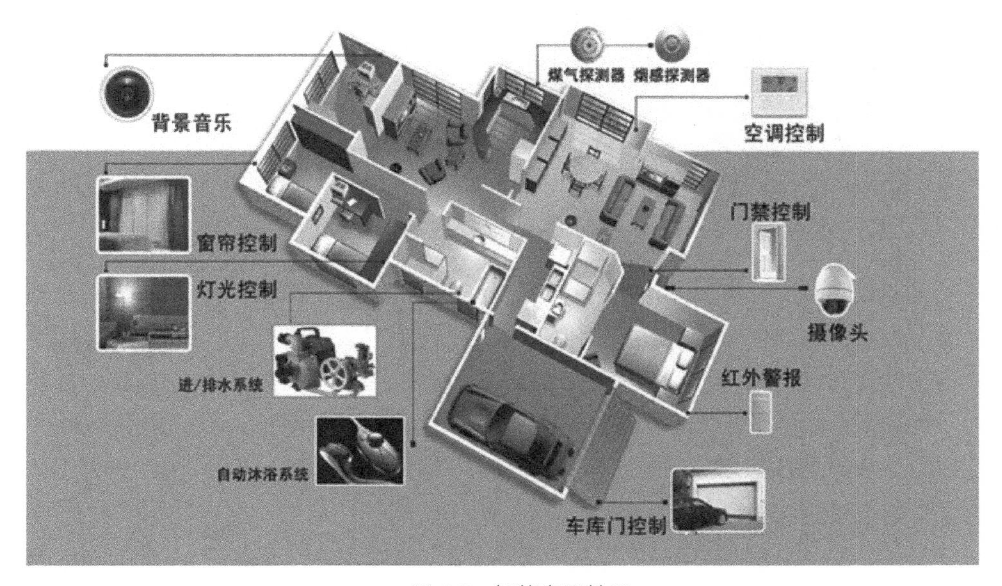


▲ 图 6-9 智能家居单品

传统智能家居主要采用有线通信方式，前期安装和后期扩展繁杂。即便是那些采用无线通信方式的简易智能家居系统（属于传统智能家居），虽已成系统且易于扩展，但因过于简单而功能有限。

物联网智能家居采用无线通信方式，不仅功能丰富，还给设备扩展留有足够空间，便于后续自由扩展。随着各智能硬件的标准化，其相互之间的互操作性大大增强，物联网智能家居解决方案将更有市场前景。

物联网智能家居通过统一平台对家居中的智能开关、智能插座、智能门窗、智能照明、智能家电、智能影音、智能健康设备等进行统一管理和控制，最大限度地实现这些智能设备之间的互联、互通、互控，营造更安全、健康、舒适、科学、和谐、高效、便捷的家居生活环境。同时，物联网智能家居也有利于后续的系统维护、扩展和升级，如图 6-10 所示。

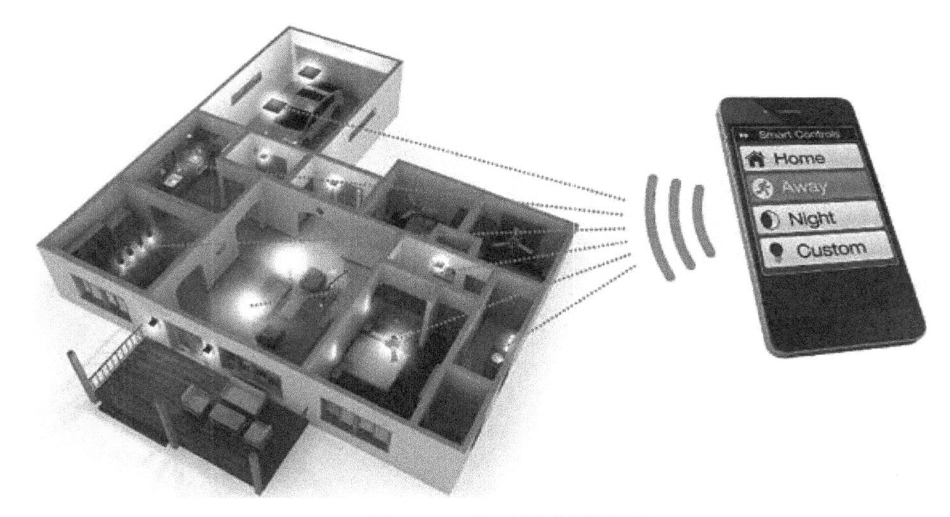


▲ 图 6-10　统一控制智能家居

随着物联网技术走进人们的生活，安全监控等那些原本“高大上”的企业级应用也逐渐被移植到家庭环境中。物联网智能家居能实现家庭智能的最大化，是物联网技术在大众家庭中的具体体现，更符合现代家庭的需求。

物联网智能家居涉及照明、家电控制、环境监测、影音娱乐、健康管理等方面的智能化，甚至能通过可穿戴智能设备和车联网，将家、人、车连接起来，构建功能更强、效果更佳的智能家居系统。

大数据的价值在物联网智能家居中展露无遗。家居中各智能设备之间有大量数据信息交换，对这些数据的产生、传输、处理、存储、抽取、分析、可视化等各个环节的处理和数据应用决定着物联网智能家居的“智商”。

人们在使用相应的物联网智能家居设备的过程中也会产生巨量数据，这些数据反过来被相应设备收集，有助于逐步提升家居智能化的水平。

### 6.1.4 智能家居产业的发展瓶颈

2014年，智能家居产业风光无限，但我国智能家居系统较之于欧美发达国家起步较晚，市场主流产品和系统并不能全面解决产品本身与市场需求的矛盾。而且我国智能家居市场的坚冰还未完全打破，这使得智能家居在推广应用的过程中遭遇了诸多挑战，而且在很大程度上阻碍了智能家居产业的发展。

#### 1. 标准不统一

智能家居标准不统一，多个标准并存所带来的最明显的问题是，不同标准的智能家居产品之间难以互联互通，而这与智能家居本身的要求恰恰相反。产品不兼容所导致的后果被认为是智能家居难以普及的开端，而且标准不统一、产品不兼容、厂商各自为战，这些不和谐因素都对行业的整体发展带来了一定的不良影响。

不过，智能家居行业标准的制定也并不能在短期内一蹴而就，还需要通信运营商、智能家居设备供应商、路由器供应商以及运营服务提供商之间的协作。

目前，智能家居产业缺乏主导和承担推动智能家居行业标准制定的领导者，而不同厂商生产的智能家居设备如果没有统一的物联网协议标准，智能家居的用户体验将大打折扣。

#### 2. 安全隐私无保障

智能家居设备不仅为用户提供智能化服务，还将收集用户的信息数据，如果智能家居厂商制造的设备只是为了方便消费者，而不能保证智能家居设备的安全，就有可能让黑客入侵用户的生活，这样的“智能化”只会造成消费者的抗拒，使智能家居的发展停滞不前。

物联网让所有的物体都连接在全球互联网中，它们可以相互进行通信，因此更应注重隐私的保护，避免产生隐私泄露问题。例如，对物体进行感知和交互的数据要强化保密性、可靠性和完整性，未经授权不能进行身份识别和跟踪等。物联网的应用能提供个人和家居安全保障，但不能让安全隐私成为个人和家居的不安全来源。

#### 3. 购买价格不亲民

智能家居设备由于加入了高科技成分，比普通的家居设备要贵上好几倍。如果将Nest恒温器与普通恒温器放在一起对比，其中的差价高达7倍。普通门锁现在只需几百元，但一个 August 智能门锁就需要 1500 元。

普通消费者想体验一下智能家居的新鲜感，但昂贵的价格却是一只大大的“拦路虎”。

另一方面，由于智能家居在技术上需要投入大量的研发资金，一些中小企业厂商并没有能力持续创新，也就很难形成规模生产。不成熟的技术和华而不实的产品外表导致了厂商生产智能家居的成本一直居高不下，这也是价格下不来的原因。

**4. 操作太复杂**

真正的智能家居应该是人和智能家居设备能够“互联、互通、互动”，智能家居设备能够通过人的语言或操作，借助大数据、云计算、人工智能等技术，实现与人之间的沟通和交流。

不过以目前的情况来看，很多所谓的智能家居产品连基本的操作设置都设计得不够人性化，就更难说真正意义上的智能化了。比如，有些智能电视的操作很复杂，别说让老人、小孩来使用，就算是常常接触电子设备的年轻人，也不能很好地操作，设计得非常欠考虑。系统过于繁杂、操作不够人性化，功能多却实用性不足，这些都是智能家居发展的障碍。

### 6.1.5 智能家居普及应用对策

面对智能家居产业发展路上的各大“拦路虎”，积极的应对措施是必要的。

**1. 建立规范统一的行业标准**

所谓“无规矩不成方圆”，行业的规范是促进行业健康发展的关键因素。

虽然面临标准难以统一等难题，但一些有实力的研发者热情不减，不断尝试打造智能家居生态链。比如，英特尔牵手腾讯联合推出了软件、硬件一体化的智能家居网关解决方案，旨在利用各自的优势，打造统一的智能家居平台；而海尔则与阿里巴巴、魅族科技合作，推出了“U＋平台”，希望成为智能家居产品及开发者的入口。

这些无疑是互联网公司寻找自身的技术优势，来布局智能家居生态链条，同时也在向市场传递了以下 3 个信息。

- 统一行业标准可以为企业和消费者带来很大的益处，同时能够促进市场的健康发展。
- 建立起规范统一的行业标准，才能主导行业的发展。
- 开放和统一智能家居系统平台，将会促进智能家居硬件产品的发展与成熟。

因此，当前急需加强各国的沟通与协商，为智能家居市场的发展制定一个全球能接受的、统一和节能的标准，朝着实用化、模块化、规模化方向发展。

**2. 保护安全和隐私**

解决智能家居的安全隐私问题，首先还需要有关部门加大监管力度，严格把控智能家居的质量。

其次，各大智能家居厂商则应该做好硬件和软件的升级工作，加大对智能家居安全系统的升级，并及时补救已发现的漏洞。

最后，智能家居的制造厂商还需要对购买者进行安全教育，包括强调更改设备出厂密码的重要性、连接智能家居系统时需谨慎、应选择安全性更高更可靠的产品等。

**3. 提高技术，降低成本**

价格是打开市场的重要因素之一，产品需要被大部分人买得起，才算得上是大众商品，这样的产品才能占领市场，智能家居也不例外。

智能家居要想在未来把握住中国 13 亿人口的家居市场，还需要在成本控制上下大功夫，只有以“亲民”的价格出现在市场中，才能赢得消费者的青睐。

提高智能家居的技术也是智能家居厂商的重点。比如，在 ZigBee（一种短距离、低功耗的无线通信技术）模块中植入传感器和网关，这样可以免去布线的麻烦。

还要提高产品的性价比，注重系统的简单实用和可靠稳定，实现规模化生产。

物联网巨大市场的前提是成本需要大幅下降，一些物联网应用的巨大市场需要巨大投资来引导。只有打破价格的瓶颈，智能家居才能发展起来。

**4. 简化操作，注重功能实用**

智能家居的厂商应该注重整合自身现有的技术，分析并突出自己品牌智能家居功能的实用性，而且应该在完善功能的前提下，尽可能简化操作流程，尽可能统一同类产品的操作方式，省去烦琐且不必要的步骤，再设计一个通俗易懂的用户界面，并对用户的潜在需求做进一步的深挖。只有操作简单、功能实用、性能稳定的家居产品才能被更多用户接受。

## 6.2 物联网让生活更美好

Juniper Research 的研究数据显示，到 2018 年，智能家居市场总规模将达到 710 亿美元。2018 年中国智能家居市场规模将达到 1396 亿元人民币，市场规模约占全球总规模的 32%，如图 6-11 所示。

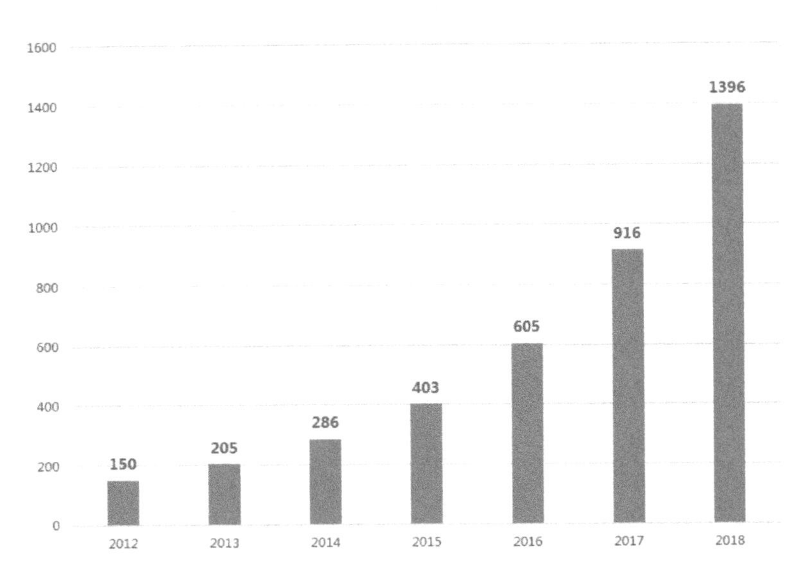


▲ 图 6-11　2012—2018 年我国智能家居市场规模（亿元）

由此可见，未来 5 年，智能家居将实现大规模应用。

智能家居的应用主要有以下几个方面。

## 6.2.1　设备控制

设备控制主要是指利用红外线、网络、Zigbee 等技术，实现对各种家电、门窗、阀门、照明等设备的控制。

住户通过网络或手机不仅可以在家控制各种智能家居设备，还可在外进行远程控制。比如，日常生活中，阳光强烈时，智能家居设备会自动联动拉好窗帘；黄昏时，自动拉开窗帘，调节室内灯光，始终保证光线的柔和度、舒适度。

目前面市的有飞利浦的 Hue Beyond 智能灯具、iHouse Smarthydro 智能浴缸等，不过设备大多比较昂贵。

### 1. 飞利浦的 Hue Beyond 智能灯具

飞利浦作为智能灯泡的代表品牌，其推出的 Hue Beyond 智能灯具主要面向高端智能家居爱好者销售。

Hue Beyond 作为一款造型独特的双重照明智能灯具，有 3 种产品：顶灯、吊灯以及桌面台灯。3 种产品都可以由智能设备远程调节灯具色调。而且 Hue Beyond 智能灯具有两组灯泡，每一组都能独立调节，可以将灯光应用于不同的场景，如图 6-12 所示。

▲ 图 6-12　Hue Beyond 的智能灯具

### 2. 飞利浦 Hue Tap 智能灯泡控制开关

飞利浦最近推出了旗下首款 Hue 无线智能照明系统的物理控制装置 Hue Tap 灯光切换器。这款产品采用了圆形设计，并且附带了 3 个纽扣式按钮，如图 6-13 所示。

▲ 图 6-13　飞利浦 Hue Tap 智能灯泡控制开关

通过与 Hue 智能灯泡的配合，用户可以通过安装在智能设备端的 APP 来对 Hue 灯泡的灯光进行智能调节，如图 6-14 所示。

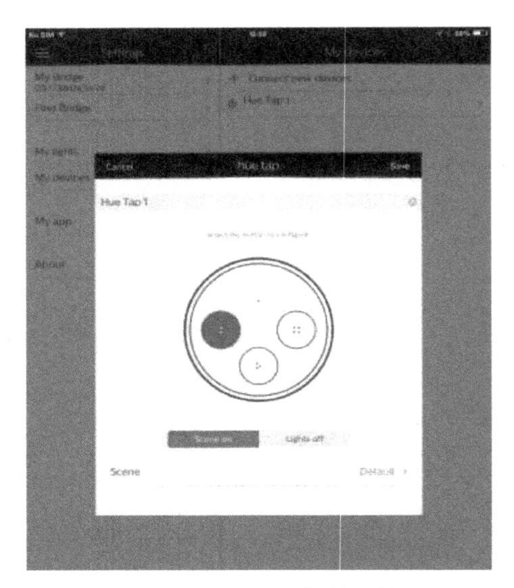

▲ 图 6-14　Hue Tap 智能开关 APP

### 3. iHouse Smarthydro 智能浴缸

智能家居设备制造商 iHouse 推出了 Smarthydro 智能浴缸。Smarthydro 最大的特色就是使你不必再为准备洗澡水而等待，如图 6-15 所示。

▲ 图 6-15　Smarthydro 智能浴缸

用户可以通过互联网、智能手机或者一个特定遥控器来启动 Smarthydro，并且可以直接设定自己希望的水温与水位。Smarthydro 还配备了一套语音系统，用来提示用户浴缸已经准备完毕。

另外，Smarthydro 还有加热功能，可以让水温一直保持在你喜欢的温度。当你泡完澡之后，Smarthydro 还可以利用循环水和洗涤剂自动清洗浴缸。

## 6.2.2 环境监控

环境监控主要是指利用温湿度传感器、空气质量传感器获取室内外温湿度、空气质量等数据，分析获取数据并自动完成空调、地暖、窗户、窗帘等的开关。

例如，冬季时，温湿度传感器会时刻监测室内的温湿度指数，通地暖、开加湿器等设备；而夏天时会自动打开空调，并协调室内外温差，将室内温度保持在良好的范围内。

目前面市的产品有 Nest 恒温器、Honeywell Lyric 恒温器等。

### 1. Nest 恒温器

“iPod 之父”托尼·法戴尔（Tony Fadell）设计了一款名叫 Nest 的恒温器，如图 6-16 所示。

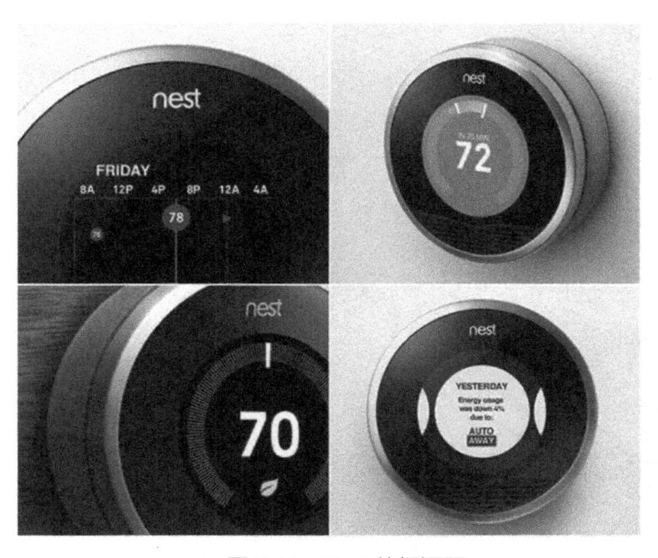


▲ 图 6-16 Nest 的恒温器

Nest 内置的传感器可以不间断地监测室内的温度、湿度、光线以及恒温器周围的环境变化。而且 Nest 能学习和记住用户的日常作息习惯和温度喜好，并能够利用 Nest 的算法自动生成一个设置方案，只要用户的生活习惯没有发生巨大变化，用户就不再需要手动设置 Nest 恒温器。此外，Nest 恒温器还支持联网，用户可以使用手机对 Nest 进行远程遥控，如图 6-17 所示。

▲ 图 6-17 Nest 与智能手机、平板、电脑连接

### 2. Honeywell Lyric 恒温器

Honeywell Lyric 恒温器采用的是经典的圆形设计，直径 7.6 厘米，操作界面是一个抛光玻璃面板，触控操作，没有实体按钮，用户可以通过这个面板来查看室内温度和天气预报，如图 6−18 所示

▲ 图 6-18 Honeywell Lyric 恒温器的结构图

功能方面，Lyric 最大的亮点就是地理围墙（Geofencing）技术。当用户离开家时，恒温器可以自动降低室内温度，当用户回家时自动增加室内温度。当有人进入或离开这个围墙范围时，地理围墙技术可以根据用户的手机定位信息，打开或关闭家中电源。

Lyric的另一个亮点是微调功能。Lyric除了考虑室内外温度之外，还会考虑湿度、天气情况，通过多个因素来综合打造人体更为舒适的感觉，如图6-19所示。

▲ 图6-19 Honeywell Lyric恒温器微调功能

另外值得一提的是，Lyric会不断记录家中采暖、冷却系统的运行规律和用电情况，并将这些数据发送到Honeywell的网络平台上，让用户更加精确地了解自己家的电器和用电规律。

### 3. Spotter UNIQ多用途传感器

Spotter UNIQ多功能传感器是由Quirky联合GE一起推出的智能家居产品，功能上比较灵活，可实现用户定制，如图6-20所示。

该多功能传感器允许连接4个传感器，用户可以选择监控声音、运动、光线、温度、湿度、空气质量、一氧化碳、大气压等。用户可以在硬件层面上定制、添加按钮、LED灯、锂电池、麦克风、扬声器、陀螺仪及加速器。

同时，Quirky还在旧金山创建了一个新的微型工厂用于生产用户定制的传感器套件，用于监测气温、声音、光线、震动以及其他因素。用户还可以通过Wink应用为传感器编程，一旦有事件发生就可以触发其他相连接的设备。

**专家提醒**

对于家庭用户而言，监测有害的气体还是很有必要的，如一氧化碳，让爱家远离潜在的安全隐患。

▲ 图 6-20 Spotter UNIQ 多用途传感器

### 6.2.3 家居安防

家居安防主要是通过传感器、红外线、网络等技术，实现防火防盗、防煤气泄漏、视频监控等功能的家居安全防范。如果家中煤气泄漏或者不慎着火，系统会自动感知到，一方面向住户报警，另一方面根据设定启动应急措施，关闭燃气阀门，打开窗户和排风扇通风换气。

目前面市的产品有 Canary 家庭监控系统、Korner 窗户传感器等。

#### 1. Canary 家庭监控系统

Canary 是一款包含了高清摄像头和传感器的微型设备，作为一款融合现代科技与移动技术的家庭安全管家，可以通过感应动作、温度、空气质量、声音、震动、活动来监控家庭安全。

Canary 家庭监控系统的硬件包括高清可夜视摄像头、麦克风、警报器、三轴加速度传感器、被动红外线运动检测器、温度传感器、湿度传感器和空气质量传感器，如图 6-21 所示。

Canary 拥有一种数据累积的学习功能，当它在家中长时间摆放之后，就可以对室内的温度、湿度等情况进行印象记忆，一旦出现异常变动，就会第一时间发出警报，并且通过网络传输到用户的手机上进行提示。

▲ 图 6-21 Canary 家庭监控系统

当用户外出时，也可以通过智能手机对 Canary 进行远程遥控，随时查看家里情况，如图 6-22 所示。

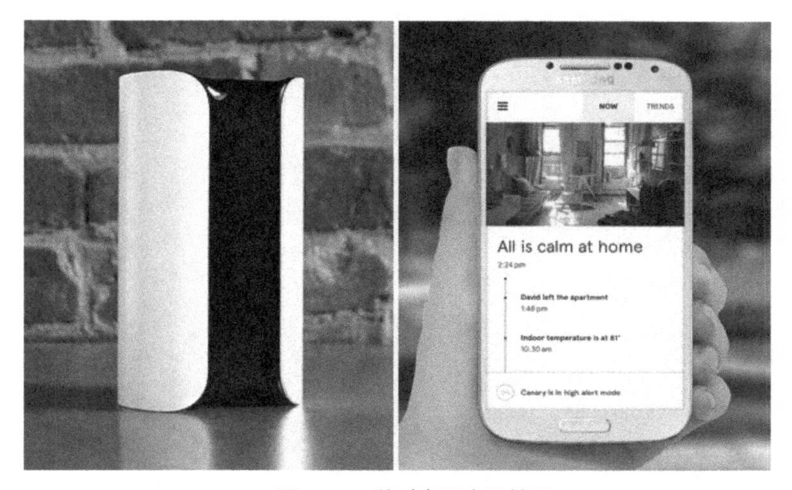


▲ 图 6-22 随时查看家里情况

用户还可以通过 iPhone 或 Android 设备与 Canary 进行连接，当上述指数一旦发生明显变化，比如可能引发火灾的室内温度上升，或有非法入侵者翻箱倒柜产生的声音，Canary 在监测到之后都可以迅速发出警报，如图 6-23 所示。

Canary 创始人亚当 • 赛杰（Adam Sager）曾经是以色列的国防军军人，并且在众多大公司担任过安全顾问，所以在选购 Canary 的配置上，几乎可以媲美军用设备了。

▲ 图 6-23　Canary 监测到异常报警

**2. Korner 窗户传感器**

Korner 看起来就像是一个简单的小三角，但却内含玄机，如图 6-24 所示。

▲ 图 6-24　Korner 窗户传感器

实际上，Korner 是一款窗户安全传感器，可以方便地安装到窗户的边角，一旦窗户被盗贼打开，便会通过 Wi-Fi 网络向用户手机发送警报，不论你身处何方。

简约、流线型的设计使之可完美贴合窗户，让人难以发现它的存在，如图 6-25 所示。

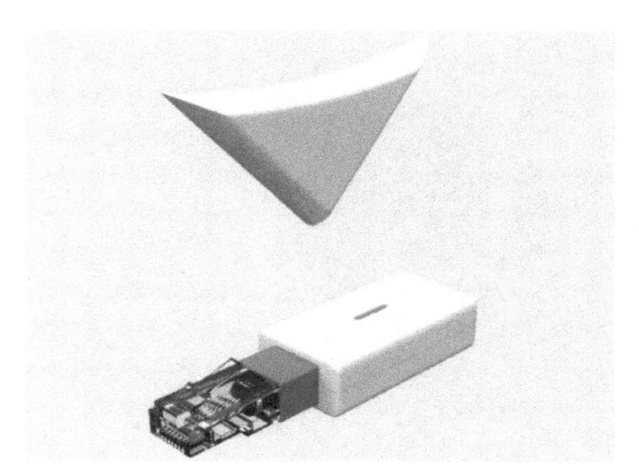

▲ 图 6-25 Korner 窗户传感器

### 3. Kepler 智能燃气报警器

燃气事故频发已经让厨房安全成了一个非常大的问题，而我们日常生活中也经常会出现管道泄漏、胶管老化、鼠咬、溢灭灶火等引发燃气事故的隐患，虽然部分家庭已经安装了传统燃气报警器，但对于大部分上班族来说，还是需要经常想着家里的安全。由国内欧瑞博研发的一款名为 Kepler 智能燃气报警器的智能家居硬件登录了众筹平台 Kickstarter，如图 6-26 所示。

▲ 图 6-26 Kepler 智能燃气报警器

Kepler 是一款通过 Wi-Fi 连接安全家居云平台的智能燃气报警器，可实现实时燃气、一氧化碳探测和分析。一旦发现浓度超标，不仅可以现场自动报警，还可以通过互联网实现远程报警，向手机 APP 推送远程报警信息，如图 6-27 所示。

▲ 图 6-27　向手机 APP 推送远程报警信息

据悉，Kepler 智能燃气报警器采用了光化学材料的高精度传感器，对无色无味的可燃气体、一氧化碳浓度进行精准分析，采用分级报警机制，当燃气浓度出现异常状态时，警报声就会迅速响起，进一步提高用户的警惕性。而在实时探测气体状态下，还可以通过网络远程同步气体精准数据至手机，让用户随时随地掌握厨房安全状态，了解家人的安全状况，如图 6-28 所示。

▲ 图 6-28　同步气体精准数据至手机

Kepler内置了200MHz的ARM处理器，采用多场景多算法滤波技术，并且通过云端数据分析危险发生的可能，有效防止误报的发生。

同时，Kepler采用可分离式设计，当检测到燃气泄漏时，Kepler可随时灵活分拆检测可疑位置。

而除了报警之外，Kepler还具有厨房定时器功能，可以根据菜肴设置提醒时间，定时时间到后，一挥手即可解除定时设置。

**专家提醒**

智能家居的发展目前仍处于初级阶段，随着云计算技术的发展、设备成熟度的提升以及运营商的大力介入，推动智能家居产品融合，改变目前行业标准不一、产品兼容性差的问题，相信不久的将来智能家居将会真正地融入我们的生活，改变人们的生活方式。

国内外企业均已意识到，随着家庭信息化时代的到来，智能家居行业将有望迎来爆发性增长。目前，许多智能家居企业已经纷纷跨界抱团竞争，智能家居公司与开发商、家装公司结成战略合作伙伴，结合彼此长处，互展优势，实现双赢。

## 6.3 智能家居移动物联网应用实战

随着移动物联网市场不断扩大，许多智能家居公司也如雨后春笋般纷纷冒出来。

### 6.3.1 【案例】：小米智能家居

小米智能家居是围绕小米手机、小米电视、小米路由器3大核心产品，由小米生态链企业的智能硬件产品组成一套完整的闭环体验。

目前已构成智能家居网络中心小米路由器、家庭安防中心小蚁智能摄像机、影视娱乐中心小米盒子等产品矩阵，轻松实现智能设备互联，提供智能家居真实落地、简单操作、无限互联的应用体验。

并且小米智能家居极具竞争力的价格也将其塑造为了大众“买得起的第一个智能家居”。

小米智能家庭APP，统一设备连接入口，实现多设备互联互通，并可实现家庭组多人分享管理，如图6-29所示。

同时，集成设备商店，打通与用户连接购买通路，深度集成到MIUI系统，锁屏界面集成设备控制中心，简化操作流程，方便用户一键快连使用，亿级MIUI用户可直接购买、使用小米智能硬件设备。

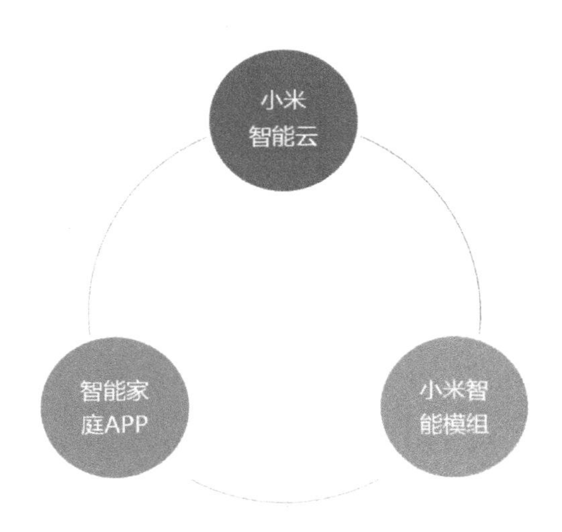


▲ 图 6-29 小米智能家庭 APP 实现互联互通

**1. 小米路由器及 mini 版**

小米路由器（硬盘版）自面市以来就被誉为“智能家庭网络中心”，现已有两代产品：一代小米路由器于 2014 年 4 月 23 日发售，全新小米路由器于 2015 年 6 月 18 日正式对外销售。

全新小米路由器，顶配企业级性能，最高可内置 6TB 监控级硬盘。具有 802.11ac 千兆 Wi-Fi，专业 PCB 阵列天线等特性，同时支持宽带、网页、下载、游戏 4 种网络提速，是一台可以下电影、存照片、当无线移动硬盘的路由器，如图 6-30 所示。

▲ 图 6-30 小米路由器

小米路由器搭配小米路由器 APP 可实现智能设备互联互通、影视资源搜索下载、影像资料存储备份。

小米路由器 mini 主流双频 AC 智能路由器，性价比之王，配置 USB 接口，接上硬盘变身家庭服务器，存储照片视频，在手机、平板电脑与智能电视上播放。精巧设计，摆在哪里都好看，如图 6-31 所示。

▲ 图 6-31　小米路由器 mini

## 2. 小米路由器 APP

小米路由器 APP 是智能家居网络中心小米路由器的完美搭档，通过 APP 可以轻松管理联网设备、实时了解用网情况、享受家庭影音娱乐服务和更多智能应用拓展，如图 6-32 所示。

▲ 图 6-32　小米路由器 APP

主要功能有以下 4 种。

（1）设备列表：联网设备便捷管理，状态一目了然，可以针对性地设置任一设备的网络访问权限、数据访问权限，智能分配带宽，还可以起绰号。

（2）文件管理：成为家庭的数据中心，上传、下载、备份、浏览，随心所欲。

（3）下载中心：帮用户更快地发现影音资料。

（4）工具箱：帮助用户发现更多好玩功能，成为真正的大玩具。

### 3. 小蚁智能摄像机

小蚁智能摄像机被誉为“小米智能家居安防中心”，由小米生态链企业小蚁科技生产制造，如图 6-33 所示。

▲ 图 6-33　小蚁智能摄像机

小蚁智能摄像机拥有诸多卓越特性：远程语音双向通话；720P 高清分辨率，111° 广角，4 倍变焦；能看能听能说，手机远程观看。

### 4. 小米盒子及 mini 版

小米盒子现有小米盒子增强版和小米盒子 mini 版。

小米盒子增强版支持 4K 超高清视频，分辨率为 3840 像素 ×2160 像素，清晰度是 1080p 的 4 倍。通过 HDMI 线将 4K 电视与小米盒子增强版连接，即可播放本地或网络的 4K 超高清电影，如图 6-34 所示。

小米盒子 mini 版是全球最小的全高清网络机顶盒。采用电源直插，仅占一个插线孔，只需连接一根 HDMI 线就可使用。高清大片、热播电视剧、最新综艺、动漫、体育赛事、经典纪录片轻松观看，如图 6-35 所示。

▲ 图 6-34　小米盒子

▲ 图 6-35　小米盒子 mini 版

**5. 小米智能插座**

小米智能插座号称是最小的 3C 智能插座，由小米生态链创米科技生产制造，是经过 3C 认证的智能插座，支持手机远程遥控。自带 5V/1A USB 接口，可为手机充电，如图 6-36 所示。

▲ 图 6-36　小米智能插座

**6. 小米空气净化器**

小米空气净化器由小米生态链智米科技生产制造。

小米空气净化器是高性能的双风机智能空气净化器，净化能力高达 406$m^3$/h，净化面积可达 48 平方米。通过手机 APP 可实现远程高速净化、睡眠、智能自动模式，如图 6-37 所示。

▲ 图 6-37　小米空气净化器

### 7. Yeelight 智能灯泡和床头灯

Yeelight 智能灯泡系列产品是由小米生态链青岛亿联客信息技术有限公司（Yeelink）设计制造的智能情景照明产品。Yeelight 智能灯泡是小米路由器专属配件，能变 1600 万种颜色，使用全球知名制造商科锐（CREE®LED）白光灯珠，如图 6-38 所示。

▲ 6-38　Yeelight 智能灯泡

Yeelight 床头灯于 2015 年 6 月 10 日正式推出，能变 1600 万种颜色，使用德国欧司朗（Osram）灯珠，支持触摸式操作，如图 6-39 所示。

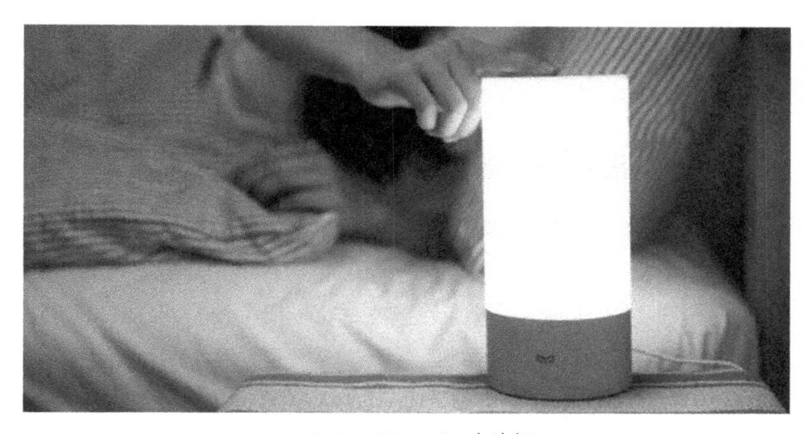

▲ 6-39 Yeelight 床头灯

**8. 小米智能家庭套装**

小米智能家庭套装由小米生态链绿米科技生产制造。套装包含：多功能网关、门窗传感器、人体传感器、无线开关。30 多种智能玩法，3 分钟快速安装。可以实现智能感应人体与门窗、通过手机远程遥控家中设备，如图 6-40 所示。

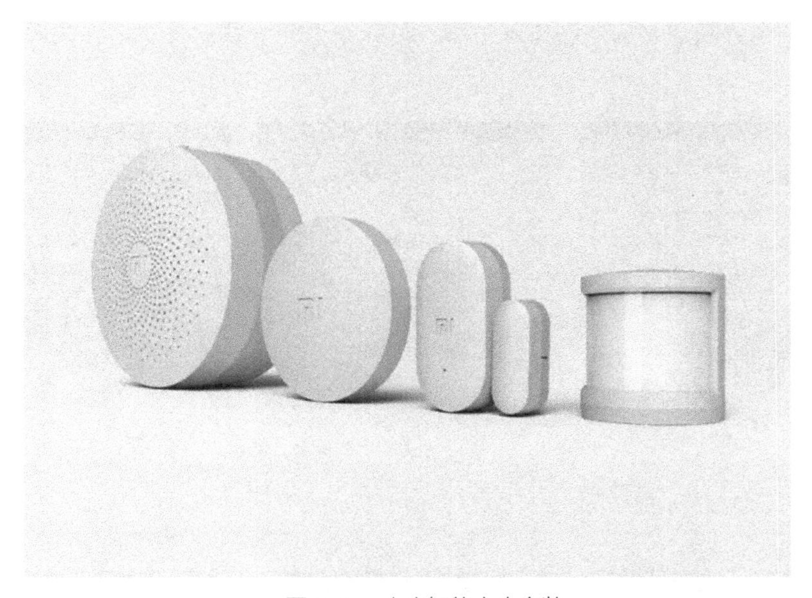

▲ 图 6-40 小米智能家庭套装

作为小米智能家庭套装的核心，小米多功能网关的地位自然更高一些。与其他家庭套装的控制中心不同，小米将变色灯带和扬声器集成到网关中，这样使得其多功能网关不仅仅是单纯的控制中心，还能起到夜灯和警示的功能。

小米多功能网关的灯带由 18 颗 LED 组成，通过手机端的智能家庭套装即可实现 1600 万种颜色变换。

### 6.3.2 【案例】：海尔 U-home 智慧屋

U-home 是海尔集团在信息化时代推出的一个重要业务单元，也是一个先进、开放的平台，“U”代表的是“ubiquitous”，即“随时随地，无处不在”的意思。

U-home 采用有线和无线网络相结合的方式，把所有设备通过信息传感设备与网络连接，从而实现了“家庭小网”“社区中网”“世界大网”的物物互联，并通过物联网实现了智能家居系统、安防系统等的智能化识别、管理以及数字媒体信息的共享。

海尔智能家居围绕着安全、便利、舒适、愉悦 4 大生活主题，融合了安防报警、视频监控、可视对讲、灯光窗帘、家电管理、环境监测、背景音乐、家庭影院等功能模块，使用户在世界的任何角落、任何时间，均可通过打电话、发短信、上网等方式与家中的电器设备互动。

通过“集中管理”“场景管理”和“远程管理”，实现了“行在外，家就在身边；居于家，世界在你眼前”的美好生活。海尔 U-home 客户端软件界面如图 6-41 所示。

▲ 图 6-41 主界面

海尔 U-home 凭借 U-home2.0 智慧物联核心技术，实现了智能安防、视频监控、可视对讲、智能门锁联动等各大子系统之间的互联互通、无缝对接，也实现了手机屏、

PAD 屏、计算机屏、智能终端等多屏合一，通过任何一个屏都可实现对洗衣机、冰箱、空调、热水器、智能滚筒、地暖、新风、灯光、窗帘等设备的监控，如图6-42和图6-43所示。

▲ 图 6-42　空调控制界面

▲ 图 6-43　冰箱控制界面

不仅如此，通过 U-home 客户端软件，智能手机、PAD 可以作为可视对讲终端使用，实现移动可视对讲功能；除了手动控制外，系统还能够自动检测环境的温度、湿度、空气质量，并自动开启空调、新风、地暖、灯光等设备。

家庭物联以物联家电系统为依托，使系统从原来的单一控制改变为人与物、物与物的双向智慧对话，实现灯光、窗帘、家电、门锁等物物相关，海尔 U-home 在这一方面做得十分出色。

## 6.3.3 【案例】：好来屋智慧家庭体验中心

每一次大危机，都会催生一些新技术，而新技术也是使经济，特别是工业走出危机的巨大推动力。

物联天下好来屋智能家居成立于 2010 年中国物联网产业发展初期，建设“统一应用平台、统一门户网站”是其战略思想，实施“区域应用推进、重点项目辐射带动”是其发展战略，利用各种契机以应用促推进，取得突破性的进展，正式步入中国物联网产业的第一支队伍。好来屋目前是国内物联网领域内唯一一家集行业媒体、技术集成、产业应用、商业模式为一体的多元化高科技企业。

好来屋智能家居本着集成绿色、低碳、智能化系统的务实经营主旨，在公司结构上进行了调整和资源整合，业务领域和整体实力规模得到快速提升，并作为北京市创新典范工程受到国家工业和信息化部、中国中小企业协会等相关部门共同关注，还成为综合实力强劲的产业引领者。

好来屋是智能家居的综合展示应用平台，充分应用布线技术、网络通信技术、传感器材、安全防范技术、自动控制技术、音视频技术将家居生活有关的设施集成，构建高效的住宅设施与家庭日程事务的管理系统，提升家居安全性、便利性、舒适性、艺术性，并实现环保节能的居住环境。

好来屋能根据客户不同需求提供个性化的智能家居生活综合解决方案，将不同人对现代智能家居生活的想象和追求转变成为现实的存在。

在好来屋智慧家庭体验中心可以看到“物联天下”智慧家庭产品的展示和整个智慧家庭解决方案内使用到的各项产品，如图 6-44 所示。

▲ 图 6-44　好来屋智慧家庭体验中心

**1. 好来屋智能家居基础系统**

作为一个标准的智能家居，需要覆盖多方面的应用，但前提条件一定是任何一个普通消费者都能够非常简单快捷地自行安装部署甚至扩展应用，而不需要专业的安装人员上门安装。

一个典型的智能家居系统通常需要下列设备：无线网关、无线智能调光开关、无线温湿度传感器、无线智能插座、无线红外转发器、无线红外防闯入探测器、无线空气质量传感器、无线门铃、无线门磁、窗磁、太阳能无线智能阀门、无线床头睡眠按钮、无线燃气泄漏传感器。

物联网概念作为新一代信息技术的组成部分，简单地说就是通过信息技术的运用达到物与物的连接。作为物联网应用集成商的引领者，物联天下一直致力于打造好来屋智慧家居生活，希望把这种时尚的生活方式推广到全国。他们通过把物联网概念运用于智能家居中，就变成了我们在好来屋中所看到的：房屋主人只要在终端中做好相应的设定，就可以用手机、平板电脑等终端设备来远程遥控家中的电器，比如只需一个小小的指令就可以让家中的热水器预热；又或者家中无人，突然有陌生人闯入，好来屋安防系统不仅会自动打开电视、水龙头等设备吓走陌生人，还能够把陌生人在屋内的情况拍摄下来，及时地发送到主人手机上。

随着物联天下智能家居产品的不断优化，智能生活对于普通人来说已经不再遥远，只需在装修时，根据个人需求制定一套专属于自己的装修方案即可。而安装一套基本配置的好来屋智能化系统，可能只需要几万块钱，这对于普通用户来说是一个可以接受的价格。

对于系统的损坏或者更新，物联天下也做好了充分的准备，整个系统采用集中式模块化的安装维护方式，局部控制元件故障不影响模块的正常运行，局部的模块问题不影响整个系统的运行。用户可以在不影响生活的情况下轻松完成系统升级和维护。

“智能化”3个字往往让大家望而却步，高难度的操作方法与高消耗是困扰着用户的因素之一，但是好来屋智能家居系统操作起来非常简单。语音系统更是解决了老人与孩子的操作问题。

基于计算机和自动化技术，智能家居系统还可以在物业管理、消防、水、电等方面提供多方位服务。同时利用定时装置和传感装置控制系统，做到只在合适的时候提供照明及空调，可根据环境的光线自动调节照明的亮度，借此可以实现节能减耗，真正实现当今流行的低碳生活概念。

好来屋智能家居的基础系统主要包括：居布线系统、家庭网络系统、智能家居中央控制管理系统、家居照明控制系统、家庭安防系统、背景音乐系统、家庭影院与多媒体系统、家庭环境控制系统，如图6-45所示。

▲ 图 6-45　好来屋智能家居的基础系统

物联网智能家居系统主要可以实现以下 9 大功能。

（1）远程控制——一个按键，家电听话

在上班途中，突然想起忘了关家里的灯或电器，触摸手机就可以把家里想要关的灯和电器全部关掉；下班途中，触摸手机按钮先把家里的电饭煲和热水器启动，让电饭煲先煮饭，热水器先预热，一回到家，马上就可以享用香喷喷的饭菜、洗热水澡；若是在炎热的夏天，用手机就可以把家里的空调提前开启，一回家就能享受丝丝凉意；在家里可以直接一键式控制家里所有的灯和电器。

（2）定时控制——免费保姆，体贴入微

早晨，当你还在熟睡，卧室的窗帘准时自动拉开，温暖的阳光轻洒入室，轻柔的音乐慢慢响起，呼唤你开始全新的一天；当你起床洗漱时，电饭煲已开始烹饪早餐，洗漱完就可以马上享受营养早餐；餐毕不久，音响自动关闭，提醒你该去上班了；轻按门厅口的“全关”键，所有的灯和电器全部熄灭，安防系统自动布防，这样就可以安心上班去了；和家人外出旅游时，可设置主人在家的虚拟场景，这样小偷就不敢随意轻举妄动了。

（3）智能照明——梦幻灯光，随心创造

● 轻松替换：无论新装修户，还是已装修户，只要在普通面板中随意暗接超小模块，就能轻松实现智能照明，让生活增添更多亮丽色彩。

● 软启功能：灯光的渐亮渐暗功能，能让眼睛免受灯光骤亮骤暗的刺激，同时还可以延长灯具的使用寿命。

● 调光功能：灯光的调亮调暗功能，能让你和家人分享温馨与浪漫的同时，还能达到节能和环保的功能。

● 亮度记忆：灯光亮度记忆功能，使灯光更富人情味，让灯光充满变幻魔力。

● 全开全关：轻松实现灯和电器的一键全关和所有灯的一键紧急全开功能。

（4）无线遥控——随时随地，全屋遥控

只要一个遥控器，就可以在家里任何地方遥控家里所有楼上楼下、隔房的灯和电器；而且无需频繁更换各种遥控器，就能实现对多种红外家电的遥控功能；轻按场景按钮，就能轻松实现“会客”“就餐”“影院”等灯光和电器的组合场景。

（5）场景控制——梦幻场景，一触而就

回家时，只要轻按门厅口的“回家”键，想要开启的灯和电器就自动开启，马上可以准备晚餐；备好晚餐后，轻按“就餐”键，就餐的灯光和电器组合场景即刻出现；晚餐后，轻按“影院”键，欣赏影视大片的灯光和电器组合场景随之出现；若晚上起夜，只要轻按床头的“起夜”键，通向卫生间的灯带群就逐一启动，不用再摸黑，回卧室后，再把灯全关。

（6）集中控制——一键在手，尽在掌握

就像宾馆床头柜的集中控制器一样，轻松集中控制家里的所有灯和电器；即插即用，外观更小巧，使用更方便；夜晚，如有突发事件，只要按一下全开紧急按键，所有灯就全部同时亮起；睡觉前，只要按一下全关按键，所有灯和电器就全部关掉，无需再担心忘了关某些电器。

（7）计算机控制——轻松点击，智能实现

鼠标轻松点击，就可实现所有灯和电器的智能控制，功能更强大，控制更方便，界面更美观。

（8）家电控制——普通家电，智能升级

通过用电器随意插、红外伴侣、定时控制器、语音电话远程控制器等智能产品的随意组合，无需对现有普通家用电器进行改造，就能轻松实现对家用电器的定时控制、无线遥控、集中控制、电话远程控制、场景控制、计算机控制等多种智能控制。

（9）电动窗帘——随时开关，随意遥控

无需再为每天开关窗帘而心烦，结合定时控制器，电动窗帘每天自动定时开关；遥控器轻松一按，窗帘自在掌控中。

**2. 好来屋智能家居解决方案**

完美的家庭智能化自动控制系统能给生活带来无限美好，它不单纯是实现室内基本安防、照明、取暖的工具，而且是建筑装饰的一种实用艺术品，是自动化技术与建筑艺术的统一体。充分利用科学与艺术的搭配、光与影的组合以及灯光和电器的自动控制来创造各种舒适、优雅的环境，以加强室内空间的气氛。

好来屋拥有一套完整的针对家庭用户的产品线，能为每个不同的家庭和需求提供成熟的家庭智能化控制管理解决方案。好来屋为不同的户型以及需求提供不同的解决方案，包括单身公寓、两房一厅、三房一厅、四房两厅、复式、别墅等。

此方案可以实现以下 5 大功能。

（1）智能照明系统：对灯光进行智能控制与管理的系统，跟传统照明相比，它主要可以实现对白炽灯的调光、一键场景、一对一遥控及分区灯光全开全关等管理，并可以用多种控制方式实现以上功能，最主要的控制方式为无线遥控、定时控制、集中控制，甚至远程控制等，通过与遥控器的对码学习可以进行个性化情景灯光设置，创造不同场景氛围。

（2）无线遥控系统：住户无需要手动开灯关灯，只要一个手机在手，就可以随处实现灯光的控制，就像控制电视机一样方便，想开想关，尽在遥控中，非常方便。

（3）场景控制系统：住户走到家门口，用随身携带的手机就可以一键实现回家灯光、电器场景，不需要摸黑进家门并一一开灯或开电器。在“就餐、看片、休息、会客”时，分别只用一键就可以实现不同灯光亮度和电器开关状态的生活场景，非常舒适与智慧。

（4）家电控制系统：卫生间的热水器和客厅及卧室的两台空调，若再配套相应的电话远程控制器设备，就可以实现远程开关热水器及空调，无需等待，回家后便可以享受丝丝凉意与沐浴的快乐；若配套相应的定时控制器设备，就可以实现定时开关这些设备的功能。

（5）电动窗帘控制系统：如果安装了电动窗帘，再配置相应的定时控制器，则每天早上窗帘自动打开，晚上自己关闭；平时也可以在家里任何位置用手机随意遥控客厅的窗帘的开关，甚至一键创造灯光及窗帘开或关的生活场景。

**3. 好来屋智能家居智能客厅**

好来屋智能家居智能客厅，不管主人身处何处，通过手机或者互联网即可获取家居内的情形并可进行遥控，如图 6-46 所示。

在进入房间之前就可将房间内空调打开，热水备好，让音乐响起。

主人可以通过声控技术直接与电子保姆交流，下达相关操控指令，在居室内愉悦地欣赏电视节目和家庭影院，按模式设定或声控播放符合主人心情的乐曲，调节光线的明暗。

▲ 图 6-46 好来屋智能家居智能客厅

### 4. 好来屋智能家居智能卧室

好来屋智能家居智能卧室能根据作息时间，适时将窗帘开启或关闭，保证室内良好光线和主人充足的睡眠，如图 6-47 所示。

智能空调能根据房间环境自动调整温度湿度，保持房屋四季如春。

所有衣饰都贴上了智能标签放置在智能衣柜，标明材质，什么季节穿用，应该如何搭配等信息。

智能台灯通过感知主人在否以及环境亮度自动调节开关和亮度，既节能又便利。地板上安装的传感器能感知环境温度和亮度，从而控制地暖、空调以及房间灯光。

▲ 图 6-47 好来屋智能家居智能卧室

### 5. 好来屋智能家居智能安防

当主人出门在外时，好来屋智能家居智能安防会让房间自动启动安全模式，一旦有陌生人非请擅入，智能系统就会向来者发出警告并通知主人，同时记录下擅入者的一举一动，还可直接联系物业或向派出所报警，如图 6-48 所示。

▲ 图 6-48 好来屋智能家居智能安防

房间内安装有烟感器和风雨感应装置，一旦天气突变，窗户将自动关闭。如室内发生火情或煤气泄漏，智能系统立刻启动应急处置，情况会在第一时间传送至主人，房主即可通过遥控让安保人员进入房间进行排险操控，确保住所安全无恙。

# 第 7 章

## 交通管理：
## **当城市交通遇上移动互联网**

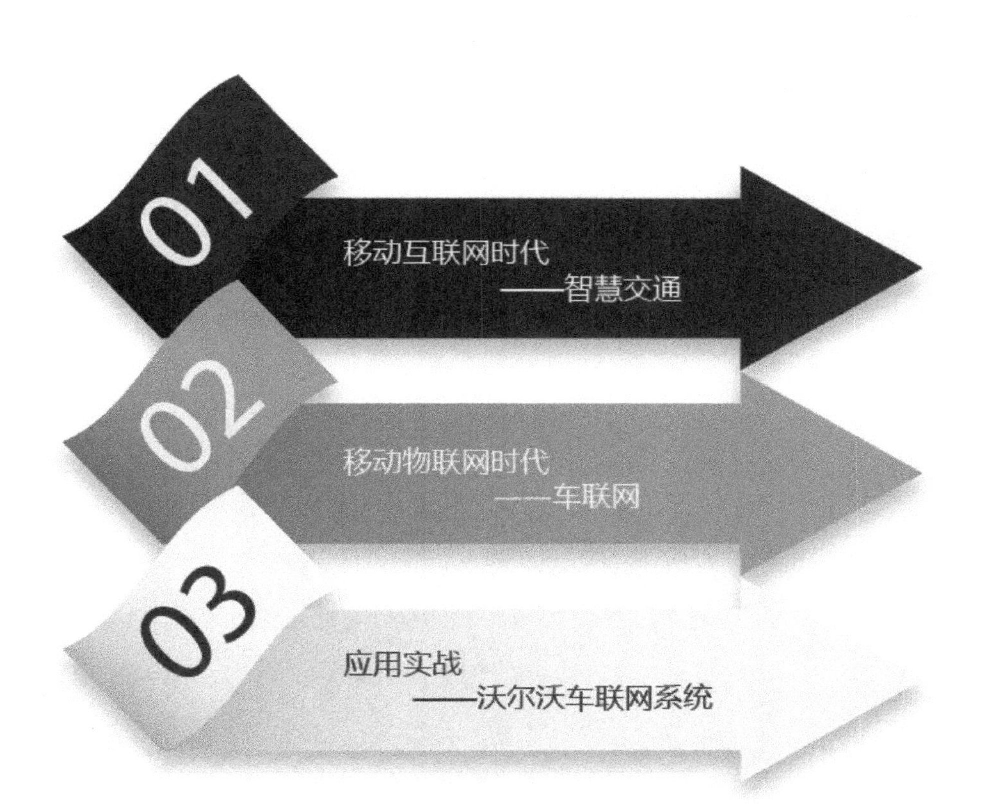

# 7.1 移动互联网时代：智慧交通

目前在全球范围内智慧城市建设开展得如火如荼，智慧城市所涵盖的领域范围遍及城市生活的方方面面，已经逐步涉及城市运营管理的各个系统，如交通、安防、电力、政务管理、应急、医疗、教育等。

城市建设，交通先行。交通是经济发展的动脉，智慧交通是智慧城市建设的重要构成部分，是解决交通问题的最佳方法。

## 7.1.1 什么是智慧交通

智慧交通系统，是指将电子、信息、通信、控制、车辆以及机械等技术融合于一体应用于交通领域并能迅速、灵活、正确地理解和提出解决方案，以改善交通状况，使交通发挥最大效能的系统。

**专家提醒**

随着新技术的出现，智能的概念开始无法涵盖更多的应用需求而逐渐被业内质疑，专家们在智能交通系统的基础上提出了“智慧交通”的理念。

充分发挥物联网技术，通过移动计算、智能识别、数据融合、云计算等技术的应用，形成智慧交通系统，以期解决目前遇到的障碍和问题，并逐渐形成主流。

智慧交通系统体系架构的主要系统模块包括以下几个方面，如图 7-1 所示。

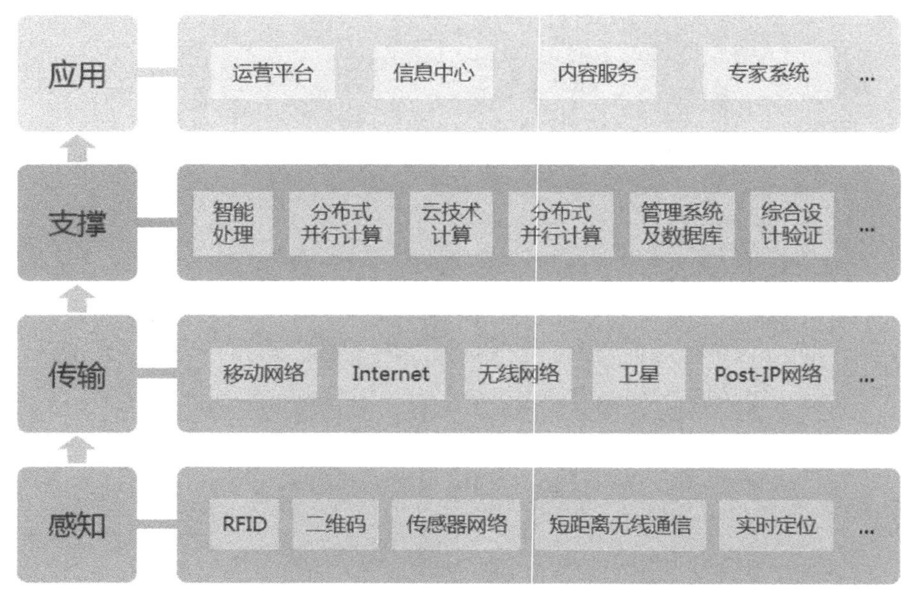


▲ 图 7-1　智慧交通系统体系架构图

- 智慧交通感知层主要是数据采集与收集系统以及车辆本体控制系统。
- 网络层主要包括信息传输的方式与通信规约。
- 支撑层主要实现海量信息并行处理和优化以及存储资源动态配置和部署。
- 应用层主要包括信息存贮与处理系统和综合控制系统。

### 1. 数据采集与收集系统

要实现绿色、环保、节能、快捷、高效的交通系统，首先必须采集完整的交通信息。交通信息采集技术伴随汽车产业的发展也在不断丰富和完善。

早期交通信息一般采用环形线圈检测器、磁感应检测器等，随着技术的发展，光辐射检测器、雷达检测器、射频识别采集器等逐步进入主流领域，近年来视频检测器逐渐成为交通信息的主要检测设备和手段之一。

城市交通信息主要包括城市出入口车辆通行信息、城市内部车辆通行信息、停车位信息。城市出入口车辆通行信息通过在所有出入口设置电子篱笆实施采集。城市内部车辆通行信息通过在交通要道和关键交通点设置视频检测器，获取当前该点的车辆通行信息。通过对所有停车场车辆停车位状态信息实时采集，获取停车位信息。这些信息为交通调度和智慧交通控制系统提供基础信息数据。

随着通信技术的发展，GPS 导航系统进入交通领域并被广泛应用，包括车载 GPS 导航仪器、GPS 导航手机为交通信息的采集提供了便捷的途径。利用 GPS 导航系统能够采集到车辆的位置信息，为智慧交通提供最基础的信息。

所有交通信息采集装置构成交通信息采集系统。由于采集的信息包括视频信息、位置信息、车辆速度信息、车辆流通量信息等多种模式，因此信息的收集、融合和处理是智慧交通最为基础也是最为重要的组成部分。

### 2. 车体控制系统

汽车车体控制是指对于车门、车窗、车灯、空调、仪表盘、发动机、制动装置等汽车车身部件进行控制。汽车车体控制系统的控制对象比较多而且分布于整个车体，系统应用的电子控制单元 ECU 节点安装位置分散，如前节点和仪表节点在驾驶台部位，后节点在车尾部位，左、右门节点则在左、右门部位等。

汽车车体控制系统主要用于监视和控制与汽车安全相关的功能并像 CAN 和 LIN 网络的网关那样工作。负载控制可以直接来自 DBM 或者通过 CAN/LIN 与远程 ECU 通信。车身控制器通常融入了遥控开锁和发动机防盗锁止系统等 RFID 功能。

- 电源管理：电源同 12V 或 24V 网板相连接，上 / 下调节电压以适用于 DSP、UC、存储器和 IC 及其他功能，例如驱动器 IC、LF、UHV 基站以及各种通信接口。

当尝试小型、低成本且高效的设计时，由于需要多个不同的电源轨，因此电源设计就成了一项关键任务。具有低静态电流的线性稳压器有助于在待机操作模式过程中减少电池漏电流，是与电池直连的器件的负载突降电压容限，需要低压降并追踪低电池曲轴操作。

除了提供增强的转换效率，开关电源还为 EMI 改进提供了开关 FET 的转换率控制、跳频、用于衰减峰值光谱能量的扩频或三角测量法、低 IQ、用于电源定序和浪涌电流限制的软启动、用于多个 SMPS 稳压器以减少输入纹波电流并降低输入电容的相控开关、用于较小组件的较高开关频率和用于欠压指示的 SVS 功能。

- 通信接口：允许车内各个独立的电子模块之间以及车身控制器的远程子模块之间进行数据交换。高速 CAN（速率高达 1Mbps，ISO119898）是一款双线容错差动总线。它具有宽输入共模范围和差动信号技术，充当互连车内各个电子模块的主要汽车总线类型。LIN 支持低速（高达 20kbps）单总线有线网络，主要用于与信息娱乐系统的远程子功能进行通信。
- 负载驱动器：车身控制器中的主负载驱动器类型是车灯和中继驱动器。通常情况下，用于控制外灯的开关和驱动器直接安装在控制器上。继电器用来为其他电子模块或高功率负载供电。电流监控功能用于监视其他 ECU 的负载分配，并且可用于汽车电池的充电和负载管理。
- RFID 功能：两个最常见的汽车 RFID 功能是发动机防盗锁止系统和遥控开锁系统。TI 提供用于与点火开关钥匙（发动机防盗锁止系统）进行加密通信的 LF 基站 IC 以及用于与远程控制进行通信的超低功耗（低于 1GHz）UHF 收发器，以对车门和报警系统进行锁定 / 解锁。

对于智慧交通系统来说，需要采集汽车车门状况信息、车窗状况信息、车灯状况信息、空调状况信息、汽车电子产品运行状况信息、发动机状况信息、制动装置状况信息等，并将相关信息及时传输给控制平台（车主或综合管理控制平台），以便对车辆的安全状况实施实时控制。

### 3. 信息传输系统与安全规约

将交通信息采集起来，传输到处理终端平台，再经过“大脑”的思考做出决策，然后再发布相关信息或控制指令，构成完整的智慧交通系统。其中关键部分之一就是信息的传输。

通常信息的传输有两种：有线信息传输与无线信息传输。

充分利用已有的资源，如有线电视网，电信通信网，计算机网如局域网（LAN）、城域网（MAN）、广域网（WAN）、因特网（Internet）等，实现交通信息传输。

重新布设专用通信网络（有线或无线），实施交通信息传送。利用资源涉及资源是否充分、信息传输的实时性和可靠性能否得到保障、对原有网络传输信息是否构成影响等难题。

重新布设专用通信网络，涉及到投资大，资源浪费等难题。交通信息传输网络如图 7-2 所示。

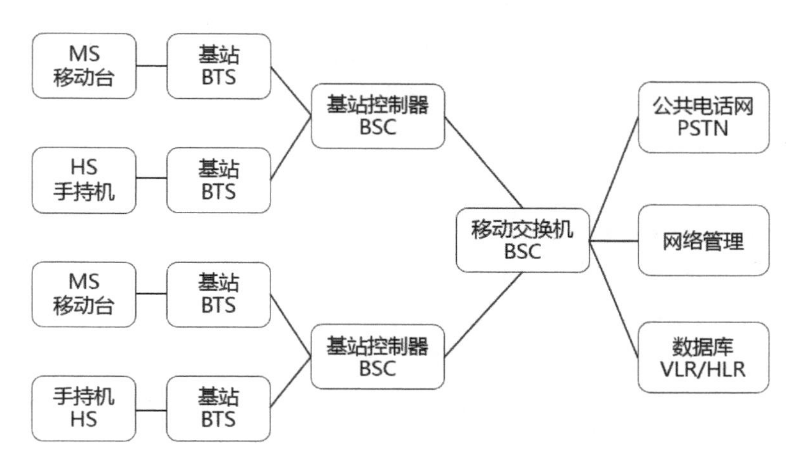


▲ 图 7-2　交通信息传输网络

信息传输过程必须保障信息的真实性，因此必须制定专用的信息传输规约。

目前交通领域信息传输常用的通信协议有：GPRS / CDMA / 3G / WIMAX 以及 TCP / IP 等。

配合专用交通通信网络，有必要制定交通信息传输专用协议或规约，以确保信息传输过程的保真性能，从而确保交通安全。

**4. 交通信息存储、处理与综合控制系统**

交通信息采集并传输出来，必须建立专用存储系统，同时对信息进行分析、归类、整理，做出决策并实施控制。因此，数据库系统是智慧交通控制系统的关键部分之一。首先电子地图库是智慧交通控制系统的基础，必须首先建立并实时更新，为 GPS 导航的准确性提供保障；道路信息库、交通流量信息库、车辆状态信息库、停车位信息库必须确保实时更新，以保障交通调度的准确和安全。视频信息由于占用资源比较多，因此应建立专门的视频信息库，为城市安全、交通事故鉴定与处置、车辆调度等提供依据。信息收集、存储不是目的，目的在于使城市交通便捷、快速、绿色、安全、高效。

为了实现上述目的，就必须对采集到的各种信息进行分析处理，做出决策，提供交通出行与交通安全服务，因此应构建各种服务系统，比如交通信息发布系统、最佳交通导引系统、停车库空位信息系统、交通信号灯控制系统、交通安全控制系统、紧急事故处理系统等。

交通信息发布系统方面，目前各大城市基本建立了交通广播台，实时播报路况，但信息量较弱，主要发布拥堵点信息，还应充分利用收集的信息，提供堵点成流量信息、疏导最佳线路信息等，给出行者提供参考。针对停车难的问题，应及时发布停车位空位信息，使驾驶者缩短寻找车位的时间和路程。根据采集的各交通要道车流量信息，实时控制交通灯时间的长短，缩短因交通灯造成的交通拥堵。

当采集到有车辆故障或交通事故出现时，应及时发布相关信息，给出当前规避事故点的最佳路线信息，同时通知有关机构及时处置；当采集到车辆出现恐怖事件等不安全事故时，应能及时发布给附近车辆，以便规避，同时对事件车辆实施远程控制。

对于不同的目标对象应对采集的信息分析处理后提供个性化服务，如下所示。

- 对于公交系统：及时提供公交站台人流量信息，供调度及时调整公交班次。
- 对于个体车主：提供及时路况信息、最佳出行路线、停车位信息等。
- 对于出租车：提供交通路况信息和车站、码头、机场候车人流量信息等。
- 对于交通管理部门：及时提供车辆违章信息、车辆故障信息（主要是故障车位置信息）、交通事故信息（交通事故位置信息），以便及时处置。
- 对于安全部门：对车站、机场、码头的视频信息处置后，比对网络通缉罪犯信息，及时掌控犯罪分子出入城市状况，对于正在交通工具上实施犯罪行为的信息应能及时通知驾驶人员和附近的公安人员，以便及时处置，减小造成的伤害。

### 7.1.2 智慧交通的体系架构

智慧交通的核心在“智慧”，即给交通安装大脑，使之能够及时看到、听到、闻到有关信息，并及时做出反应，从根本上解决城市交通拥堵、资源浪费、安全事故频发、难于实时控制事态等难题，使城市交通发展走上良性发展的轨道。

随着技术的发展，物联网技术、云计算技术等高新技术融于交通领域，使智慧交通的实现成为可能。

未来智慧交通研究的重点体现在如下几个方面。

- 交通信息采集技术的研究与应用，重点体现在如何将物联网技术应用于信息采集装置。
- 车辆身份识别系统的研究与应用，重点体现在给车辆设置“身份证”，该身份证能实时发布自身的位置信息、车辆状况信息等。
- 交通信息传输方式及传输规约的研究与应用，重点在于研究出具有自身特点的符合安全需求的传输规约，并广泛推广应用。

● 将云计算融于信息存储与处理平台，充分发挥云计算技术的优势，使信息处理“智慧”化。

● 交通信息发布与服务平台的研究及应用，重点为开拓服务领域和服务信息的时效性。

● 交通信息接收终端的研究与应用，重点为服务对象开发实用的接收终端。

未来的智慧交通将以陆路运输为主体，以复合运输为方向，从路的智慧化，再透过使用者导向咨询系统的智慧化，带动车的智能化；以城际公路智慧化为优先目标，再扩展至城区运输系统的智慧化。智慧交通的建设必须由政府主导，优先制定必要的信息与通信界面标准，并构建通信网络基础平台，作为系统发展平台，同时优先发展以下基础建设及研究。

● 以先进交通管理系统的布建为优先建设目标，以先进旅行者咨询系统作为成果检验标准。

● 以公交站牌及 IC 卡的智慧化建设，带动大众运输系统的服务与经营管理的智慧化。

● 优先建设动态追踪车流与物流所必须的基础建设，以构建商用运输系统之整体性智慧化后勤服务。

### 7.1.3 智慧交通的现状分析

随着社会经济和科技的快速发展，城市化水平越来越高，机动车保有量迅速增加，交通拥挤、交通事故救援、环境污染、能源短缺等问题已经成为世界各国面临的共同难题，无论是发达国家，还是发展中国家，都毫无例外地承受着这些问题的困扰。

在此大背景下，把交通基础设施、交通运载工具和交通参与者综合起来系统考虑，充分利用信息技术、数据通信传输技术、电子传感技术、卫星导航与定位技术、控制技术、计算机技术及交通工程等多项高新技术的集成及应用，使人、车、路之间的相互作用关系以新的方式呈现出来，这种解决交通问题的方式就是智慧交通体系。

解决上述交通问题的方法可概括为两种：建、疏。

“建”是指对高速公路、城市轨道交通、城际交通设施建设等道路硬件投资，同时也包括建设智慧交通等为代表的智能化解决方案的管理设施建设，以缓解交通压力。

“疏”就是指充分发挥智能交通的技术优势和协同效应，结合各种高科技技术、产品，提高交通运输系统的效率。

过去传统的解决方法即采用加大基础设施建设投资，大力发展道路建设。由于政府财政支出的有限性和城市空间的局限性，该方法的发展空间逐步缩小，导致近年来北京、广州等城市相继实行了汽车“限购”“限牌”政策，寄希望于“禁”的手段来减缓城市交通压力。但这种抑制人们刚性需求的做法饱受诟病。

**专家提醒**

专家认为“堵”不如“疏”，发展智慧交通是提高交通运输效率，解决交通拥挤、交通事故等问题的最好办法。

从各国实际应用效果来看，发展智能交通系统确实可以提高交通效率，有效减缓交通压力，降低交通事故率，进而保护了环境、节约了能源。

车联网是物联网在智能交通领域的运用，车联网项目是智能交通系统的重要组成部分。踏入新世纪，物联网、智慧地球、智慧城市等概念兴起，具体到交通领域的应用便产生了智慧交通、车联网的概念。

物联网的概念，在中国早在 1999 年就提出来了，当时不叫“物联网”而叫“传感网”，物联网概念的产生与物联网行业的快速发展，与智能交通交汇融合，产生了智能交通行业的新动向——车联网。

车联网就是汽车移动物联网，是指利用车载电子传感装臵，通过移动通信技术、汽车导航系统、智能终端设备与信息网络平台，使车与路、车与车、车与人、车与城市之间实时联网，实现信息互联互通，从而对车、人、物、路、位臵等进行有效的智能监控、调度、管理的网络系统。

只与“人”与“车”相关的部分在国外叫车载信息服务系统（Telematics），也就是狭义的汽车物联网。

车载信息服务系统是以无线语音、数字通信和卫星导航定位系统为平台，通过定位系统和无线通信网，向驾驶员和乘客提供交通信息、紧急情况应付对策、远距离车辆诊断和互联网（金融交易、新闻、电子邮件等）服务的综合信息服务系统。

车联网本质上是一个巨大的无线传感器网络。每一辆汽车都可以被视为一个超级传感器节点，通常一辆汽车装备有内部和外部温度计、亮度传感器、一个或多个摄像头、麦克风超声波雷达，以及许多其他装备。

目前，一辆普通轿车约安装 100 多只传感器，豪华轿车传感器甚至多达 200 只。未来的汽车将配备有车载计算机、GPS 定位仪和无线收发装臵等。这使得汽车之间，以及汽车和路边基站之间能够无线通信。这种前所未有的无线传感器网络扩展了计算机系统对整个世界的感知与控制能力。

车联网项目已被列为国家重大专项（第三专项）中的重要项目，首期资金投入达百亿。实施国家科技重大专项是科技工作的重中之重，《国家“十二五”科学和技术发展规划》中的重大专项第三项要求：加快突破移动互联网、宽带集群系统、新一代无线局域网和物联网等核心技术，推动产业应用，促进运营服务创新和知识产权创造，增强产业核心竞争力。而车联网项目作为物联网领域的核心应用，第一期资金投入达百亿级别，扶持资金将集中在汽车电子、信息通信及软件解决方案领域。

《2012—2020 年中国智能交通发展战略》即将出台，智能交通产业投资与发展将掀起新高潮。2012 年 7 月 31 日至 8 月 1 日，由交通运输部公路科学研究院和北京市交通委员会主办的第三届智能运输大会（ITSCC）在北京召开，大会期间交通运输部科技司的相关负责人第一次公开解析了《2012—2020 年中国智能交通发展战略》。

《战略》提出，到 2020 年，中国智能交通发展的总体目标是：基本形成适应现代交通运输业发展要求的智能交通体系，实现跨区域、大规模的智能交通集成应用和协同运行，提供便利的出行服务和高效的物流服务，为本世纪中叶实现交通运输现代化打下坚实基础。

具体目标为：全面提升城市交通管理和服务水平；有效提高公路交通安全和出行可靠性；着力增强水路运输效率和监管应急能力；显著促进多种运输方式有效衔接；显著提高技术创新能力；推动形成智能交通产业。

为实现上述目标，将重点支持交通数据实时获取、交通信息交互、交通数据处理、智能化交通安全智能化组织管控等技术的集成创新。还将加快智能交通基础性关键标准、应用服务标准的制定，推动标准贯彻执行和国际合作。

### 7.1.4 智慧交通的典型应用

智慧交通系统主要解决 4 个方面的应用需求。

- 交通实时监控：获知哪里发生了交通事故、哪里交通拥挤、哪条路最为畅通，并以最快的速度提供给驾驶员和交通管理人员。
- 公共车辆管理：实现驾驶员与调度管理中心之间的双向通信，来提升商业车辆、公共汽车和出租车的运营效率。
- 旅行信息服务：通过多媒介多终端，向外出旅行者及时提供各种交通的综合信息。
- 车辆辅助控制：利用实时数据辅助驾驶员驾驶汽车，或替代驾驶员自动驾驶汽车。

数据是智慧交通的基础和命脉。以上任何一项应用都是基于海量数据的实时获取和分析而得以实现的。

位置信息、交通流量、速度、占有率、排队长度、行程时间、区间速度等是其中最为重要的交通数据。

物联网的大数据平台在采集和存储海量交通数据的同时，对关联用户信息和位置信息进行深层次的数据挖掘，发现隐藏在数据里面的有用价值。例如，通过用户 ID 和时间线组织起来的用户行为轨迹模型，实际记录了用户在真实世界的活动，在一定程度上体现了个人的意图、喜好和行为模式。掌握了这些，对于智慧交通系统提供个性化的旅行信息推送服务很有帮助。

### 7.1.5 我国智慧交通发展对策

智慧交通的发展始于 20 世纪 60—70 年代，当时欧、美、日等工业化国家开始采用以提高效率和节约能源为目的的交通管理系统和交通需求管理对策。

随着科学技术的发展，交通监控、交通诱导、信息采集及传输等系统在交通管理中发挥了很大作用，但是这些技术仅对车辆或道路实施科学化管理，功能单一，范围小，系统性不强。

80 年代以来，以计算机技术、通信技术和控制技术为代表的信息技术在交通管理与控制中得到广泛应用，并取得了良好的效果，同时也暴露出很多问题，迫切需要一种综合交通管理系统来解决这些问题，这也推动了智能交通系统的产生与发展。

新时期，智慧交通是在数字交通和智能交通的基础上发展起来的更高级阶段的交通模式，秉承以人为本的理念，使用先进的物联网、云计算、大数据、移动互联网等新技术，是一种先进的交通发展模式的变革。

目前，国外智慧交通发展以美日欧领先，不论是关键技术还是规模应用，他们都取得了不俗的成果，当地人们也开始或者已经享受到智慧交通带来的便捷。

**1. 国外智慧交通发展举措**

下面介绍一下国外智慧交通发展方面的举措，为国内的发展提供一些借鉴。

（1）注重前期规划内容和目标的制定

各国在发展智能交通过程中都非常注重前期的规划和目标的制定。

美国集中了国内各种力量，在政府和国会的参与下成立了智能交通领导和协调机构，于 1991 年制订了《综合地面运输效率法案》，并拟订了 20 年发展计划。1995 年 3 月，运输部正式出版了《国家智能交通项目规划》，明确规定了 ITS 的 7 大领域和 29 个用户服务功能，确定了到 2005 年的年度开发计划。

日本组成了由四省一厅参加的全国统一 ITS 开发组织（VERTIS）。1996 年制定了“推进智能交通总体构想”，推出了为期长达 20 年的发展计划。

（2）政府主导下的持续资金投入和扶持

智能交通在建设过程中，需要政府持续的资金投入。根据前期的智能交通规划，不同的时期，各国的资金投入侧重在不同的方向。

美国自 1991 年《综合地面运输效率法案》立法规定政府必须投入资金资助智能交通研究以来，政府连年拨款资助智能交通的发展。美国的智能交通投资以政府投入为主，同时也在积极探索引入私人资本投入的机制。

日本智能交通的投资来源主要是和汽车相关的税收，欧洲智能交通的研发和实施投资来自欧盟和各成员国。

（3）立足本国国情，选择突破重点

由于各国的道路交通条件差别很大，各国在发展智能交通过程中都立足于本国国情，找出制约交通的瓶颈问题，选择重点加以突破。

美国根据本国的交通基础设施特点和实际需要，优先建立起相对完善的车队管理、公交出行信息、电子收费和交通需求管理等4个系统。"9.11"事件后，美国智能交通重点集中在安全防御、用户服务、系统性能和交通安全管理方面。

日本针对人多地少、城市道路狭窄的特点，智能交通的建设主要集中在交通信息提供、电子收费、公共交通、商业车辆管理以及紧急车辆优先等方面。

欧洲智能交通的建设则注重基础平台的构建。

（4）注重行业规范和标准的制定

各国在智能交通的建设中，普遍重视前期对行业规范与标准的制定。

国际标准化组织于1993年成立了TC-204技术委员会，负责制定"交通信息与控制系统标准"。

美国于1994年组织了大量专家进行国家智能交通系统框架结构体系的研究。在制定框架时，逐步发现标准化在智能交通系统中的重要性，于1995成立了标准化促进工作组，致力于加速智能交通系统领域标准的制定和实施。

日本于1991年12月开始智能交通标准的全面制定工作，日本汽车委员会被指定为制定标准的秘书单位。

### 2. 我国智慧交通发展的思路

我国智慧交通系统的发展思路是：紧密围绕国家经济发展和交通运输发展的总体目标，以行业标准为先导，以资源整合为关键，以出行者需求为导向，以技术研发为支撑，以做大做强本国企业为依托，立足国内交通特点，坚持政府推动和市场培育相结合，基础研究和项目建设共推进，打破体制约束，构建信息平台，努力研究和开发具有自主知识产权的技术和系统，加快推动产业发展壮大，努力使智能交通领域成为我国高技术开发和新兴产业成长的重要领域，为国民经济社会环境健康持续较快发展做出积极的贡献。

根据我国交通运输业的总体发展水平和智能交通的发展现状，我国智能交通的发展可分为3个阶段，各阶段的具体目标如下所示。

（1）到2015年年底，建成覆盖全国高速公路、国道、干道和省道的道路信息监测体系，监测道路的交通流信息，以及周边的气象条件、污染排放等交通环境信息。

（2）到2018年年底，开发包括电视、广播、影视、GPS、车辆诱导等多种功能于一体的车载终端产品，结合北斗卫星系统的建设，形成完善的交通信息利用平台。

（3）到2020年年底，利用完善的交通信息平台，实现智能交通的出行决策功能，为人们提供基础的公交信息公益性服务，同时开展针对个人出行的个性化服务，将市场机制引入智能交通行业，使智能交通系统成为人们生活的必要组成部分，进入智能交通发展的成熟期，接近发达国家水平。

### 3. 中国智慧运交通发展的对策

中国智慧运交通发展的对策主要有以下几点。

（1）进一步加强智能交通发展的组织建设

国内智能交通的推动工作主要由科技部联合公安部、交通运输部、住房和城乡建设部等有关部门成立全国智能交通系统协调指导小组及办公室。

近年来，指导小组在智能交通的技术研究、系统集成、示范作用等方面取得了显著的成效，但在协调各部门间沟通、指导智能交通行业、监督行业标准实施等方面还有很大的发展空间。我国智能交通协会尽管成立时间不长，但在发挥中介机构作用、推进智能交通发展方面也做了不少工作。

建议进一步加强政府机构力量，强化其在规划制定、部门协调、政策研究、技术研发、标准统一、市场秩序维护、质量监督、信息服务等方面的功能，并充分发挥行业协会的作用，促进我国智能交通产业健康持续较快发展。

（2）建立部门间信息共享和协调机制

解决智能交通的信息平台需要不断深化体制改革，也需要通过城市内部智能交通系统整体框架规划，建立信息共享平台，以促进各部门间的信息交换和深加工。

在省市层面，可尝试建立包括交通、城管、公安等部门相关负责人成立的交通信息协调和监督小组，致力于不同部门间的信息共享平台建设和利用。

可先选择条件比较成熟的省市展开试点工作，再将试点省市的成功经验推广到其他省市地区，最终建立全国层次的信息共享和协调渠道。

（3）加强市场培育，扶持国内企业做大做强

以市场需求为导向，进一步加强市场培育，规范市场秩序，提高产品质量，完善产业发展环境，形成包括供应商、运营商、政府和消费者间的完善的智能交通产业链。通过重点工程建设、财税支持、政府采购等优先倾斜政策，支持国内企业做大做强，并促进配套企业和中小企业协同发展，加快整个产业的发展壮大。

（4）加大科技研发投入，统一标准并提高执行力度

进一步加大对智能交通领域技术研发的投入，鼓励引导企业开展技术研发，加强产学研合作，组建由政府、产业链上下游企业、科研院所、金融、行业协会等在内的产业战略联盟，在共性及关键技术领域开展深入合作，力争形成更多更好的具有自主

知识产权的产品、技术和品牌，改变核心技术受制于人的局面。

要大力提升标准水平和质量，增强标准公信力，并在全国推广统一的技术标准，建立完善的标准执行机制，为产业发展提供保证。

（5）尝试建立智能交通开发信贷基金

过去几年中，国内一些城市建设智能交通利用了国外的信贷基金，提供基金的国外政府同时指定了国外企业作为项目的总承包方。这种信贷融资模式制约了国内智能交通企业的发展。

可通过国家开发银行，建立智能交通开发信贷基金，支持国内外智能交通项目的建设。在提供信贷基金时，指定国内骨干企业作为项目承包方，以促进智能交通产业的发展。

（6）开展跨省高速公路不停车收费系统联网的试点工作

随着区域经济间联系的增强，跨省高速公路联网收费的需求也日趋紧迫。

可选择经济联系紧密的邻近省份开展跨省高速公路不停车收费系统联网的试点工作。在试点工程实施后，总结经验和不足，尽快实现高速公路收费系统的全国联网。

专家提醒

目前，我国智能交通发展仍处于起步阶段，但可以肯定的是，未来若干年内，包括我国在内的世界各国必将更加重视智能交通技术的研究与推广，并把它作为未来交通建设与发展的优先领域予以重点支持。我国应发挥后发优势，积极探索发展模式，为交通运输业在智能交通这一新技术领域的健康发展提供有力保障。

## 7.2 移动物联网时代：车联网

截至 2014 年底，我国机动车保有量已达 2.64 亿辆，如何缓解交通拥堵、减少交通事故成为城市发展面临的重要课题，因此，车联网应运而生。

车联网是以车内网、车际网和车载移动互联网为基础，按照约定的通信协议和数据交互标准，实现车车互联（V2V）、车人互联（V2M）、车路互联（V2R）甚至汽车与互联网的连接（V2I），能够实现智能化交通管理、智能动态信息服务和车辆智能化控制的一体化网络。本文对国内外车联网发展现状进行分析，以探索我国车联网产业发展的核心驱动力。

### 7.2.1 国内外车联网发展现状

根据 GSMA 与市场研究公司 SBD 联合发布的《车联网预测报告》称，全球车联网的市场年均复合增长率达到 25%，如图 7-3 所示。

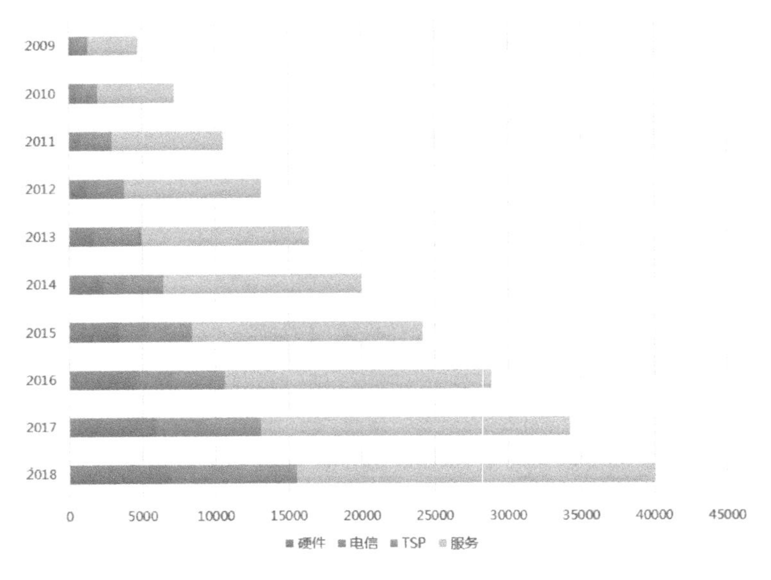


▲ 图 7-3　全球车联网市场规模（百万欧元）

**1. 国外车联网发展现状**

首先，美国交通部在《智能交通系统战略研究计划：2010—2014》当中，首次提出了车联网构想。其目标是利用无线通信建立一个全国性的、多模式的地面交通系统，形成一个车辆、道路基础设施、乘客的便携式设备之间相互连接的交通环境，最大程度地保障交通运输的安全、灵活和对环境的友好。

其次，日本的车辆信息通信系统（VICS）从各地警察和道路管理部门收集道路拥堵情况、道路信息及路线、停车场空位、交通事故等实时交通信息，并通过道路电波装置发送至经过的车辆。

再次，欧洲正在全面应用开发远程信息处理技术（Telematics），在全欧洲建立交通专用无线通信网，并以此为基础开展交通管理、导航和电子收费等相关应用。

据调查，搭载苹果 CarPlay 与谷歌 Android Auto 平台的汽车预计 2015 年将分别增至 3700 万辆和 3100 万辆。涉足车联网的品牌如图 7-4 所示。

**2. 国内车联网发展现状**

国内车联网产业政策的发展如表 7-1 所示。

目前，互联网汽车市场发展很快。在地图方面，腾讯和阿里分别与四维图新和高德合作；在接口硬件方面，腾讯有路宝盒子，阿里将要推出智驾盒子。百度也推出了 Carnet 的开放车联网协议。淘宝网也已开始涉足汽车维修 O2O。

| 序号 | 企业 | 业务领域 | 业务模式 | 市值（亿美金） |
| --- | --- | --- | --- | --- |
| 1 | Google | 无人驾驶，成立开放汽车联盟，成员包括通用、本田、奥迪、现代和芯片商英达伟 | 后装 | 3813 |
| 2 | Apple | 推出汽车版iOS，已与宝马、本田、奔驰、法拉利等车企合作 | 后装 | 7387 |
| 3 | Nvidia | 智能汽车芯片 | 后装 | 107 |
| 4 | Samsung | GALAXY Gear通过独享APP获取汽车信息 | 后装 | 1250 |
| 5 | 宝马 | 使用GALAXY Gear的i3电动车 | 前装 | 814 |
| 6 | 奥迪 | LASERLIGHT＆车内4G | 前装 | 266 |
| 7 | 通用 | Onstar汽车健康应用＆车内4G | 前装 | 590 |
| 8 | 福特 | 与智能手机联动 | 前装 | 636 |
| 9 | 丰田 | G-BOOK、雷克萨斯汽车实现无人驾驶 | 前装 | 2390 |
| 10 | 特拉斯 | Model S，实现地图更新、远程诊断、人车交互 | 前装 | 330 |

▲ 图 7-4 全球车联网市场主要企业的定位及市场规模

表 7-1 国内车联网产业政策

| 发布时间 | 政策内容 |
| --- | --- |
| 2010 年 | 2010 年 7 月交通运输部提出推动车联网建设 |
| 2010 年 | 车联网被列为国家重大专项第三专项中的重要项目 |
| 2010 年 | 2010 年 10 月国务院在“863”计划中提出两项涉及车联网的关键技术的项目，即智能车、路协同关键技术研究以及大城市区域交通协同联动控制关键技术研究 |
| 2011 年 | 交通运输部发布了《道路运输车辆卫星定位系统车载终端技术要求》，并于 2011 年 5 月 8 日正式实施，要求“两客一危”车辆必须安装车载终端产品 |
| 2011 年 | 《物联网“十二五”发展规划》出台，明确提出物联网将在智能交通、智能物流等领域率先部署 |
| 2012 年 | 国务院《关于加强道路交通安全工作的意见》指出，重型载货汽车和半挂牵引车应在出厂前安装卫星定位装置，并接入道路货运车辆公共监管与服务平台 |
| 2013 年 | 国务院《关于加快推进“重点运输过程监控管理服务示范系统工程”实施工作的通知》试点推进“两客一危”车辆安装北斗兼容车载终端，并接入全国道路货运车辆公共监管与服务平台 |
| 2013 年 | 《国家卫星导航产业中长期发展规划》指出，为适应车辆、个人应用领域的卫星导航大众市场需求，以位置服务为主线，创新商业和服务模式，构建位置信息综合服务体系 |
| 2014 年 | 交通运输部、公安部、国家安监总局联合制定的《道路运输车辆动态监督管理办法》将施行 |

国内车联网市场的主要企业如图 7-5 所示。

| 序号 | 公司名称 | 业务领域 | 业务模式 | 营收（亿元） |
|---|---|---|---|---|
| 1 | 高德软件有限公司（阿里） | 车载导航、位置服务 | 后装 | 10.2 |
| 2 | 东软集团股份有限公司 | 车载信息终端 | 后装 | 6.8 |
| 3 | 银江股份有限公司 | 智能交通信息服务、交通信息融合和分析 | 后装 | 6.6 |
| 4 | 启明信息技术股份有限公司 | 汽车业管理软件、车载信息系统 | 前装 | 4.8 |
| 5 | 北京四维图新科技股份有限公司（腾讯） | 车载导航、动态交通信息系统 | 后装 | 4.5 |
| 6 | 北京易华录信息技术股份有限公司 | 智能交通信息服务、交通信息融合和分析 | 后装 | 4.3 |
| 7 | 安徽皖通科技股份有限公司 | 高速公路信息化和港口航运信息化平台 | 后装 | 0.96 |
| 8 | 江苏天泽信息产业股份有限公司 | T-GPS数据运营服务 | 前装 | 0.33 |
| 9 | 上海宝信软件股份有限公司 | 智能交通信息服务、交通信息融合和分析 | 后装 | 0.4 |
| 10 | 中海网络科技股份有限公司 | 高速公路智能交通系统、城市智能交通系统监控 | 后装 | 0.3 |

▲ 图 7-5　国内车联网市场主要企业排名

## 7.2.2　车联网发展的核心驱动力

纵观国内外车联网发展情况，“用户体验”已然上升为车联网各方关注的核心焦点，安全、便捷、舒适、经济成为车主们关注的共性问题。在万物互联的背景下，支撑未来车联网“用户体验”的核心能力如图 7-6 所示。

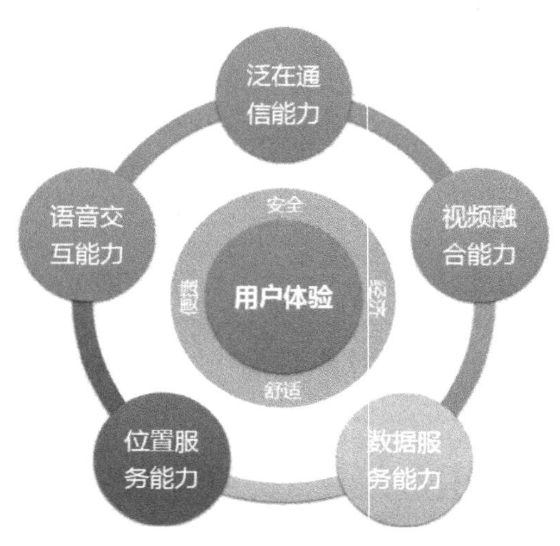


▲ 图 7-6　车联网发展核心驱动力

### 1. 车联网语音交互能力：语音输出与车载互动

交互能力，是人与车互动的关键能力。语音技术在车载信息服务系统中的应用发展迅猛，它不仅成为了驾驶者获取信息、互动娱乐、程序操控的重要工具，而且在车载设备综合控制终端中担负着日益重要的角色，在改善行车安全，提升车载娱乐价值，以及促进车载信息化效能的发挥等的作用愈发无可替代。

### 2. 车联网视频融合能力：视频融合与智能分析

车联网视频能力是汽车工业和智能视觉技术发展的必然趋势。例如，通过构建智能视觉车联网能够接入各类视频终端，实现车辆的在线检查、在线年检、在线监控；通过在线识别车辆状态和状况，可以了解车辆是否具备合法运营执照、是否符合环保要求、是否有危险行车行为等。

### 3. 车联网数据服务能力：状态监测与数据分析

车联网数据服务能力基于大数据的信息采集、处理、分析能力。例如，通过获取关于发动机、变速箱、安全气囊、刹车系统、ABS、空调等以及免钥匙模块和门模块的数据，实现对车辆的远程控制，可实时查看发动机的温度、机油情况、车辆是否需要保养，车辆存在什么样的故障。一方面通过远程故障的预警，确保司机的安全驾驶；另一方面，通过远程故障的分析，给4S店、维修站带来利益，有助于产业链的健康有序发展。

### 4. 车联网位置服务能力：位置服务与地图导航

位置服务将成为车联网的核心元素。随着互联网技术的不断发展，位置服务将成为车联网的一个基本功能，车联网朋友圈将成为产业链上最受关注的内容。无论是SNS、口碑营销、泛关系链营销或者车友会，都会通过车联网形成一个朋友圈，进而衍生新的商业模式。例如，可以随时查询家人的位置，并且预测回家的时间以发送给家人。

### 5. 车联网泛在通信能力：无线网络与流量经营

车联网泛在通信能力是车联网的前提条件和基础保障。通过泛在无线网络通信模块，实现车与人、车与车、车与互联网之间的连接，为用户提供丰富多样的服务体验。而流量经营则为用户使用网络提供了最为经济实用的方案。

## 7.3 应用实战：沃尔沃车联网系统

明明是“小时代”，人们张口闭口谈论的却是“大数据”，这个世界的光怪陆离已经超出了所有人的想象。倘若你在车水马龙的中关村大街上站上半个小时，你会发现两件有意思的事情：发小广告的人比上市企业高管还要忙碌；“车联网”已经成为时下最热的词汇。

车联网目前仍然处在萌芽阶段。和所有新兴事物萌芽时一样，腰包鼓鼓的厂商们首先要做的就是抢占标准，因此我们看到众多有实力的汽车厂商和 IT 厂商都在推出功能类似，但实现途径大相径庭的车联网产品。

### 7.3.1 Sensus：智能数据，让车载互联完整成型

沃尔沃最新发布的 Sensus 车载互联系统，命名源自古典拉丁语，意为“可被感知”，在西方美学的概念内被称为“外部感性”。

沃尔沃的改变，始于旗下 2013 款 XC60 尝试主动迎合现代汽车的消费观念，并受到市场认可，这进一步促成了沃尔沃的关键立意，在工业安全性的雄厚基础上，车载互联能使之更为强大和年轻。

沃尔沃的悄然变化，带着信息时代思考立意如何延伸的样子。按沃尔沃对 Sensus 的阐述，其对车载互联系统有着非常长远的规划，2015 款 S60L 已经搭载 Sensus 系统上市，即将用于旗下所有车系之上。可以明确的是，沃尔沃选择了以车载互联的方式，开启其品牌的新纪元与新征程。

即便前有凯迪拉克等巨头自主试水车载智能系统数年之久，但以 CUE 为代表的智能系统稍显模块化、僵硬化，让市场对车联网的整体印象，仍处在局部性、概念性的初创阶段。

客观来讲，也正是车联网目前的市场情况才让并不擅长营销包装、后续发力的沃尔沃有了完整描绘车联网的机会。

功能层面上，沃尔沃 Sensus 系统同样主打超过 30 项车载互联体验，但亮点在于其配以 Volvo On Call（随车管家）辅助，将车载智能系统带入汽车 APP 数据化管理及远程操作领域。另一层面，是沃尔沃引领了汽车品牌，开始脱离单纯的买进卖出销售，思考起如何搭建市场。

沃尔沃赶上了与苹果 CarPlay 和谷歌 Android Anto 的合作时机，将汽车演化为开放的互联网设备，并延伸至移动设备，像百度、高德地图、豆瓣电台等 APP 都悉数入驻沃尔沃 Sensus 系统。这些变化，让车载互联网在切入和贴近本土化进程的同时，也在传统汽车产业内呈现出完整性。

Sensus 系统在车联网上完整性的体现，主要是通过手机 APP 提供车辆燃油、状态、保修、防盗、路况监测等多项车辆数据实现，通过这些数据，Sensus 系统可以深度服务于车主及家人的使用习惯。

打个比方，硬件时代物理方法不能解决的手机防盗问题，在 iPhone 主导的软件时代，却能够得以基本解决。有这样思维的理念支撑，让沃尔沃不再单纯地在硬件上白使力气，而意图通过信息时代互联网的方式，使自己变得完整。

作为科技实力最强、研究无人驾驶技术最早的著名汽车厂商之一的沃尔沃，曾经在五六年前就号称要在 2020 年将无人驾驶技术应用于实际生活。因此在近几年里，沃尔沃推出了众多旨在解放驾驶员双手的技术，包括城市安全系统、行人安全系统等，智能车载交互系统也是其中一项。

2014 年年初，当苹果公司发布 CarPlay 系统时，一众汽车厂商迅速拜倒在其石榴裙下。随后谷歌公司推出 Android Auto 系统，汽车厂商们依然拜倒一片。但是汽车厂商们显然没有将所有的鸡蛋都放在苹果公司的篮子里。2014 年 7 月初，沃尔沃就发布了 Sensus 创新科技子品牌及相应的智能车载交互系统，成为车联网时代“脚踏多条船”的汽车厂商之一。

**1. Sensus 的两大核心**

沃尔沃方面希望 Sensus 这套系统不仅是一个能够联网的车载交互系统，更是一个基于云服务的数字生态系统，官方称之为“Sensus 生态”。车联网生态系统如图 7-7 所示。

▲ 图 7-7 车联网生态系统

Sensus 系统从用户实际需求出发，整合了导航、上网、APP 应用、资讯提供、人工服务、紧急救援、安防、个人网站以及售后服务预约等全方位的功能，并且各个功能都是可以通过在线升级不断完善的。

相比其他汽车厂商推出的同类型系统，Sensus 系统在功能全面性和界面的逻辑性方面都比较领先。

（1）Sensus Connect 智能在线

智能在线提供 12 项功能，如图 7-8 所示。

| 互联服务 | 导航服务 |
| --- | --- |
| 在线创建Volvo ID | 电脑手机端地图数据发送至车辆（百度/高德） |
| 网络浏览器 | 百度本地搜索 |
| 天气及PM2.5查询 | 实时路况 |
| 网络收音机（蜻蜓电台） | 语音输入 |
| 网络音乐（豆瓣FM） | 3D导航地图 |
| 维修保养服务预约 | 地图升级 |

▲ 图 7-8 Sensus Connect 智能在线

（2）Volvo On Call 随车管家

随车管家提供 22 项功能，如图 7-9 所示。

| 手机APP | 安防服务 | 生活秘书 |
| --- | --- | --- |
| 远程车辆定位<br>发动机远程起动<br>远程车门锁止/解锁<br>车辆仪表板<br>车辆遥控鸣号<br>行车日志记录<br>道路救援<br>车辆信息显示<br>续订信息<br>通过手机应用发送到车辆 | 碰撞自动求救<br>紧急救援服务<br>道路救援<br>远程车门解锁<br>防盗警报<br>被盗车辆定位<br>远程车辆制动 | 搜索地址和兴趣点<br>呼叫中心搜索并发送至车内<br>新闻、天气、股票<br>专属预订（酒店和机票） |

▲ 图 7-9 Volvo On Call 随车管家

Sensus 的智能在线和随车管家共计 34 项功能，实现了互联（Connect）、服务（Service）、娱乐（Entertain）、导航（Navigate）和控制（Control）5 大项服务，如图 7-10 所示。

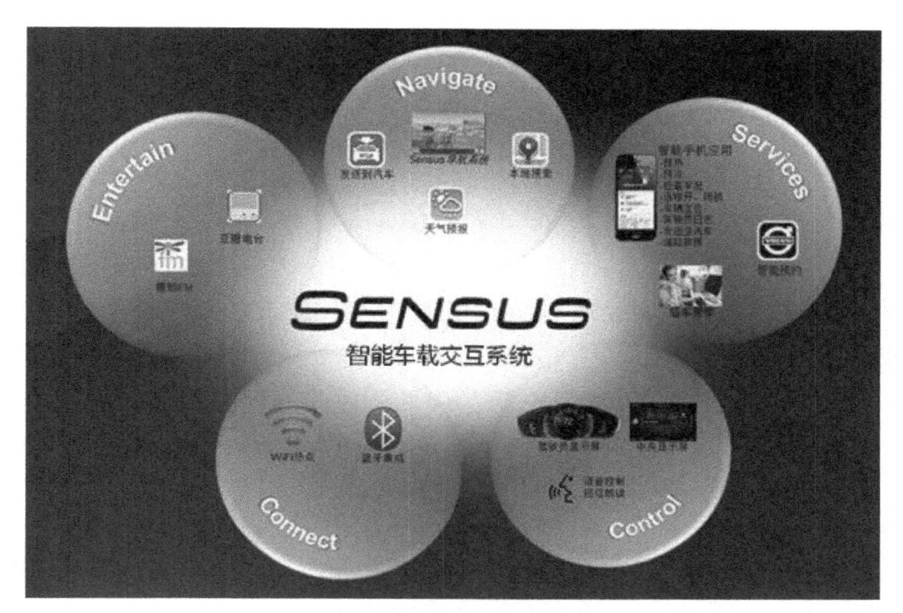


▲ 图 7-10　Sensus 的智能在线和随车管家的 5 大项服务

车联网主要承载了车与车（V2V）、车与路（V2R）、车与网（V2I）、车与人（V2H）等的互联互通功能，Sensus 系统在车与人和车与网方面已经实现了比较全面的功能。

随车管家系统的费用是 1600 元 / 年，三年之内免年费。值得一提的是，三年的计算是从用户点击确认使用随车管家开始，而非新车出厂或交车时起算。

### 2. Sensus 的三种联网方式

目前大多数的车联网系统都采用以下 3 种联网方式中的前两种（如图 7-11 所示），尤其是以上汽 InkaNet 系统为代表的国内厂商，在 SIM 卡方面与国内的移动运营商合作时有天然的优势，他们在车内配备的 SIM 卡流量足够车载互联网使用，并且还可以以无线热点的方式共享给车内乘客的手机，车内在线看视频都可以非常流畅。而以 Sensus 为代表的国外车载互联网产品在和国内移动运营商的合作方面，还有一定的距离。

| 汽车调制解调器 | 蓝牙 | Wi-Fi |
| --- | --- | --- |
| 安装在手套箱内的SIM卡 | 蓝牙配对手机，借助手机网络 | 手机或其他Wi-Fi热点 |

▲ 图 7-11　Sensus 的 3 种联网方式

Sensus 支持 3 大手机平台，为苹果 iOS、谷歌 Android 和微软 Windows Phone 提供 APP，沃尔沃车主能借助 APP 远程查看车辆信息或进行远程操控。

（1）CSB

CSB 是整合了车机端和 PC 端的关于售后保养、预约、维修、信息共享等在内的售后服务体系。

在车辆连接互联网后，车辆相关数据将自动上传到云端服务器。当车辆达到保养里程，或者车辆的一些功能出现异常时，CSB 就会自动跳出对话框，提示车主预约保养或者维修。

车主借助 Sensus 系统可直接进行预约，经销商将在 48 小时内反馈，并在 Sensus 系统中推送信息。车主在 Sensus 系统中确认信息后，当距离预订保养两天时，Sensus 系统还将自动提醒车主。

（2）My Volvo

My Volvo 是沃尔沃为车主建立的 PC 端网站，2009 款以后的沃尔沃车主可登录网站建立个人主页，通过个人主页查看从云端下载到本地的车辆信息，并预约保养和维修服务。

车主可根据车辆行驶里程和保养记录等信息，选择保养项目和制定保养时间。当经销商的 VIDA 系统（经销商售后系统）接收到预约信息后，将在 48 小时内反馈给车主，实现高效准确的预约保养。

（3）沃尔沃 Sensus 配备车型

2015 款（就是 2015 年 6—7 月间陆续上市的小改款车型）S60L、XC60、V60、S60 R-Design 和 V40，都将标配该系统，如图 7-12 所示。

▲ 图 7-12　沃尔沃的新款车型都将陆续配备 Sensus 系统

### 7.3.2 沃尔沃 SARTRE：智能无人驾驶系统

不管驾驶员是否已经准备好，自动驾驶汽车正在快速向前推进。沃尔沃兑现承诺，成为最新开始在公共道路上测试无人驾驶汽车的汽车制造商。

按照计划，首批测试的汽车有 100 辆，现已开始在瑞典哥德堡上路测试，如图 7-13 所示。

▲ 图 7-13 瑞典哥德堡上路测试的无人驾驶车

沃尔沃把这个项目命名为“Drive Me”。在联邦政府和当地政府机构及官员的合作下，项目顺利完成。

技术专家埃里克•寇林格（Erik Coelingh）解释说：“测试的汽车现在可以自动遵循航线、调整速度和汇入车流，这是向前迈进的重要一步，我们的目标是最终‘Drive Me’汽车能够以高度自动化模式跑完测试路线。”

通过这项技术驾驶员可以把驾驶任务完全交给汽车，而汽车可以自行处理所有的驾驶功能，如图 7-14 所示。

沃尔沃如今成为智能汽车研究的引领者之一，开发了汽车基础设施通信（Car-to-Infrastructure Communications）技术和磁导航（Magnetic Guidance）技术。这些技术最终可能会加入现有的汽车制动系统和车道保持辅助系统，帮助 Volvo 实现其宏伟目标，那就是到 2020 年，实现旗下型号汽车零车祸死亡及零严重受伤事件。

沃尔沃计划从 XC-90 型号开始逐步推进。这个型号将包括自适应巡航控制系统和道路边缘检测系统，两者都有辅助驾驶功能，如图 7-15 所示。

同时，沃尔沃还计划从自动遵循交通和在高速公路上行驶方面来改进汽车配置，增加额外的自动化技术，直至驾驶员认为汽车可以在任何时候都能驾驶为止。

▲ 图 7-14　驾驶员可以把驾驶任务完全交给汽车

▲ 图 7-15　辅助驾驶功能

埃里克·寇林格说："从公共驾驶员，我们可以看到当自动化汽车自然成为交通环境的一部分时，它在社会福利上有巨大价值。我们的智能汽车是这个解决方案关键的一部分，但是广泛的社会途径对于在未来提供可持续个人移动性也是很重要的。这个独特的跨功能合作是成功实施无人驾驶汽车的关键。"

### 7.3.3　沃尔沃随车管家：实现与智能手表互联

2015 年 5 月 29 日，作为行业首个同时兼容苹果和谷歌车载系统的汽车品牌，沃尔沃汽车将升级 Sensus 智能车载交互系统的随车管家服务功能，实现与 Apple Watch 和 Android Wear 的无缝连接，如图 7-16 所示。

以驾驶者为中心，沃尔沃随车管家能够与手持移动设备同步，提供安防、车辆情况检查等管理功能，同时还能够为驾驶者的出行提供导航、生活服务预订等内容。通过升级，借助佩戴的智能手表，沃尔沃车主也可以调节车内设置、开关车门，更可自由享受其他沃尔沃人性化服务。

升级后，沃尔沃随车管家不仅新增与 Apple Watch、Android Wear 等智能设备的互联操作，同时可通过 Cortana 智能辅助系统对 Windows Phone 平台的多项功能进行语音控制。

此外，升级版随车管家也将以驾驶者为中心，加强“发送到车”（Send to Car）服务的导航功能，使驾驶者可以更为便利地使用移动设备在线查找并发送目的地信息至车辆，进行导航。

▲ 图 7-16　沃尔沃随车管家与 Apple Watch 的无缝连接

随车管家是沃尔沃 Sensus 智能车载交互系统的亮点之一，目前已经在全球 21 个市场推出，拥有 23 万名活跃用户。

沃尔沃汽车互联产品与服务总监大卫·霍勒切克（David Holecek）表示：“沃尔沃随车管家能让用户随时随地方便地使用沃尔沃汽车中的常用功能。用户可以在寒冷的清晨设置车内暖风定时开启，或者在炎热的天气为车内提前制冷，也可以查看燃油剩余量和行驶里程，或者查看下一次维护保养的时间。随车管家甚至还能帮助驾驶者在复杂的停车场中找到自己的汽车。”

沃尔沃随车管家是全球最早的车联网系统之一。通过车载 SIM 卡，随车管家可以在事故、故障或失窃情况下提供安全和追踪服务。当车辆发生碰撞或者驾驶员需要协助时，沃尔沃随车管家可以帮助车主与后台服务中心取得联系，或利用卫星定位技术引导紧急救援人员赶到事故现场。

近年来，沃尔沃随车管家实现了覆盖区域迅猛发展和功能服务的不断升级。除了领先的安全服务，沃尔沃随车管家还提供远程锁车、燃油水平指示、“寻找我的汽车”等便利功能。

沃尔沃随车管家经理索菲亚·魏斯曼（Sofia Wessman）表示：“在短短的几年内，沃尔沃随车管家已经从安全相关的车载装置，发展成为让驾驶员与汽车保持互联的解决方案，提供很多新的功能，满足他们的日常需求。”

目前，包括新款V40、XC60、S60L等在内的多款在售车型均可支持随车管家功能。升级版的沃尔沃随车管家已在全球各大市场陆续发布，并应用于全新沃尔沃XC90，以丰富而全面的人性化智能互联科技，为用户带来全面超越同级的车载互联体验。

### 7.3.4 汽车品牌：借力车载互联网，实现秀外慧中

市场上有一种观点认为沃尔沃太过于传统保守，一旦学习外观上的外秀，尤其是在年轻用户市场，将会成长得更好。

有意思的思考是，为什么沃尔沃这样稍显“传统和保守”的品牌，却率先做出了车载互联时代的转变？

一个企业的精力总是有限的，所以他们难以做出粗暴的抉择，而是在立意上思考得足够长远。

沃尔沃此次选择以车载互联进行突破，很大程度上就源于它对车载互联未来的判断：比起不怎么花力气的、外观上的草草更迭，借力车载互联网，能够帮助沃尔沃实现秀外慧中，迈出两全其美的关键一步。

分析看来，沃尔沃在工业时代的技术积累，尤其是安全部分，很多依靠于数据测试；而在信息时代，它需要车载互联网的更高效率和用户互动来形成智能化数据的收集，进一步保证安全需求的同时，让“以人为尊”的品牌和产品精神得以延伸至新人群，赢得新生。

**专家提醒**

总的来看，汽车市场已然充满了澎湃张力。不管是汽车界刮起新能源的新工业时代，还是急速扩张的车载互联的信息时代，有人会为特斯拉感到欣喜，也值得留意沃尔沃可能引发的产业变革。

# 第 8 章

## 智慧农业：
## 物联网嫁接智能化技术

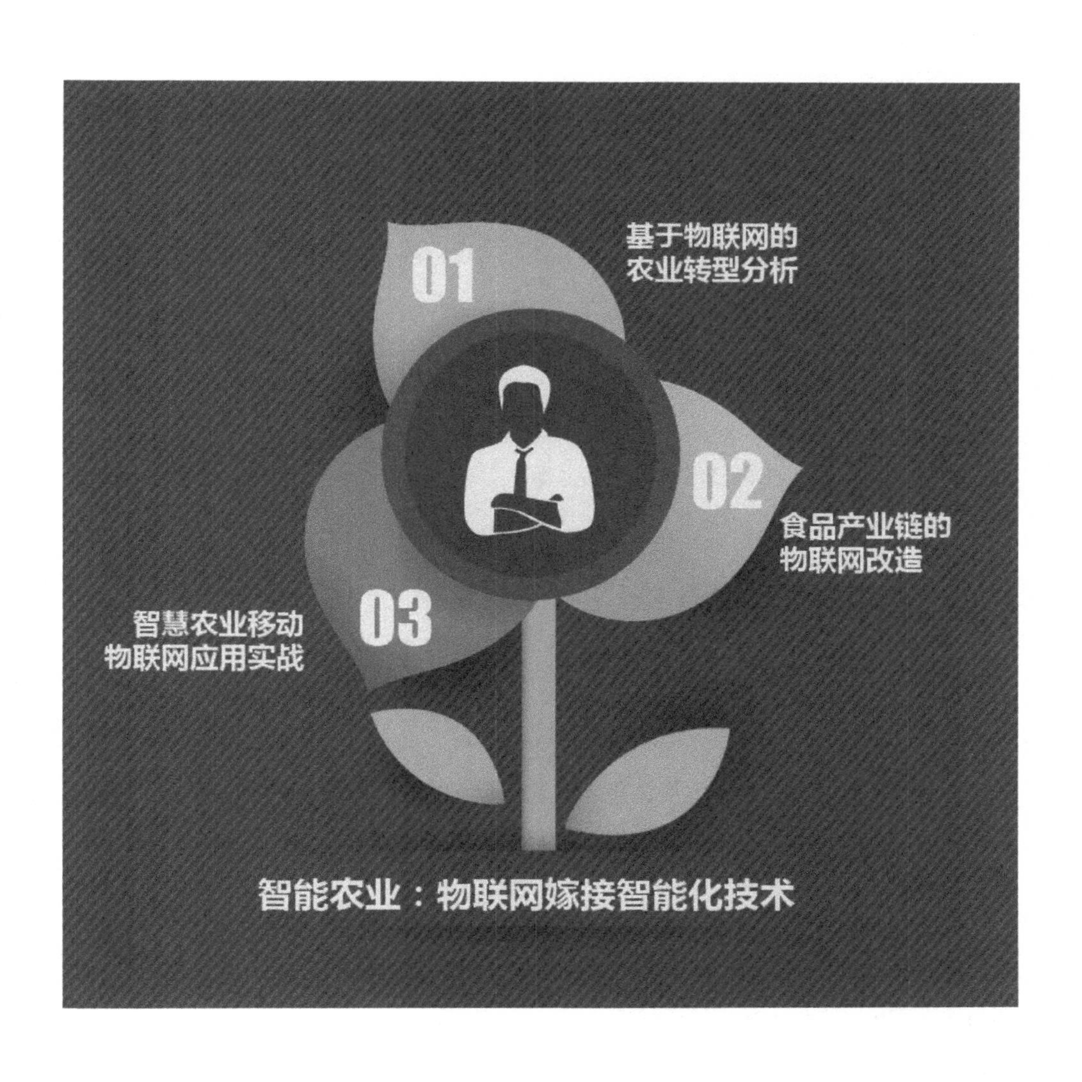

# 8.1 基于物联网的农业转型分析

一场农业科技革命的浪潮正在席卷中国大地：越来越多的人放弃了传统耕作模式，开始用传感器与农作物进行“交流”，成为智慧农业时代的“新农人”。这就是“农业物联网”，一个几年前还略显陌生的事物，如今却给我国的农业生产方式带来了深刻变革。

## 8.1.1 智慧农业简介

智慧农业就是将物联网技术运用到传统农业中去，运用传感器和软件通过移动平台或者计算机平台对农业生产进行控制，使传统农业更具有“智慧”。除了精准感知、控制与决策管理外，从广泛意义上讲，智慧农业还包括农业电子商务、食品溯源防伪、农业休闲旅游、农业信息服务等方面的内容。

智慧农业是农业生产的高级阶段，是集新兴的互联网、移动互联网、云计算和物联网技术为一体，依托部署在农业生产现场的各种传感节点（环境温湿度、土壤水分、二氧化碳、图像等）和无线通信网络实现农业生产环境的智能感知、智能预警、智能决策、智能分析、专家在线指导，为农业生产提供精准化种植、可视化管理、智能化决策。

智慧农业是云计算、传感网、3S 等多种信息技术在农业中综合、全面的应用，实现更完备的信息化基础支撑、更透彻的农业信息感知、更集中的数据资源、更广泛的互联互通、更深入的智能控制、更贴心的公众服务。

智慧农业与现代生物技术、种植技术等高新技术融于一体，对建设世界水平农业具有重要意义。

## 8.1.2 物联网技术与智慧农业

从传统农业到现代农业转变的过程中，农业信息化的发展大致经历了计算机农业、数字农业、精准农业和智慧农业 4 个过程。

智慧农业把农业看成一个有机联系的整体系统，在生产中全面综合地应用信息技术。透彻的感知技术、广泛的互联互通技术和深入的智能化技术使农业系统的运转更加有效、更加智慧和更加聪明，从而达到农产品竞争力强、农业可持续发展、有效利用农村能源和环境保护的目标。

物联网是智慧农业的主要技术支撑，农业物联网传感设备正朝着低成本、自适应、高可靠和微功耗的方向发展，未来传感网也将逐渐具备分布式、多协议兼容、自组织和高通量等功能特征，实现信息处理实时、准确和高效。

### 1. 物联网与智慧农业的内涵

经过十几年的发展，物联网技术与农业领域应用逐渐紧密结合，形成了农业物联网。农业物联网就是物联网技术在农业生产、经营、管理和服务中的具体运用，具体讲就是运用各类传感器，广泛地采集大田种植、设施园艺、畜禽水产养殖和农产品物流等农业相关信息，通过建立数据传输和格式转换方法，集成无线传感器网络、电信网和互联网，实现农业信息的多尺度（个域、视域、区域、地域）传输，最后将获取的海量农业信息进行融合、处理，并通过智能化操作终端实现农业产前、产中、产后的过程监控、科学管理和即时服务，进而实现农业生产集约、高产、优质、高效、生态和安全的目标。

智慧农业是以物联网技术为支撑和手段的一种现代农业形态，它和计算机农业、精准农业和数字农业一样，属于农业信息化的范畴，是现代信息技术发展到一定阶段的产物，并会随着移动物联网技术的普及而深入大众的生活领域。

**专家提醒**

计算机农业是1990年科技部组织实施的“农业智能化信息技术应用工程”的简称，属国家“863”计划项目。电脑农业的实质是农业专家系统的应用，即把众多农业技术专家掌握的知识输入计算机，建立一套科学的程序，用计算机模仿人脑进行推理决策，对各种单项的农业先进技术成果进行综合组装配套，给出一个易于操作的、科学明了的答案，用以指导农业生产。

精准农业也称精细农业或精确农业，是现有农业生产措施与现代信息技术的有机结合，其核心技术是“3S”技术。“3S”技术是遥感（Remote Sensing，RS）、地理信息系统（Geographical Information System，GIS）和全球定位系统（Global Position System，GPS）的统称。其中，GPS具有全球性、全天候和连续定时定位的优势，可以对采集的农田信息进行空间定位；RS在数据获取方面具有范围广、多时相和多波谱的特点，可以获取农田作物的生长环境、生长状况和空间变异的大量时空变化信息；GIS具有强大的空间与属性信息一体化处理能力，可以建立农田土地管理、自然条件、作物产量的空间分布等空间数据库。

数字农业是以农业生产数字化为特色的农业，是数字驱动的农业。其主要目标是建成融数据采集、数字传输网络、数据分析处理和数控农业机械为一体的数字驱动的农业生产管理体系，以实现农业生产的数字化、网络化和自动化。

物联网、云计算等高新技术的兴起，正在引领我国农业迈入智慧农业的发展阶段。智慧农业是以最高效率地利用各种农业资源、最大限度地减少农业能耗和成本、最大限度减少农业生态环境破坏以及实现农业系统的整体最优为目标，以农业全链条、全产业、全过程智能化的泛在化为特征，以全面感知、可靠传输和智能处理等物联网技术为支撑和手段，以自动化生产、最优化控制、智能化管理、系统化物流和电子化交易为主要生产方式的高产、高效、低耗、优质、生态和安全的一种现代农业发展模式与形态。

智慧农业包括智慧生产、智慧流通、智慧销售、智慧社区、智慧组织以及智慧管理等环节，如图 8-1 所示。

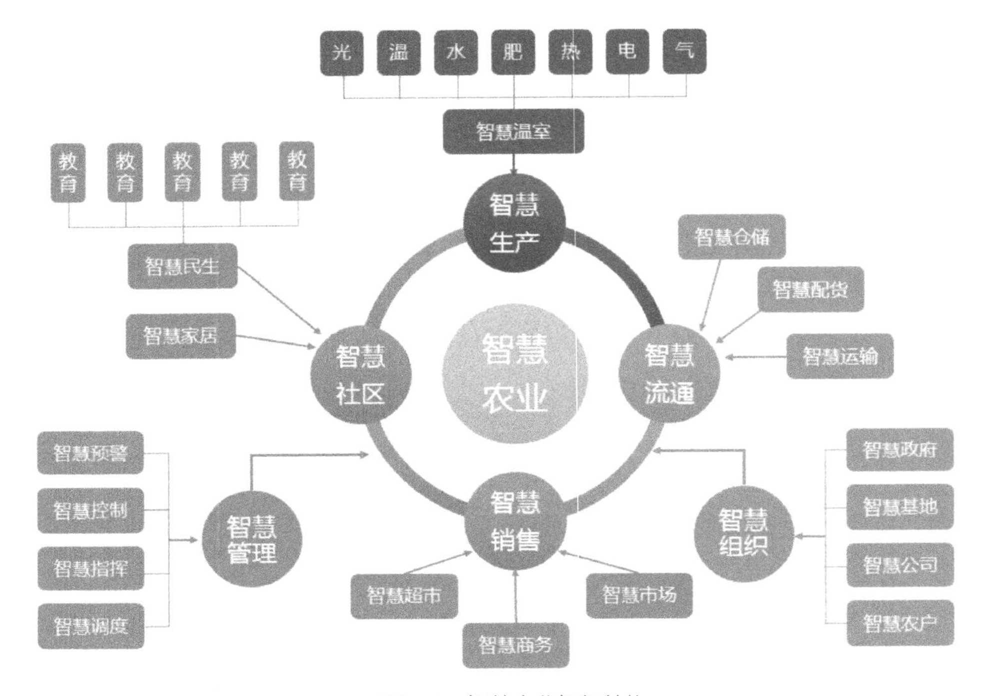


▲ 图 8-1　智慧农业框架结构

## 2. 农业物联网体系架构

虽然物联网的定义不统一，但物联网的技术体系、结构基本已得到统一认识。根据物联网的技术体系架构，可将农业物联网分为 3 个层次：信息感知层、信息传输层和信息应用层。

信息感知层由各种传感器节点组成，通过先进传感器技术，多种支持过程精细化管理的参数可通过物联网获取，如土壤肥力、作物苗情长势以及动物个体产能、健康和行为等信息。

信息传输层中，传感器通过有线或无线方式获取各类数据，并以多种通信协议，向局域网、广域网发布。

信息应用层对数据进行融合，处理后制定科学的管理决策，对农业生产过程进行控制。

### 3. 农业物联网关键技术

农业物联网关键技术主要有以下3种。

（1）信息感知技术

农业信息感知技术是智慧农业的基础，作为智慧农业的神经末梢，是整个智慧农业链条上需求总量最大和最基础的环节。主要涉及农业传感器技术、RFID技术、GPS技术以及RS技术等。

农业传感器技术是农业物联网的核心，也是智慧农业的核心。农业传感器主要用于采集各个农业要素信息，包括种植业中的光、温、水、肥、气等参数；畜禽养殖业中的二氧化碳、氨气和二氧化硫等有害气体含量，空气中尘埃、飞沫及气溶胶浓度，温湿度等环境指标等参数；水产养殖业中的溶解氧、酸碱度、氨氮、电导率和浊度等参数。

RFID技术即射频识别，俗称电子标签。这是一种非接触式的自动识别技术，它通过射频信号自动识别目标对象并获取相关数据。该技术在农产品质量追溯中有着广泛的应用。

GPS是美国20世纪70年代开始研制，于1994年全面建成，具有在海、陆、空进行全方位实时三维导航与定位能力的新一代卫星导航与定位系统，具有全天候、高精度、自动化和高效益等显著特点。

在智慧农业中，GPS技术的实时三维定位和精确定时功能，可以实时地对农田水分、肥力、杂草和病虫害、作物苗情及产量等进行描述和跟踪，农业机械可以将作物需要的肥料送到准确的位置，而且可以将农药喷洒到准确位置。

RS技术在智慧农业中利用高分辨率传感器，采集地面空间分布的地物光谱反射或辐射信息，在不同的作物生长期，实施全面监测，根据光谱信息，进行空间定性、定位分析，为定位处方农作物提供大量的田间时空变化信息。

（2）信息传输技术

农业信息感知技术是智慧农业传输信息的必然路径，在智慧农业中运用最广泛的是无线传感网络（WSN）。无线传感网络是以无线通信方式形成的一个自组织多跳的网络系统，由部署在监测区域内大量的传感器节点组成，负责感知、采集和处理网络覆盖区域中被感知对象的信息，并发送给观察者。

在智慧农业中，ZigBee技术是基于IEEE802.15.4标准的关于无线组网、安全和应用等方面的技术标准，被广泛应用在无线传感网络的组建中，如大田灌溉、农业资源监测、水产养殖和农产品质量追溯等。

（3）信息处理技术

信息处理技术是实现智慧农业的必要手段，也是智慧农业自动控制的基础，主要涉及云计算、GIS、专家系统和决策支持系统等信息技术。

云计算指将计算任务分布在大量计算机构成的资源池上，使各种应用系统能够根据需要获取计算力、存储空间和各种软件服务。智慧农业中的海量感知信息需要高效的信息处理技术对其进行处理。

云计算能够帮助智慧农业实现信息存储资源和计算能力的分布式共享，智能化信息处理能力为海量信息提供支撑。

GIS 主要用于建立土地及水资源管理、土壤数据、自然条件、生产条件、作物苗情、病虫草害发生发展趋势、作物产量等的空间信息数据库和进行空间信息的地理统计处理、图形转换与表达等，为分析差异性和实施调控提供处方决策方案。

专家系统（Expert System，简称 ES）指运用特定领域的专门知识，通过推理来模拟通常由人类专家才能解决的各种复杂的、具体的问题，达到与专家具有同等解决问题能力的计算机智能程序系统。

研制农业专家系统的目的是为了依靠农业专家多年积累的知识和经验，运用计算机技术，克服时空限制，对需要解决的农业问题进行解答、解释或判断，提出决策建议，使计算机在农业活动中起到类似人类农业专家的作用。

决策支持系统（Decision Support System，简称 DSS）是辅助决策者通过数据、模型和知识，以人机交互方式进行半结构化或非结构化决策的计算机应用系统。

农业决策支持系统在小麦栽培、饲料配方优化设计、大型养鸡厂的管理、农业节水灌溉优化、土壤信息系统管理以及农机化信息管理上进行了广泛应用研究。

智能控制技术（Intelligent Control Technology，简称 ICT）是控制理论发展的新阶段，主要用来解决那些用传统方法难以解决的复杂系统的控制问题。

目前，智能控制技术的研究热点有模糊控制、神经网络控制以及综合智能控制技术，这些控制技术在大田种植、设施园艺、畜禽养殖以及水产养殖中已经进行了初步应用。

**专家提醒**

移动物联网的发展与我国现代农业发展的迫切内在需求相吻合，既是历史机遇的巧合，也是农业发展的必然。移动物联网技术在农业领域良好的发展前景，不是概念的炒作，而是农业生产集约化、自动化、智能化和信息化发展的必然趋势。

### 8.1.3 国内外农业物联网的发展现状

农业物联网产业链主要包括 3 个方面的内容：传感设备、传输网络、应用服务。

在传感设备方面，国外发达国家从农作物的育苗、生产、收获一直到储藏缓解，传感器技术得到了较为广泛的应用，包括温度传感器、湿度传感器、光传感器等各种不同应用目标的农用传感器。在农业机械的试验、生产、制造过程中也广泛应用了传感器技术。

RFID 广泛应用在农畜产品安全生产监控、动物识别与跟踪、农畜精细生产系统和农产品流通管理等方面，并由此形成了自动识别技术与装备制造产业。

据美国市调公司 ABI research 2007 年度第一季报告显示，2006 年全球 RFID 市场为 38.12 亿美元，其中亚太地区已跃升为全球最大市场，规模为 14.07 亿美元，2011 年全球市场 115 亿美元。

在传输网络方面，国外已在无线传感器网络领域初步推出相关产品并得到示范应用，如美国加州 Grape Networks 公司为加州中央谷地区的农业配置了全球最大的无线传感器网络；2002 年，英特尔研究中心采用跟踪方法采集了缅因州海岸大鸭岛上的生态环境信息。

国外互联网与移动通信网在农业领域得到了广泛的应用。2004 年，佐治亚州的两个农场已经用上了与无线互联网配套的远距离视频系统和 GPS 定位技术，分别监控蔬菜的包装和灌溉系统。美国已建成世界最大的农业计算机网络系统，该系统覆盖美国国内 46 个州，用户通过计算机便可共享网络中的信息资源。

在应用服务方面，SOA（Service Oriented Architecture）即服务导向架构，自 1996 年 Gartner 提出以来受到了 IT 业界的热捧，产业化进程不断加快。2006 年以来，IBM、BEA、甲骨文等一批软件厂商开发推出了一系列实施方案并部署了一些成功案例，使得 SOA 进入现实的脚步在不断加快。同年，IBM 全球 SOA 解决方案中心在北京和印度成立，定制各个行业的模块化 SOA 解决方案，并结合 IBM 服务咨询和软件力量全方位实施，这意味着 IBM 已经在 SOA 产业化方面抢先一步。BEA 也宣布推出“360 度平台”以进一步巩固其在中间件领域的优势，而微软和甲骨文也纷纷发力中间件市场，竞争进一步加快 SOA 产业化进程。

物联网的标准化将成为占领物联网制高点的关键之一。总的说来，在农业物联网标准化方面，全球几乎处于同一起跑线上。

目前，我国虽有很多传感器、传感网、RFID 研究中心及产业基地在积极参与建立物联网标准，但由于对物联网本身的认识还不统一，有些还停留在战略性粗线条层面，物联网标准制定进程缓慢。

在感知设备方面，1994 年 3 月，美国国家技术标准局 NIST 和 IEEE 共同组织了一次关于制定智能传感器接口和连接网络通用标准的研讨会，讨论 IEEE1451 传感器 / 执行器智能变送器接口标准。1995 年 4 月，成立了两个专门的技术委员会：

P1451.1 工作组和 P1451.2 工作组。IEEE 会员分别在 1997 年和 1999 年投票通过了其中的 IEEE1451.2 和 IEEE1451.1 两个标准，同时成立了两个新的工作组对 1451.2 标准进行进一步的扩展，即 IEEE P1451.3 和 IEEE P1451.4。

关于 RFID 标准的制定，其争夺的核心主要在 RFID 标签的数据内容编码标准这一领域。目前，形成了 5 大标准组织，分别代表不同团体或者国家的利益。

EPC Global 由北美 UCC 产品统一编码组织和欧洲 EAN 产品标准组织联合成立，在全球拥有上百家成员，得到了零售巨头沃尔玛，制造业巨头强生、宝洁等跨国公司的支持。而 AIM、ISO、UID 则代表了欧美国家和日本；IP-X 的成员则以非洲、大洋洲、亚洲等国家为主。

在传输网络方面，2006 年 9 月 27 日，ZigBee 联盟宣布 ZigBee 标准的增强版本完成并可以供成员使用。ZigBee 联盟已经吸引了分布在 6 大洲 26 个国家超过 200 个成员公司的支持。IEEE 制定的 IEEE802 涵盖了互联网和移动通信网络方面的标准，主要包括无线通信领域的 802.11 系列无线局域网标准、802.15 无线个域网标准、802.16 宽带无线接入（无线城域网）标准和有线接入领域的 802.3 以太网标准。

在应用服务方面，物联网标准的关键主要在于基于软件和中间件的数据交换和处理标准，即物物相连的数据表达、交换和处理标准。

首先需要定义一批 XML 数据表达与接口标准，然后开发出支撑这个标准的配套运行环境和中间件业务框架，使用户能够快速开发出垂直应用业务系统，让标准落到实处，推动产业高速发展。

微软、IBM、苹果等公司均建立了物联网应用服务的多种标准，有些已经占据了垄断地位。

在我国，同方从 2004 年就开始研发这方面的产品和标准，推出了 M2M 物联网业务基础中间件产品和 OMIX 数据交换标准。中国移动建立了基于 WMMP 标准的 M2M 营运平台。

### 8.1.4　智慧农业的典型应用

智慧农业的典型应用主要有以下几种。

#### 1. 农业智能传感器应用

传感器是把被测量的信息转换为另一种易于检测和处理的量（通常是电学量）的独立器件或设备，传感器的核心部分是具有信息转换功能的敏感元件。

在物联网中传感器的作用尤为突出，是物联网设备获得信息的主要元件。物联网依靠于传感器感知到每个物体的状态、行为等数据。

在大田种植方面，传感器可以对目标监测区内的空气温湿度、土壤温湿度、$CO_2$浓度、土壤pH值和光照强度等农业环境信息进行实时采集，为精准农业环境监测提供有效的解决方案，有助于农业部门制定出更加有效的提高农作物产量的方法。

在作物的生长过程中还可以利用包括光谱、多光谱图像、冠层温度、冠层光照及环境温湿度等多传感信息探测器对作物生长信息进行监测。

中国农业大学2009年在新疆建立的滴灌控制系统可以自动监测农作物生长的土壤墒情信息，实现按照土壤墒情进行自动滴灌，从而达到节约农业用水的目的。

在设施园艺方面，可以采用不同的传感器采集土壤温度、湿度、pH值、降水量、空气湿度和气压、光照强度、$CO_2$浓度等作物生长参数，为温室精准调控提供科学依据。

中国农业大学、中国农科院、国家农业信息技术研究中心、浙江大学、华南农业大学和江苏大学等针对我国不同的温室种类研制了适用于我国温室环境的数据采集、无线通信技术解决方案，可以实现温室环境的状态监测和控制。

在畜禽养殖方面，运用各种传感器可以采集畜禽养殖环境以及动物的行为特征和健康状况等信息。

荷兰的Velos智能化母猪管理系统在欧美国家得到了广泛应用，通过对传感器采集到的信息进行分析和处理，系统能够实现母猪养殖过程自动供料、自动管理、自动数据传输和自动报警。

在水产养殖方面，传感器可以用于水体温度、pH值、溶解氧、盐度、浊度、氨氮、COD和BOD等对水产品生长环境有重大影响的水质及环境参数的实时采集，进而为水质控制提供科学依据。

中国农业大学开发的集约化水产养殖智能管理系统可以实现溶解氧、pH值、氨氮等水产养殖水质参数的监测和智能调控，并在全国十几个省市开展了应用示范。

在果蔬和粮食储藏方面，温度传感器发挥着巨大的作用，制冷机根据冷库内温度传感器的实时参数值实施自动控制并且保持该温度的相对稳定。

储藏库内降低温度，保持湿度，通过气体调节，使相对湿度（RH）、$O_2$浓度、$CO_2$浓度等保持合理比例，控制系统采集储藏库内的温度传感器、湿度传感器、$O_2$浓度传感器、$CO_2$浓度传感器等物理量参数，通过各种仪器仪表适时显示或作为自动控制的参变量参与到自动控制中，保证有一个适宜的储藏保鲜环境，达到最佳的保鲜效果。

在农产品安全溯源方面，能够利用RFID技术快速反应、追本溯源，确定农产品质量问题所在。

由于“多宝鱼”“瘦肉精猪肉”等农产品质量安全事故频发，在北京、上海、南京等地已开始采用条码、IC 卡和 RFID 等技术建立农产品质量安全追溯系统。

一些单位开始研究适合中国国情的基于物联网的可追溯技术和架构方法并部分实现了集成应用。

专家提醒

我国农业专用传感器技术的研究相对还比较滞后，特别是在农业用智能传感器、RFID 等感知设备的研发和制造方面，许多应用项目还主要依赖进口感知设备。

目前中国农业大学、国家农业信息化工程中心和中国农科院等单位已开始进行农用感知设备的研制工作，但大部分产品还停留在实验室阶段，产品在稳定性、可靠性及低功耗等性能参数方面还和国外产品存在差距，离产业化推广还有一定的距离。

**2. 农业无线传感器网络应用**

无线传感器网络（Wireless Sensor Network，WSN）是由多个节点组成的面向任务的无线网络，是一种无基础设施的网络。它综合了传感器技术、嵌入式计算技术、现代网络及无线通信技术和分布式信息处理技术等多种领域技术，能协作地进行实时监测、感知和采集节点部署区域的各种环境或监测对象的信息，并对这些数据进行处理，获得详尽而准确的信息，通过无线网络最终发送给观察者。

在大田种植方面，以杭州美人紫葡萄栽培基地首批信息化试验区为例，为了实现对设施农业中“植物－土壤－环境”的动态实时监控，杭州美人紫葡萄栽培基地开发和应用无线传感网络系统和智能化管理及控制系统，实现了对土壤水分、养分、温度、湿度和光照等信息的实时动态测试与显示，并能根据葡萄优质高产生长的需要进行自动控制灌溉，取得了较好的效果。

在设施园艺方面，2002 年，英特尔公司率先在俄勒冈州建立了第 1 个无线葡萄园，传感器节点被分布在葡萄园的每个角落，每隔 1 分钟检测一次土壤温度、湿度或该区域有害物的数量，以确保葡萄健康生长，进而获得大丰收。

在畜禽养殖方面，针对目前饲养场对动物的行为特征和健康状况无法实时获取的情况，专家利用无线传感网络传送动物的信息，解决了饲养动物生理特征信息实时传输的问题；同时，根据饲养场的实际情况，结合无线传感网络的特点，设计了一个切实可行的无线传感器网络动物检测系统，系统解决了网络部署、节点设计、节点定位、路由和可视化平台的设计等问题。

针对规模化畜牧养殖中畜禽舍环境监测难的问题，王冉等基于无线传感网络设计了一个畜禽舍环境监控系统，该系统能对畜禽舍环境参数（如温度、湿度、光照、大气压和氨气浓度等指标）进行实时监测，并能智能化地根据设定的环境指标上下限自动控制畜禽舍相关设备如风机、风扇、湿帘和电灯等的开启，最终达到将畜禽舍环境参数控制在设定的范围、减少动物热应激、净化畜禽舍环境、促进动物健康成长的目的。

在水产养殖方面，中国农业大学将水质监测无线传感网络运用到了水产养殖中，目前，该系统在江苏省宜兴市河蟹养殖应用推广 667 公顷（10000 亩）。针对淡水养殖特点，采用 ZigBee 无线网络技术及传感器技术，设计了一种基于 ZigBee 技术的淡水养殖溶氧浓度自动监控系统，进行了监控网络结构、节点硬件电路和软件设计，实现了溶氧浓度和温度等参数的实时监控。

此外，无线传感网络还应用于农业环境监测等领域。由摩托罗拉实验室开发的一种低开销、低能耗、自组织的传感器网络 neuRFon 可以监测农业、环境和一些过程参数。将无线传感器网络应用于水文水利监测系统中，构建了基于 WSN 的无线水文水利监测系统，在硬件设计中分别采用单片机和 ARM 微处理器与 CC2500 配合设计网络节点；在软件设计中，移植 TinyOS 操作系统和 ZigBee 协议栈，搭建软件开发平台。

综上所述，ZigBee 技术是基于 IEEE802.15.4 标准的关于无线组网、安全和应用等方面的技术标准，被广泛应用在无线传感网络的组建中。

### 3. 智能信息处理技术应用

智能信息处理技术研究内容主要包括 4 个方面。

- 人工智能理论研究，即智能信息获取的形式化方法、海量信息处理的理论和方法以及机器学习与模式识别。
- 先进的人机交互技术与系统，即声音、视频、图形、图像及文字处理以及虚拟现实技术与流媒体技术。
- 智能控制技术与系统，即给物体赋予智能，以实现人与物或物与物之间的互相沟通和对话，如准确的定位和跟踪目标等。
- 智能信号处理，即信息特征识别和数据融合技术。

我国目前正在进行研究的农业决策模型、预测预警模型等信息处理技术，大部分还只停留在论文和测试阶段，尚未形成真正的产品化应用软件和可共享的软件平台。农业智能决策信息处理智能化程度低、共享度差，缺乏有效的信息载体和集成应用技术，无法实现农业生产问题的实时诊断和协同决策。

目前，科技部联合工业和信息化部、中共中央组织部启动了国家农村农业信息化示范省建设，山东、湖南、湖北、广东、重庆和安徽等地积极参与，通过建设综合信息服务平台为农户提供民生信息服务和专业信息服务，一些省份的综合信息服务平台设计用到了云服务技术。

我国目前农业发展正处于由传统农业向现代农业转变的拐点上，生产信息化的核心是高产、高效、低成本和优质，物联网技术是实现上述目标最主要的技术保障。

物联网农业应用的最大领域在设施农业和现代物流。农业传感器和无线传感网是需要优先发展的领域。从农业传感器来说，作为农业可控因子的传感器应放在更重要的位置加强研究。农业传感器和无线传感网产品化和产业化应作为电子信息产业发展的优先领域。

物联网农业应用技术与产品需要经过一个培育、发展和成熟的过程，培育期需要2～3年，发展期需要2～3年，成熟期需要5年。物联网农业应用的成熟期，可能要在“十三五”末期（2020年）才能达到。

按照10年的规划期，做物联网农业应用规划，分阶段制定技术目标、产业化目标比较符合实际，发展规划要重点突出，分层实施，逐步扩散，全面推进。

物联网农业领域应用发展主要有3个方面的共性关键技术问题。

- 先进传感机理与工艺（农业光学传感、微纳传感、生物传感）。
- 高通量、快处理、大存储的无线传感网技术。
- 农业云计算与云服务（模型、方法与平台）。

促进物联网农业领域应用发展的政策措施建议有以下几点。

- 农业物联网作为农业高新技术，具有基础薄弱、一次性投入大、受益面广和公益性强的特点，在当前农业产出效益不高、农民收入水平较低、农业信息化市场化运作还不完善的情况下，需要公益性农业工程综述与评析专项支持。
- 根据我国现代农业发展需求，实施一批有重大影响的农业物联网应用示范工程，建设一批国家级农业物联网示范基地，推动物联网技术在现代农业中的集成应用，发展智慧农业。
- 对研发农业物联网产品的企业和科研院所以及使用农业物联网产品的用户进行补贴。

### 8.1.5　我国智慧农业的发展问题

当前我国智慧农业的发展仍然面临核心技术和产品缺乏、农业与物联网复合型人才短缺、市场化推广机制不完善等问题，可持续发展受到挑战。

#### 1. 技术不成熟影响实施效果，农业与物联网复合型人才短缺

技术是发展农业物联网的重中之重，但在目前农业物联网的发展过程中，一些技术产品还难以达到要求。

农业物联网建设的软、硬件支撑体系都有待健全。一些硬件设备不能满足农业物联网实用、适用的要求，比如多个示范基地的物联网设备被简单用做“监控器”，只是对作物长势进行远程监看，可检测的指标很少。

此外，软件支撑体系距离农业物联网的实际应用差距较大，部分试点基地虽然设置了精准的自动化控制，但由于没有强大数据库后台的支撑，自动控制调节的节点也以经验为主，未能体现智能化的实际效果。

特别是一些关键性产品和技术还不成熟。作物生理的传感器比较少。这种传感器可以查看植物内的径流量，即看出水分和养分传输规律，检测叶绿素含量。但缺少这一关键性技术产品影响了对养分变化的了解、营养缺失情况的判断，以及化肥农药的科学使用。

物联网的核心技术需要继续创新和突破。最需要完善的是农业物联网的决策模式。通过传感器获得的信息怎么使用，如什么情况下施肥，什么情况下浇水，要通过决策模型发出指令，但目前这样的决策模型很有限。

农业物联网的关键技术和实用化产品应强调两个方面：一是对动植物本体生命信息的感知；二是适合农村情况的高通量、低资费的通信技术，科学管理知识模型，以及实现农业控制的育植模型库等。

核心技术缺乏只是一方面，农业物联网复合型人才的短缺影响也很大。传统农业和计算机专业分属不同领域，现有农学专家懂计算机技术的人不多，而一些计算机专业人员对农业科学又完全陌生，这样的人才培养模式在农业物联网技术应用的结合点上存在较大矛盾。

**2. 投入不足，支持政策缺位，顶层设计缺乏**

农业物联网资金投入大，基础建设、系统运行、信息服务等方面的费用高。农场财力有限，资金压力大，进一步推广应用的难度较大，国家对物联网技术的推广应用缺少必要的资金补贴。

不仅资金投入少，管理上也存在缺位问题。一些专家介绍，有些地方农业物联网建设和后期管理工作没有跟上，建设与实际应用结合不够，特别是大田生产物联网的应用远落后于设施农业，其作用基本停留在为农业部门“四情”监测服务方面。

当前农业物联网发展不平衡，市与市、县与县之间差距较大，实质是工作认识上的差距。大多数人还仅停留在理解概念阶段，对其作用、特点、应用缺乏深入了解和研究。

当前农业物联网的发展战略定位仍较模糊，其应用主要是示范工程，过多停留在试验和演示阶段，很少能形成产业应用项目。

此外，顶层设计缺失、统筹规划缺位导致部门之间、地区之间、行业之间的分割情况较为普遍，资源共享不足。部分地区的农业物联网应用基本呈各自为战、散兵游勇的状态，在产业发展、重点领域、平台建设等方面缺乏顶层设计，信息孤岛和低水平重复投入问题比较普遍。

**3. 成本高，推广难度大，市场化发展乏力**

虽然农业物联网在实际应用中已初现成效，但其高成本和农业低效益之间还存在矛盾，市场化发展机制尚待完善，这已成为农业物联网发展的重要问题。

农业物联网产品、设备都存在成本太高的问题。农机应用 GPS 作业虽然已经比较成熟，但成本太高。

即便是经济效益相对较高的设施农业也感到农业物联网的投资成本过大。养殖场购买摄像头、计算机、调试监控系统，各种投入需 200 多万元。付出高额成本后，如何最大程度转化为经济效益，也是一个问题。业内专家介绍，农业物联网总体应用水平不高、规模不大、范围有限，大多还停留在示范阶段，没有寻找到成熟的商业模式。

由于农业比较效益低，当前企业投入农业互联网的热情并不高，特别是大企业，仅仅只是探索性地介入。量产能力不够，不能批量生产，或者批量生产后，不能马上卖出去，就很难形成产业化发展，投入后的功效发挥需要进一步探索。

因此，智能农业规模化应用尚需时日。

## 8.2 食品产业链的物联网改造

现今人们越来越重视饮食与健康，然而由于某些食品生产者和经营者法律意识和卫生意识淡薄，农药滥用现象尚未得到有效控制，导致农产品中农药残留与重金属等有害物质超标事件不时发生。农产品的质量安全不仅关系到农业的可持续发展，更是关系到人类身心健康，是亟待解决的社会问题之一。

### 8.2.1 物联网技术与食品安全溯源体系

食品安全溯源体系，是指在食品产供销的各个环节（包括种植养殖、生产、流通以及销售与餐饮服务等）中，食品质量安全及其相关信息能够被顺向追踪（生产源头—消费终端）或者逆向回溯（消费终端—生产源头），从而使食品的整个生产经营活动始终处于有效监控之中。该体系能够理清职责，明晰管理主体和被管理主体各自的责任，并能有效处置不符合安全标准的食品，从而保证食品安全。

食品安全溯源体系，最早是 1997 年欧盟为应对“疯牛病”问题而逐步建立并完善起来的食品安全管理制度。这套食品安全管理制度由政府进行推动，覆盖食品生产基地、食品加工企业、食品终端销售等整个食品产业链条的上下游，通过类似银行取款机系统的专用硬件设备进行信息共享，服务于最终消费者。一旦食品质量在消费者端出现问题，可以通过食品标签上的溯源码进行联网查询，查出该食品的生产企业、食品的产地、具体农户等全部流通信息，明确事故方相应的法律责任。此项制度对食品安全与食品行业自我约束具有相当重要的意义。

食品安全溯源体系主要包括：农产品生产基地、肉牛养殖基地、屠宰加工企业、食品加工企业、流通企业、零售企业、最终的食品消费者。

食品安全溯源体系的建立有赖于物联网相关的信息技术，通过开发出食品溯源专用的各类硬件设备应用于参与市场的各方并且进行联网互动，对众多的异构信息进行转换、融合和挖掘，实现食品安全追溯信息管理，完成食品供应、流通、消费等诸多环节的信息采集、记录与交换。

国内现行的食品安全溯源技术大致有3种：一种是RFID无线射频技术，在食品包装上加贴一个带芯片的标识，产品进出仓库和运输时就可以自动采集和读取相关的信息，产品的流向可以记录在芯片上；另一种是二维码，消费者只需要通过带摄像头的手机拍摄二维码，就能查询到产品的相关信息，查询的记录会保留在系统内，一旦产品需要召回就可以直接发送短信给消费者，实现精准召回；还有一种是条码加上产品批次信息（如生产日期、生产时间、批号等），采用这种方式食品生产企业基本不增加生产成本。

为了增强农产品溯源系统应用的生命力，一般采用统一的数据流程，并采用相应的策略控制数据的流向。数据流图的统一和规范，不仅适应本系统查询功能的要求，而且使系统能更好地与相关系统进行数据交流和共享，特别是能更好地完成系统在运行后长期而繁重的系统维护任务，减少维护开发的工作量，增加系统的可扩展性，如图8-2所示。

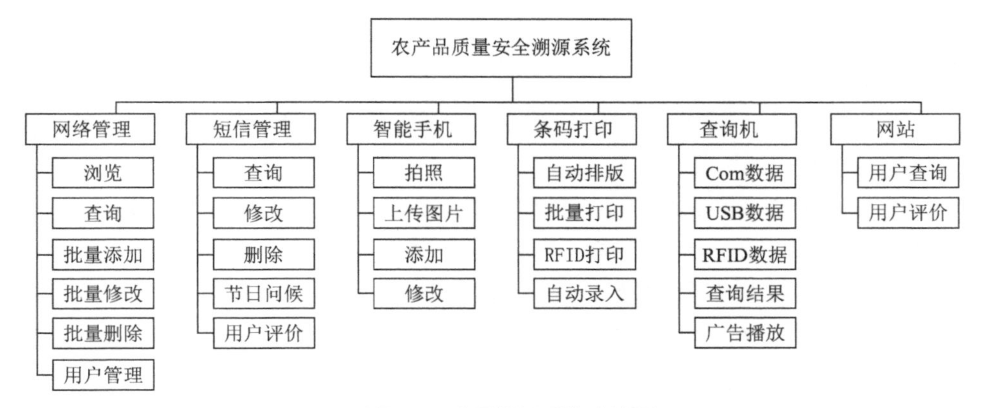


▲ 图8-2 食品溯源系统功能图

### 8.2.2 食品溯源体系发展现状

食品溯源制度是食品安全管理的一个重要手段。由于现代食品种养殖、生产等环节繁复，食品生产加工程序多、配料多，食品流通进销渠道复杂，食品生产、加工、包装、储运、销售等环节都可能出现食品卫生安全问题。为了严格控制食品质量，发达国家的食品安全监管强调从农田到餐桌的整个过程的有效监管，并且在全程监管的基础上实行食品溯源制度。全球已有 40 多个国家采用相关系统进行食品溯源，特别是英国、日本、法国、美国、澳大利亚等国，均取得了显著成效。

按照欧盟食品法的规定，食品、饲料、供食品制造用的家畜，以及与食品、饲料制造相关的物品，在生产、加工、流通各个阶段必须建立食品信息可追溯系统。该系统对各个阶段的主体做了规定，以保证可以确认各种提供物的来源和去向。

2000 年起，英国农业联合会和全英 4000 多家超市合作，建立了食品安全“一条龙”监控机制。目的是对上市销售的所有食品进行追溯，如消费者发现购买食品存在问题，监管人员可以很快通过计算机记录查到来源。对于农产品，不仅可以查出源于哪家农场，甚至连使用的农药剂量都有据可查。

西班牙政府对牲畜的养殖、屠宰、加工等建立了一套严格的识别和追踪机制，农场的每头牲畜自出生起便在耳上钉上识别牌，将信息录入计算机，建立档案。牲畜在屠宰时要调查原档案，并进行严格检疫，食品公司、超级市场所购进的各种肉类均有产地证明，一旦发现质量等问题，均能迅速追溯其来源。

澳大利亚建立了“国家畜禽识别系统”，在 2002 年给全国 1.15 亿只羊打上了产地标签，一年一换，当牧场主将羊出售给屠宰场或出口时，必须在申请表上填写标签号码，有关部门一旦发现某种疾病，便可以根据标签号码迅速查出该羊的产地和农场，并尽快采取相应措施。

日本在 2001 年实行了食品溯源制度，已经从牛肉推广到猪肉、鸡肉等肉食产业、牡蛎等水产养殖产业及蔬菜产业。

2005 年 8 月，美国农业部动植物健康监测服务中心（APHIS）实施了牛及其他种类动物的身份识别系统。

我国食品安全问题频发，食品溯源体系建设在我国越来越受到关注和重视，被公认是管理和控制食品安全问题的重要手段，它最显著的特点应该说就是事前防范监管重于事后惩罚。我国已开始在食品种养殖和生产加工领域逐渐推广应用“危害关键控制点分析（HACCP）”“良好农业规范（GAP）”“良好生产规范（GMP）”等食品安全控制技术，以此来提高食品安全监控水平。

在食品溯源体系中，资料的完整、系统地记录对于实现可追溯特别重要，比如乡土乡亲为农产品的整个生长过程建立了完整的生长履历，详细记录农药、化肥使用以及一些重要农事操作，并真实透明地展现给消费者，改善食品的信息不对称现状，有助于促进食品安全。

但目前我国整体上食品安全追溯技术体系仍然不尽完善，一旦食品安全出现问题，很难实施有效跟踪与追溯，进行控制和召回，这一问题有待进一步解决。

### 8.2.3 食品产业链物联网的应用

要实现安全的食品供应链，就需要供应链各环节实现无缝衔接，达到物流与信息流的统一，从而使供应链处于透明的状态。将 RFID 技术应用于食品安全供应链，首先是建立完整、准确的食品供应链信息记录。借助 RFID 对物体的唯一标识和数据记录，将食品供应链全过程中的产品及其属性信息、参与方信息等进行有效的标识和记录。基于这一覆盖全供应链、全流程的数据记录和数据与物体之间的可靠联系，可确保“农场到餐桌”的食品来源清晰，并可追溯到具体的动物个体、农场、生产企业、操作人员，或者流通加工的任何中间环节。

#### 1. 生产（种植、养殖）环节

在养殖业方面，在养殖产品活体身上加装 RFID 电子标签，将牲畜、水产品从养殖开始到养殖结束的所有信息进行记录，包括来源、品种、喂料信息、用药信息、疾病及治愈状况等。养殖场不仅可以监控养殖产品的健康状况，追查养殖产品患病或死亡原因，还可以利用 RFID 实现养殖产品的选育、繁殖、喂养等过程的科学化管理。

在农作物种植方面，使用 RFID 的田间伺服系统，记录农作物品名、品种、等级、尺寸、净重、收获期、农田代码、田间管理情况（土壤酸碱度、温湿度、日照量、降雨量、农药使用情况）等信息，实现科学化种植。

在食品溯源方面，在食品生产的源头使用 RFID 电子标签，为食品原料追溯提供源头数据，并为后续环节使用 RFID 提供物质基础。这不但保证了食品原料在源头上的安全性，而且可以实现科学化生产和管理。

#### 2. 加工环节

加工企业在读取食品原料上的产地 RFID 信息后，根据其中的信息进行分类分级处理，确定食品加工方法、流程、参数及产品的形式，并将成品加工工艺及参数、加工工序员、加工时间、食品添加剂使用情况、保质期、储藏要求、包装重量和方式等数据写入电子标签。将批次管理变成单件实施管理，增加了生产加工过程的透明化。RFID 技术也可以用于对食品加工工位的确定和控制，保证对产品的精确加工。

### 3. 流通环节

在食品的流通环节，温度、湿度、光照度、震动程度等因素对食品品质影响很大，记录、分析这些数据就显得十分重要。

在流通环节，企业首先读取电子标签的信息，根据其信息内容决定食品的运输方式、运输设备、运输条件、运输要求、仓储方式、仓储条件及仓储时间等。

在运输方面，在必要的环节安装集成温度、湿度、震动程度等多种传感器的读写器设备，实时记录食品在流通环节的变化信息。比如，安装在车门后的读写器每隔一段时间就会读取车内食品货箱的电子标签信息，连同传感器信息一起发送至食品安全管理系统中记录。利用 RFID 标签和沿途安装的固定读写器跟踪运输车辆的路线和时间。

日本 NTT 公司开展了使用 RFID 技术保持酒质新鲜的试验，通过监控运输过程中的温度变化来掌握米酒的品质变化。北美最大的食品服务营销和分配组织 SYSCO 公司已经完成低温储运系统的无线射频和传感系统测试，表明 RFID 技术在食品运输过程中具有监控温度和环境条件的能力。

在仓储方面，在仓库进口、出口安装固定读写器，对食品的进出库自动记录。很多食品对存储条件有较高的要求，利用 RFID 标签中记录的信息迅速判断食品是否适合在某仓库存储，可以存储多久。仓库中的集成传感器的读写器按照一定时间间隔读取标签信息和记录环境信息，在出库时，利用 RFID 系统甚至可以改变传统“先入先出（First In First Out，FIFO）”的评估方法，根据流通中环境信息进行综合判断，安排更有可能变质的食品先发货，使库存管理更科学合理。另外，利用 RFID 还可以实现仓库的快速盘点。

### 4. 食品销售、消费环节

销售管理。在此环节，零售商通过食品上的电子标签的信息，获得食品在生产阶段、加工阶段、流通环节的信息，做出产品销售的时间、地点、方式、价格等决策，对产品实行准入管理，并往电子标签中添加相关记录。收款时，利用 RFID 标签比使用条形码能够更迅速地结算货款，减少顾客等待的时间。

保质期管理。食品一旦超过有效期或者变质，标签就会发出警告，以便零售商尽快将其撤下货架。Fresh Alert 公司将温度传感器和定时器内置于 RFID 标签中，从而能够在食品腐烂无法食用时发出信号。

补货管理。根据仓库和零售终端对 RFID 信息实时更新，这个系统还可以使生产商、零售商了解食品的畅销、滞销情况，实现及时补货，不仅改善库存，而且能对市场做出快速反应，满足消费者的需求。

跟踪和追溯管理。跟踪是指从供应链的上游至下游，跟随一个特定的单元或一批产品运行路径的能力。比如，对于水果蔬菜等农产品而言，跟踪是指从农场到零售店

POS（Point of Sale）跟踪蔬菜、水果的能力。追溯是指从供应链下游至上游识别一个特定的单元或一批产品来源的能力，即通过记录标识的方法回溯某个实体的来历、用途和位置的能力。对于水果蔬菜等农产品而言，追溯是指从零售店 POS 到农场追溯蔬菜、水果的能力。由于食品的生产、加工、运输、存储、销售等环节的信息都存在 RFID 标签中，消费者、监督部门可以通过有效的途径获得电子标签上的有关食品供应链所有环节的信息。

若发生食品质量安全事件，则可以通过该系统快速了解相关食品的流转情况，确定发生问题的环节，界定责任主体，并及时采取召回措施，最大限度减少消费者和企业的损失。例如，奥运食品安全信息系统可实现对奥运食品从生产到消费整个食品链的全程跟踪、追溯。奥运会期间，把就餐人的身份信息与消费的食品原材料信息进行关联后，实现精细化管理。就餐人员刷卡进餐厅就餐时，吃了哪些菜，通过胸卡识读设备能从所选菜谱、食品原料一直追溯到配送中心、生产加工企业乃至最终的养殖源头。从运动员餐桌到农田，哪个环节出了问题都会迅速查到。也就是说，通过一名就餐运动员的身份信息能最终追溯到这名运动员所吃食品的“源头”信息。

识别假冒伪劣食品。在识别假冒伪劣食品方面，与其他防伪技术如数字防伪、激光防伪等技术相比，RFID 技术的优点在于：每个标签都有一个全球唯一的 ID 号码，且无法修改和仿造；无机械磨损，防磁性、防污损和防水；RFID 的读写器具有不直接对最终用户开放的物理接口，保证其自身的安全性；读写器与标签之间存在相互认证的过程；且 RFID 能耐高温，使用寿命长，存储量也比较大，可大大提高伪造者造假的难度和成本。在把信息输入 RFID 标签的同时，通过网络把信息传送到公共数据库中，普通消费者或购买产品的单位，通过把商品的 RFID 标签内容和数据库中的记录进行比对，能够有效地帮助识别假冒产品。

### 8.2.4 食品产业链物联网发展对策

作为百姓民生导向基础工程之一的食品安全溯源应用，由于涉及国计民生，在物联网应用中受到了社会的重点关注。

食品安全溯源体系的建立由政府主导推动，依赖物联网相关信息技术，通过食品产业链上的各方参与来实现。

目前我国食品安全行业存在的主要问题之一就是市场信用缺失。消费者无法辨别哪些是对人体无害的健康食品，而生产经营者因为分散经营，产品标识管理不规范，也难追究责任。因此，为了确保食品安全卫生，必须加强源头监管，明确责任主体，而推行食品溯源体系可以有效地做到这一点。

食品安全溯源体系的推行方式如下所示。

● 建立从生产到销售每个环节都可追查原则

建立食品生产、物流、经营记录制度。采取食品生产许可、出场强制检验等监管措施，从加工源头上确保不合格食品不能出厂销售，并加大执法监督和打假力度，提高食品加工、流通环节的安全性。

● 加强食品标签管理，充分利用移动物联网技术

规范食品标签管理，一方面可确保食品标签提供的信息真实充分有效，避免误导和欺骗消费者；另一方面使用 RFID 电子标签，一是方便消费者了解食品的来源，二是一旦出现食品安全事故，也有利于事故的处理和不安全食品的召回。

● 建立统一协调的食品安全信息组织管理系统，加强信息的收集、分析和预测工作

近年来我国虽然加大了信息资源的建设，但社会上还是存在着信息不够全面系统、已有资源分散、缺乏共享机制、缺乏风险评估和预警机制、安全信息透明度不高、参与性不够、食品安全教育培训未得到重视等问题，因此，只有通过提升移动物联网技术，并有效地整合各种资源，才能真正发挥食品溯源体系的作用。

## 8.3 智慧农业移动物联网应用实战

在智慧农业方面，出现了很多移动物联网的应用，新时代的农民可以利用手机照顾自己的田地，还可以通过二维码让消费者追溯自己的商品，放心购买，提高农产品的可信度。

### 8.3.1 【案例】：北京大兴农业示范区

北京市大兴区自 2007 年被确定为“全国农业机械示范区”以来，以更新老旧农机设备，提高机械化水平为重点，引进一大批先进、适用、节能、环保的农业机械。

2009 年大兴区在大田、林果、甘薯等产业设立了 61 个科技示范户，开展技术推广演示会 3 次，向科技示范户和与会农户发放宣传材料 2000 余份，通过这些农机示范户的科技带动、辐射作用，以点带面，先后推广玉米机收、甘薯机械化、电动打药、气动剪枝等多个农机新技术，促进农业的快速发展。

事实上，现在在北京大兴农业示范区中，随时随地都能看到物联网技术在农业中的运用，例如现代的温室大棚，只要轻触手机，就能管理农作物了，如图 8-3 所示。

大兴农业在管理、信息化、院区合作良好的基础上，把目光瞄向高端、高效的精准农业，抢占了现代农业发展的制高点。

传统农业耕作全凭农民的个人经验，完全没有充足的科学依据。但是现在北京大

兴有会开口说话的“温室娃娃”，它就是蔬菜的“代言人”，蔬菜“渴了”“晒了”“冷了”，它都会在第一时间告诉你，再也不用担心不会说话的蔬菜在温室里住得不舒服，或者成长得不好。

温室娃娃的形状像我们经常使用的手机，它里面装着各种作物的最适温度、湿度、露点、光照等数据，然后它的“感觉器官”会测出温室内的各种实际数据，经过对照之后，如果实际数据不符合这种作物的最适宜数据，它就会提醒你加温还是降温、通风还是浇水，如图 8-4 所示。

▲ 图 8-3　北京大兴农业技术设备

▲ 图 8-4　温室娃娃

据信息农业专家介绍，一台计算机可同时连接 32 至 64 个这样的温室娃娃，数据传输有效距离超过 1200 米，一定距离内还可以采用无线方式传输数据。

除此之外，假如某一观光温室里的农作物要施营养液，那么管理员只需在储存搅拌罐前轻按开关，随后把注肥器上的水肥调至适当比例，再在控制器上输入施肥时间。

指端 3 个前后不过十几秒的微小动作，便完全替代了手工操作下至少半小时的烦琐工作。液肥精准施用系统开始工作后，配比固定的肥料就会源源不断地被送进种植了茄子的土壤中，变成茄子营养的一部分。

不仅如此，若是种植人员出门在外，不能及时下田对农作物进行管理，那么，便可以利用网络视频语音监控系统查看大棚中作物的生长情况，发现有任何问题，都能马上通过系统发布处理命令，即使远在天边，也能靠系统管住家里的瓜果蔬菜了，非常方便实用。

精准施肥、施药、灌溉系统的应用，有效克服了传统农业容易过多、过少供给的弊病，既提高了农作物的品质，也减少了因肥药过多而导致的环境污染，有助于土地资源的可持续利用。

据估算，大兴推广精准农业技术的生产基地，肥料利用率提高 10% 以上，节水 15%。采育镇鲜切花生产基地减少农作物因温度、湿度不适而发生的病虫害，鲜花达到出口品质的比率提高了 20%。

在采育镇切花生产基地，鲜花是需要别人的精心呵护才能绽放出它极致的美丽，如果是按照传统方法栽培的话，那一定会耗费很多人力物力，但是运用物联网技术的话，即使没有时时刻刻呆在大棚里，也能培育出鲜艳欲滴的美丽花朵，如图 8-5 所示。

▲ 图 8-5　大兴切花基地

在采育镇鲜切花生产基地中控室里，温室环境监控大屏挂在墙上。每间温室内的温度、湿度、光照、二氧化碳浓度等参数一目了然。

温室里那些实时监控的环境指标可以自动报警，绿色表示正常，红色即为报警。假如有一个棚的湿度显示由绿变红，技术员只需开启一旁的网络视频语音监控系统，点击按钮发布要发布的命令，立马就会有温室的工作人员进行执行，而且坐在计算机前的技术员通过视频画面也能看到事实操作情况。

温室的环境监测与智能控制系统是通过室内传感器"捕捉"各项数据的，经数据采集控制器汇总、中控室计算机分析处理，结果即时显示在屏幕上，然后管理人员便可通过视频语音监控系统随时指挥。

像采育镇鲜切花生产基地这样，大兴已在5个镇、6个村示范推广精准农业技术，室外气象自动监测、负水头精准灌溉、液肥精准施用、静电精准喷药等16项信息化专利技术，实时定量监控农作物在不同生长周期所需的温度、湿度、光照、二氧化碳浓度等，调节水肥药的投入，帮助农民实现更高层次的精耕细作。

以信息化引领现代农业发展将是大势所趋，物联网将是实现农业集约、高产、优质、高效、生态、安全的重要支撑，同时也为农业农村经济转型、社会发展、统筹城乡发展提供智慧支撑。

大兴区还自主开发了农业信息网，为农民搭建了一个集农业产前信息引导、产中技术服务和产后农产品销售于一体的综合农业信息服务网，同时链接了本区3个专业网站和20个农业企业网，架起了农民与市场、专家之间的桥梁，农民有什么问题都可以直接上网与专家对话。

### 8.3.2 【案例】：追溯农产品流通质量安全链

目前，肉类、蔬菜生产、流通组织化程度低，技术水平落后，管理难度较大，经营主体责任难以落实，安全隐患较多，我国"瘦肉精"等肉菜食品安全事件时有发生，引起消费者普遍担忧和社会各界广泛关注。

建立来源可追溯、去向可查证、责任可追究的流通追溯体系，提升经营者安全责任意识，增强流通环节质量保障势在必行，农产品追溯系统主要包括3个方面，分别是：农产品生产追溯、供应链管理追溯、农盟农产品追溯系统，如图8-6所示。

在食品加工企业把农产品原材料入库时，读取二维码，取得农产品原产地、生产者、种苗基因、生产台账（饲料、农药、化肥等），以及日期和期限等信息，在生产中按照生产配方，把各个批次进行称重、分包，粘贴二维码，开始指示加工，并生成生产原始数据，使得产品、原材料追踪成为可能，并提供数据库查询，向消费者公布产品的原材料信息，随时应对质疑，保证有效溯源的控制和召回。

RFID 射电码追溯养殖与加工业的疫病与污染，杜绝滥用药和超标使用添加剂，改变以往对食品质量安全管理只侧重于生产后的控制，而忽视生产中预防控制情况，完善食品加工技术规程、卫生规范以及生产中认证的标准。农盟保障体系特别规定了种苗耳标标准，弥补了种苗基因回溯的缺失。

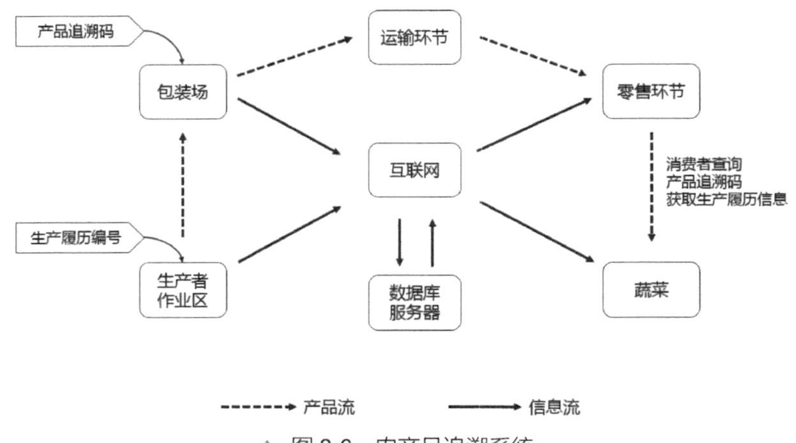


▲ 图 8-6　农产品追溯系统

数据中心设立可视的关键监测节点，并实现各节点的数据采集和连接，实现企业内部生产过程的安全控制和流通环节追溯的对接。

管理平台由中间件支撑，连接硬件和应用程序，实现不同节点上的各种 RFID 设备与软件协同运行（包括信息传递、解译数据、安全性、数据广播、错误恢复、定位网络资源、找出符合成本的路径、消息与要求的优先次序等服务），以便操纵控制 RFID 读写设备按照预定的方式工作，保证不同读写设备之间配合协调；并按照一定规则过滤数据，筛除冗余。

供应链管理把生产过程、库存系统和供应商产生的数据合并在一起，从一个统一的视角展示产品制造过程的各种影响因素，是对供需、采购、市场、生产、库存、定单、分销、发货等的全程管理。管理模块以运营中心为轴心，集中管理信息流，负责门店和仓库模块的单据汇总，上报审核并传递执行，实现高效物流和资金流管理。

它把各种资源整合集成管理，集网络进销存、POS 扫描、产品跟踪、会员储值等功能为一体，免盘库、随时查询，方便物流和资金流的管控。从进销存、往来业务、账务管理、经营分析、POS 销售、折扣卡、储值卡的会员管理，到终端和生产企业预留相应接口，高效管理客情关系，锁定消费，实现进销存账务分析商务一体化和动态服务管理。

2010 年以来，国家商务部着力推动肉类蔬菜流通追溯体系工程建设，建立市场倒逼机制，推动农产品流通发展，提高食品安全保障和市场管理水平。2010 年 10 月，经商务部批准，无锡市正式成为首批肉类蔬菜流通追溯体系建设试点城市之一。

无锡市农产品追溯系统在无锡数十家肉菜市场使用，实现经营主体管理、流通信息汇总、数据统计分析、应急事件处置、流通信息追溯等功能。现已基本形成了肉类蔬菜流通从生产养殖到零售终端全过程、全方位较完整的肉菜追溯体系和食品监管信息网络，为业界提供了保障食品安全的物联网解决方案。

无锡市肉类蔬菜流通追溯体系项目以城市现代流通方式为基础，运用现代电子监管技术、射频识别、二维码、手持终端等物联网技术，以物联网基础软件平台为信息化基础设施保障，主要针对生产和流通环节的种植养殖基地、食品加工企业和流通过程的全链条闭环监管，如图 8-7 所示。

蔬菜的吞吐量一向都很大，每天几乎达到近千吨。以往采取人工登记方式，环节众多、相互隔离、信息对接存在偏差。一旦遇到问题，需要查阅众多资料，耗时耗力。但追溯系统建成后，遇到问题可以快速逐级排查，立即追溯到相关责任人，减少了中间环节，提高了工作效率。

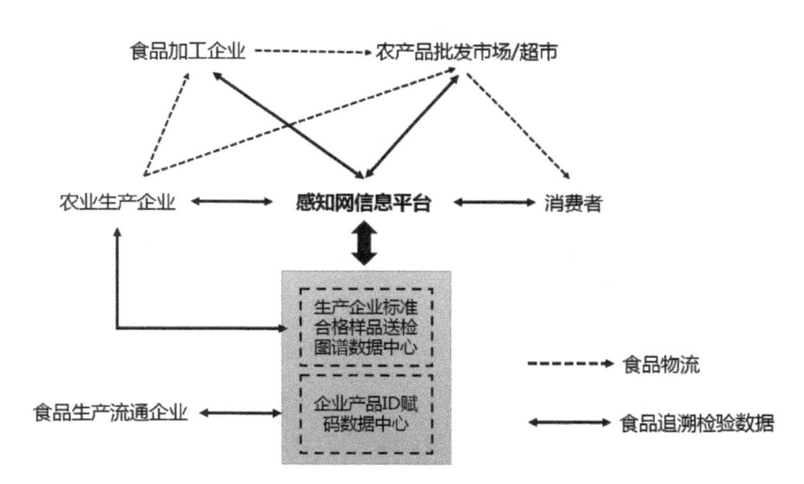


▲ 图 8-7 农产品追溯流程

农产品追溯系统上市后，假如去某一农贸市场买了 1.5 千克青菜，付款后，溯源秤便会自动吐出一张溯源小票，上面印有条形追溯码、商品名称、交易时间、交易金额、交易总量、交易摊号、商品产地等信息，如图 8-8 所示。

每次打印的小票就是农产品的“身份证”，记录了其从菜地或屠宰厂走到餐桌的全过程。此外，顾客还可以通过农贸市场里的终端查询机、下载手机应用程序、登录查询网站进行追溯查询。

无锡肉类蔬菜流通及特产农产品质量追溯系统实施严格的准入机制。以蔬菜为例，所有在追溯系统内进行蔬菜交易的供应商、批发商、零售商均需在无锡市蔬菜准入备案中心进行备案，合格者将得到一张属于自己的交易卡，卡中包含了持卡人姓名、联系方式、住址等个人信息，实现交易实名制。

▲ 图 8-8　农产品溯源小票

供应商日常从产地将蔬菜运到无锡蔬菜批发市场后，首先进行进场登记，通过中科软追溯软件填写电子表格，表格中将包含本批次的蔬菜种类、重量、产地等信息。填写完成后，供应商才可以正式进入市场进行交易。

“供应商与零售商达成购买意向后，通过中科软定制研发的溯源秤及射频卡进行交易。该秤集成了射频识别、无线传输及数据处理等三大功能。”据相关负责人介绍说，“买卖双方在溯源秤先后刷卡后，系统记录下本次交易的时间、地点、蔬菜重量和交易双方的姓名，并在零售商卡内记录交易信息。随后，溯源秤终端系统自动打包并上传到处理系统。”

追溯系统让流通各个环节环环紧扣，消费者和零售商降低了风险，获得了实惠。对于市场监管方而言，原本庞杂的信息得到梳理，市场监管更加精细化、智能化。

调研显示，作为一项利国利民的食品安全保障工程，肉类蔬菜流通追溯体系建设有利于提升肉菜质量安全水平，提高政府部门监管效率，增强食品安全保障能力，改变农产品落后的流通方式，更好地发挥市场和消费对农业生产的引导作用。

2014 年，肉类蔬菜流通追溯体系结合种植养殖产地规划，形成更多品类的全产业链质量追溯解决方案，给江苏及周边地区中小型食品、农业企业提供服务。并在 2015 年，实现了在食品安全领域华东市场的全面覆盖。

农业耕作是一项特殊、复杂、独立的工作，同时也是最重要的工作，它关系到人类健康和整个生态循环。随着人们对食品安全意识的提高，越来越多不同层次的消费者对农产品的安全、健康、质量保障意识的需求不断增加。

这一切迫使人们寻求一条安全级别更高的解决食品安全的方法，在参与式保障体系下的农产品生产，为食品质量安全追溯系统初始原料提供了保障，由此我们才能制定食品追溯方案，设计加工流程，进行供应链管理，完成食品追溯系统建设。目前，我国众多城市的农产品追溯系统都处于试验阶段，相信不用多久，就会建立起完善成熟的农产品追溯系统。

# 第 9 章

## 物流零售：
## **颠覆物流业以及零售业**

## 9.1 基于物联网改造的物流业分析

IBM 于 2009 年提出了建立一个面向未来的具有先进、互联和智能三大特征的供应链，通过感应器、RFID 标签、制动器、GPS 和其他设备及系统生成实时信息的“智慧供应链”概念，紧接着“智慧物流”的概念由此延伸而出。无线网络在中国飞速发展为物联网提供了坚实的通信基础，物流业作为最早接触物联网理念的行业，已经相对比较成熟。

### 9.1.1 什么是智慧物流

在 2009 年，美国政府提出将“智慧的地球”作为美国国家战略，认为 IT 产业下一阶段的任务是把新一代 IT 技术充分运用到各行各业之中。具体地说，就是把感应器嵌入和装备到电网、铁路、桥梁、隧道、公路、建筑、供水系统、大坝、油气管道等各种事物中，并且将它们普遍连接，形成物联网，将物联网与现有的互联网整合起来，实现人类社会与物理系统的整合。

在这个整合的网络当中，存在能力超级强大的中心计算机群，能够对整合网络内的人员、机器、设备和基础设施实施实时的管理和控制，在此基础上，人类可以以更加精细和动态的方式管理生产和生活，达到“智慧”状态，提高资源利用率和生产力水平，改善人与自然间的关系。

所以，总结起来，智慧物流是利用集成智能化技术，使物流系统能模仿人的智能，具有思维、感知、学习、推理判断和自行解决物流中某些问题的能力。即在流通过程中获取信息，从而分析信息做出决策，使商品从源头开始被实施跟踪与管理，实现信息流快于实物流，可通过 RFID、传感器、移动通信技术等让配送货物自动化、信息化和网络化，如图 9-1 所示。

与智能物流强调构建一个虚拟的物流动态信息化的互联网管理体系不同，智慧物流更重视将物联网、传感网与现有的互联网整合起来，通过以精细、动态、科学的管理实现物流的自动化、可视化、可控化、智能化、网络化，从而提高资源利用率和生产力水平，创造更丰富社会价值的综合内涵。

智慧物流的主要特征有以下几点。

（1）多元化的数据采集、感知技术。基于物联网的智慧物流，面对的是形式多样、信息关系异常复杂的各类数据，多元化的数据采集、感知技术，为智慧物流提供了基本的技术支撑。

（2）泛在网络支撑下可靠的数据传输技术。随着物联网的发展，泛在网络将成为信息通信网络的基础设施，在与其他网络融合的基础上，提供给智慧物流可靠的数据传输技术，为人们准确地提供各类信息。

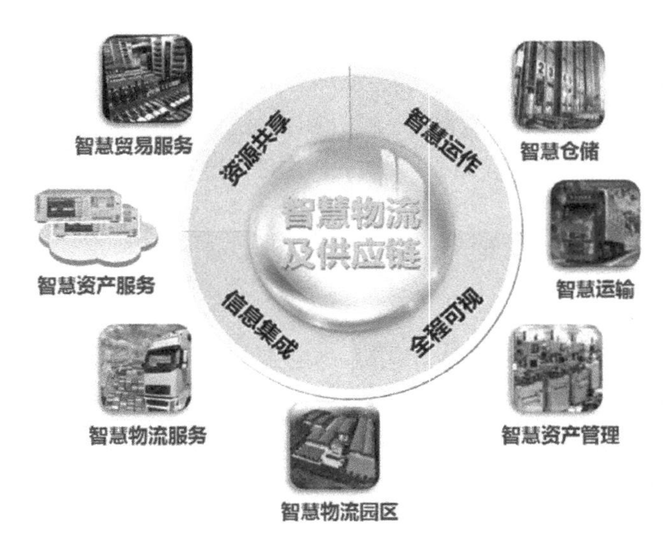


▲ 图 9-1　智能物流

（3）基于海量信息资源的智慧决策、安全保障及管理技术。对物联网海量感知信息的加工处理，是智慧物流进行智慧决策的前提。

## 9.1.2　物联网技术与智慧物流

随着物联网的发展，物流成为物联网应用的主要领域之一，它推动了物流信息化的进程，使现代物流系统逐步朝着数字化、集成化、网络化、智能化等方向发展，智慧物流成为物流领域的应用目标。随着智慧物流的发展，物流业的许多问题也将迎刃而解。

物流业是我国最早接触并应用物联网的行业，20 世纪末处于早期启蒙阶段的 RFID/EPC 技术、GPS 物流货运监控与联网管理技术均在物流业得到落实。时隔十余载，物联网在物流园区中的应用取得很大进展，物联网之于物流园区，不再仅仅是“RFID”和“GPS”的代名词，而是能创造神奇的智慧双眼。

物联网对物流园区带来的转变，主要体现在以下几个方面。

（1）物流信息处理的重大变革

RFID、GPS、GIS 传感技术、视频识别技术、物物通信 M2M 技术等物联网技术，应用于物流园区内物品流通加工、包装、仓储、装卸搬运，物流园区外货物的运输、配送全过程，以及退货和回收物流等逆向物流环节，可自动获取货物的全部信息，改变了传统人工读取和记录货物信息的方式，实现了物流信息的主动感知。

物流信息的被感知是实现物流园区智能化管理与控制的前提。将追溯、监控和感知到的物流信息，通过物流管理信息系统智能分析与控制，可显著提高物流园区的信息化和智能化水平，降低物流作业差错率并提高效率，提高园区物流活动的一体化水平。

（2）物流过程可视化

物联网在物流园区中运用较为普遍和成熟的技术是以运输、仓储为主线的物流作业全过程可视化。

通过运用物联网技术，实现物流园区作业全过程的计划管理、作业过程监控、物品存储状态监控、设备监控、车辆调度、故障处理、运行记录等功能，实现对物流园区作业过程的实时监控，确保物流园区在运输、仓储、装卸搬运等过程中的正确、规范、安全运作。

（3）高效精准的仓储管理

基于 RFID 的仓储系统是物联网技术在物流园区仓储系统最广泛的应用，主要包含 RFID、红外、激光、扫描等技术。

RFID 在仓储系统中的主要应用方式为：将标签附在被识别物品的表面或内部，当被识别物品进入识别范围时，RFID 读写器自动无接触读写。它改变了传统的人工作业方式，使仓储系统在作业强度、作业精确度、存储效率等方面都产生了质的飞跃。

（4）环境感知与操作

物流园区是对环境有特殊要求的领域，可以通过物联网传感器技术实现物流环境的各种感知与操作。比较常见的是用于冷链物流园区的温度感知、用于医药物流园区的温湿度感知、用于物品重量监测的压力感知和其他特殊场景下的光强度感知、尺寸感知等。

（5）产品可追溯系统

可追溯系统是现阶段产品质量安全管理最有效的手段，主要用于事后控制。利用物联网技术，可以通过唯一的识别码对一项产品从其原材料选择到交货的过程进行无疏漏追踪，保证商品生产、运输、仓储和销售全过程的安全和时效。

产品的智能可追溯系统早期主要用于高附加值、高危险性的汽车、飞机等工业品领域，现阶段还用于农产品和医药领域，农产品和医药可追溯为食品、药品的质量与安全提供了坚实的物流保障。

（6）智能物流配送中心

自动化的物流配送中心在汽车、烟草、医药等领域应用较为普遍，通过物联网应用实现物流作业的智能控制、自动化操作。较常见的包括机器人码垛与装卸、无人搬运车进行物料搬运、自动分拣线开展分拣作业、出入库操作由堆垛机自动完成、配送中心信息与企业 ERP 系统无缝对接等。

以物流业中的快递业为例。传统快递业引入物联网技术后，所有的快递货物都将被植入 RFID 传感芯片，从客户将货物交给快递公司开始，直到货物被客户签收为止，该货物将被全程监控，如图 9-2 所示。

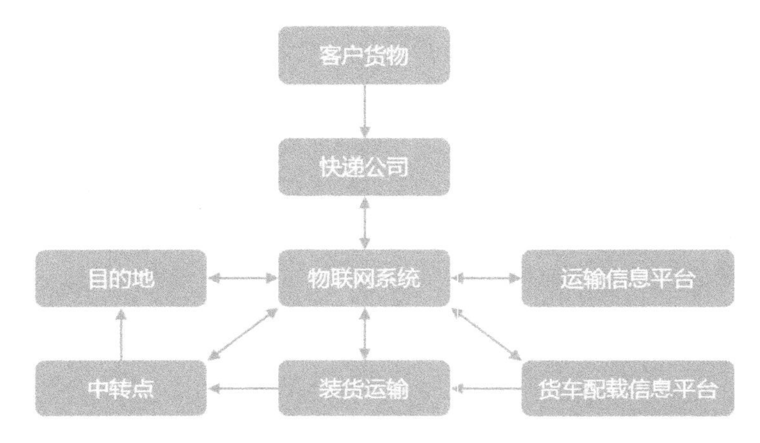


▲ 图 9-2　基于物联网技术的快递业务流程

在快递过程的每一个环节中，货物的 RFID 传感芯片都将与物联网系统进行信息传递，从而实现实时监控。货物在任何一个环节出现问题，都可以准确查出。货物损坏、掉包、丢失，或是对运输过程中的温度、湿度等的控制，甚至是谁什么时间将货物搬运到什么地点，都会有详细的记录，以便产生纠纷后追溯。

专家提醒

可以预期，下一个十年，物流园区基础网络建设会继续加强，信息化平台建设将全力推进，用于分拣、包装、装卸搬运等环节的智能语音系统将广泛应用，物流园区业务管理系统能够实现自动分析与决策，物流园区安防、管理等配套功能更加智能化，同时随着移动物联网应用模式的不断深入，移动物联网将成为物流园区真正的“智慧双眼”。

### 9.1.3　我国智慧物流发展现状

目前，我国物流信息化建设方面，已实现物流采购、运输、仓储、配送等物流各环节的信息化运作，实现了物流供应链从上游供应商到下游销售商的全流程信息共享。尤其是物联网在智慧物流中的应用，大力推动了物流业的革命性发展。

我国智慧物流发展的具体体现主要集中在以下几个方面。

（1）产品的智能可追溯系统

例如粤港合作供港蔬菜智能追溯系统，通过安全的 RFID 标签，实现了对供港蔬菜从种植、用药、采摘、检验、运输、加工到出口申报等各环节的全过程监管，可快速、准确地确认供港蔬菜的来源和合法性，加快了查验速度和通关效率，提高了查验的准确性。

目前，在医药领域、农业领域、制造领域，产品追溯体系都发挥着货物追踪、识别、查询等方面的巨大作用，有很多成功案例。

（2）物流过程的可视化智能管理网络系统

目前，全网络化与智能化的可视管理网络还没有，但初级的应用比较普遍，如有的物流公司或企业建立了 GPS 智能物流管理系统；有的公司建立了食品冷链的车辆定位与食品温度实时监控系统等，初步实现了物流作业的透明化、可视化管理。在公共信息平台与物联网结合方面，也有一些公司在探索新的模式。

（3）智能化的企业物流配送中心

比如有一些先进的自动化物流中心，就实现了机器人码垛与装卸、无人搬运车进行物料搬运、自动化的输送分拣线上开展拣选作业、出入库由自动化的堆垛机自动完成、物流中心信息与制造业 ERP 系统无缝对接，整个物流作业系统与生产制造实现了自动化、智能化。这也是物联网的初级应用。

（4）智慧供应链

利用计算机信息技术、传感技术、EDI 技术、RFID 技术、条形码技术、视频监控技术、移动计算机技术、无线网络传输技术、基础通信网络技术、物联网技术等现代信息技术，构建完善的采购需求计划系统、物料需求计划系统、运输管理系统、仓储管理系统、配送管理系统，实现产品生产供应全流程可追溯；构建数据交换平台、物流信息共享平台、财务管理和结算系统、物流分析系统、决策支持系统，实现物流企业的信息化运作，实现整体供应链的信息共享，打造智慧供应链体系。

### 9.1.4 我国智慧物流发展存在的问题

目前，我国智慧物流发展在物流信息平台建设、物流企业信息化运作、物流作业智能化、物流供应链智慧化等方面取得了积极成效。

但是，我国智慧物流起步较晚，存在管理体制机制不健全、物流企业智慧化程度低、物流信息标准体系不健全、信息技术落后、智慧物流专业人才缺乏等问题，制约了我国智慧物流的进一步发展。

**1. 我国智慧物流管理体制机制不健全**

智慧物流业涉及商务、交通、信息技术等众多行业领域，业务管理涉及发改委、交通部、工信部等众多行政管理部门。目前，我国智慧物流业管理体制尚不能打破部门分割、条块分割的局面，仍然存在信息孤岛现象，造成我国智慧物流建设资源的不必要浪费，智慧物流管理责任不清晰，急需建立协调多部门资源的智慧物流专业委员会，加强顶层设计，统筹各种资源，确保智慧物流建设的顺畅进行。

**2. 物流企业智慧化程度低**

目前，有不少企业已经开始利用物联网技术构建智慧物流系统。但是，这些企业规模普遍不大，在全国范围内分布不平衡，且缺乏有效的管理措施，导致管理混乱，生产要素难以自由流动，资源配置得不到优化，难以形成统一、开放、有序的市场，特别是缺乏龙头企业带动，难以形成产业集群。大多数中小企业在物流信息化方面显得很吃力，由于缺乏相应的人才和资金，管理层对信息技术应用重视程度不够，即使引进了相关智慧物流技术，配套基础设备也跟不上，导致企业效益没有明显提高。

**3. 物流信息标准体系不健全**

智慧物流是建立在物流信息标准化基础之上的，这就要求在编码、文件格式、数据接口、电子数据交换（EDI）、全球定位系统（GPS）等相关代码方面实现标准化，以消除不同企业之间的信息沟通障碍。国外发达国家已经在条形码、信息交换接口等方面建立了一套比较实用的标准，使物流企业与客户、分包方、供应商更便于沟通和服务，物流软件也融入了格式、流程等方面的行业标准，为企业物流信息系统建设创造了良好环境。而我国由于缺乏信息的基础标准，不同信息系统的接口成为制约信息化发展的瓶颈，导致物流标准化体系建设很不完善，物流信息化业务标准与技术标准的制定和修改跟不上物流信息化发展的需要。很多物流信息平台和信息系统遵循各自制定的规范，导致企业间、平台间、组织间很难实现信息交换与共享，“各自为阵、圈地服务”的情况比较普遍，整个电子化的物流网络之间难以做到兼容，数据难以交换，信息难以共享，使得商品从生产、流通到消费等各个环节难以形成完整通畅的供应链，严重影响了物流行业的管理与电子商务的运作。

**4. 信息技术落后，缺乏完善的信息化平台**

目前，条形码、射频识别、全球定位系统、地理信息系统、电子数据交换技术的应用不理想，多数企业物流设备落后，缺乏条形码自动识别系统、自动导向车系统、货物自动追踪系统，与国外的智慧物流相比，还存在较大差距。物流信息技术缺乏云计算、大数据、移动互联网技术支撑，物流云平台使用较少，缺乏基于大数据技术的数据挖掘平台、数据开发平台的使用，手机移动定位技术和手机物流移动服务终端产品使用较少。

**5. 缺乏物流专业人才**

随着物流业迅速发展而产生的人才需求问题在我国日益突出。智能物流人才匮乏已经成为制约我国物流业发展的瓶颈，目前我国物流人才缺口至少在30万人，绝大多数物流企业缺乏高素质的物流一线岗位技能人才和既懂物流管理业务，又懂计算机技术、网络技术、通信技术等相关知识，熟悉现代物流信息化运作规律的高层次复合型人才，高端人才和一线技能型人才培养规模仅占22.7%，现有物流管理人才中能真正满足物流企业实际需求的不到1/10。大中专院校物流人才培养方案与企业实际需要相比还存在较大差距，培养智能物流合格人才的任务十分紧迫。

## 9.2 基于手机支付变革的零售业分析

零售业已经跨入了“智慧”的门槛，借助RFID技术与传感器及物联网的快速发展和经验、政策优势，零售业的物流系统、生产系统、采购系统和销售系统，使智慧供应链与智慧生产融合。同时在终端销售方面，内置传感器的智慧工具，为客户提供了前所未有的消费体验。

### 9.2.1 手机支付促使传统零售业转型

移动支付已经不是一个新兴概念。移动支付也称为手机支付，就是允许用户使用其移动终端对所消费的商品或服务进行账务支付的一种服务方式。现在，通过手机实现的移动支付方式，成为最接近人们日常使用习惯和消费习惯的移动支付方式。移动支付带来了“消费新时代”，如图9-3所示。

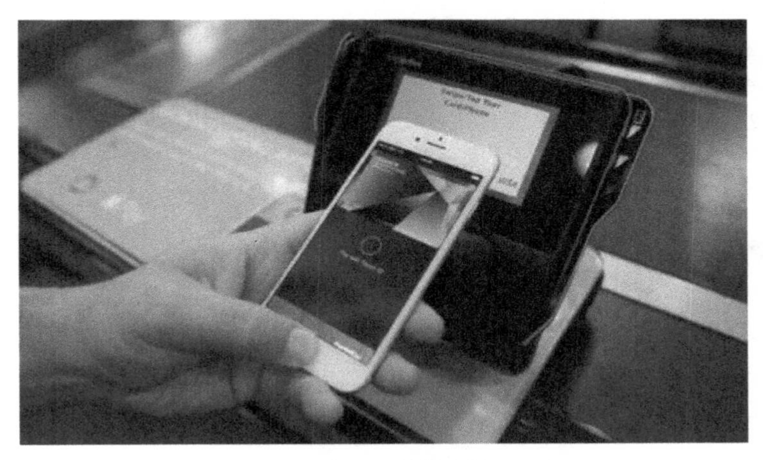

▲ 图9-3 手机支付

移动支付主要分为近场支付和远程支付两种。所谓近场支付，就是用手机刷卡的方式坐车、买东西等，很便利。远程支付是指通过发送支付指令（如网银、电话银行等）或借助支付工具（如通过邮寄、汇款）进行的支付方式，如掌中付推出的掌中电商、掌中充值、掌中视频等属于远程支付。

手机支付是支付方式发展的一种必然趋势。手机支付的推广和应用对于商户、服务提供商和消费者具有以下作用。

（1）对商户而言：手机支付将为自身业务的开展提供没有空间和时间障碍的便捷支付体系，在加速支付效率，降低运营成本的同时也降低了目标用户群的消费门槛，有助于进一步构建多元化的营销模式，并提升整体营销效果。

（2）对服务提供商而言：在完成规模化推广并与传统以及移动互联网相关产业结合后，手机支付所具备的独特优势和广阔的发展前景将为服务提供商带来巨大的经济效益。

（3）对消费者而言：手机支付使得支付资金携带更加方便，消费过程更加便捷简单，消除支付障碍之后，可以更好地尝试许多新的消费模式。如果配以适当的管理机制和技术管控，支付资金的安全性也会得到进一步提高。

随着互联网技术的迅速发展、个人计算机的普及，特别是以支付宝为代表的网上支付技术的突破，新型的零售形式彻底颠覆了以往的零售业游戏规则，零售门店形式第一次从实体化变为虚拟化。

近年来，移动技术取得突破，实现了快速的移动上网，智能手机随之迅速普及，并迅速取代台式计算机，成为消费者，特别是年轻消费者日夜相伴的信息终端机和生活工具。这样，原来寄居在台式计算机里的零售店，也被消费者迅速搬到了智能手机里，零售店的“移动”再次颠覆了零售业的模式。

**专家提醒**

网络技术和移动技术正在促使传统零售业转型，应用二维码技术的虚拟商店不仅可以降低开店成本，还可以节省巨大的社会资源和环境资源。

### 1. “仅靠商品本身获利”的盈利模式被颠覆

长期以来，零售业作为一个服务行业，“通过商品的购销差价获利”是零售业最传统，也是最主要的盈利模式。在这种模式下，零售企业只要能做到“低价进、高价出”就能获得很好的收益。

但在互联网时代，顾客体验已变得越来越重要，因为顾客不仅是购买商品本身，更是在购买“购买过程”。这就要求零售商要有经营商品的能力，也必须拥有经营“购买过程”的能力，换句话说，就是在顾客购买的过程中，为顾客提供互动、新鲜、有趣的体验，从而创造附加价值，让顾客获得商品价值之外的溢价。

由于移动物联网技术的进步和广泛应用，消费者在购买过程中被动角色被扭转，代之以全新的购物体验。

其实，网络时代就是一个体验的时代。在竞争白热化的今天，通过商品差价获利的空间已经越来越窄。因此，如果零售商不尽快调整自己的盈利模式，没有能力用一个有竞争力的“购买过程”和“顾客体验”赢取更高的收益，那么，不仅顾客会大量流失，盈利前景也会不太光明。

**2. “以商品为中心”的运营流程被颠覆**

零售管理理论认为，顾客的购买过程是由“动机－寻找－选择－购买－使用”5个环节所组成，与之相对应的是企业信息流、商流、资金流、物流的有序流动，最终构成了高效的运营流程。而信息技术的发展和应用，使这样的运营流程正在被改变。

首先，信息的流动从顾客产生购买动机的一刻就已经开始，并伴随顾客购买的全过程。智能手机、网络、数字标牌、社交媒体等网络媒体发布的海量信息全方位、立体化地刺激着顾客的购买欲望，促使他产生购买动机。在寻找、选择和购买过程中，利用二维码、增强现实、数字化橱窗、RFID等新技术，不仅可以大大缩短顾客寻找和选择商品的时间，更使整个过程充满趣味。在商品交易和使用过程中，顾客可以在社交媒体的帮助下完成购买，并上传使用评价。这时，信息的流动就形成了一个闭环。而二维码技术的革命性和先进性能完整地覆盖条形码的先天缺陷，将信息的流动带入一个新境界。

单向的信息流动变为双向。社交媒体的出现，终结了企业与消费者之间的单向信息沟通模式。在网络社交平台上，消费者既能发表对产品质量、品牌的评价意见，又能与好友分享自己的购物体验；而商家则能及时了解这些意见或评价，从而调整策略或校正经营中的问题。智能手机所拥有的智能化、移动性和便携性特点，使消费者可以随时通过移动网络社交平台，与商家或好友保持良好的信息传递和互动。

在网络时代，社交媒体技术、移动技术最重要的影响在于，它消除了商家与消费者间信息传递的空间距离，在两者间建立了密切的互动关系，这种关系使消费者拥有了强烈的参与感。对商家而言，利用信息技术寻求营销策略和营销手段上的重大突破，已成为可实现的战略目标。

移动支付技术的突破和移动支付应用的迅速普及，为网上购物者提供了重要的信用保障和便利。对商家而言，多渠道的支付手段对商家的财务管理能力和IT系统的支持能力都提出了更高的要求，但无论是实体店，还是网上商店，支付手段的安全性和便利性，已经成为了赢得顾客不可或缺的条件之一。

物流配送环节的出现，彻底改变了传统零售商的运营模式和运营流程，迫使传统零售商必须对既有的 IT 系统做极大的调整，而其调整的难度和风险关系到传统零售商战略转型的成败。

### 9.2.2 什么是智慧零售

智慧零售，就是在消费者逐渐从线下的实体购物转向线上购物的趋势下，零售企业提升管理水平，借助互联网技术和大数据分析，更精准地掌握消费者的行为和消费喜好，改变传统单一的供应链条，为消费者提供更个性化和多样化的智能消费体验，从而提高客户忠诚度。

简而言之，智慧零售，就是以数据为主导，了解及预测消费者的需求，为消费者提供超值的购物体验。例如，借助 RFID 或 GPS 技术，将标签内置于出厂产品，然后通过分销渠道延伸到零售商处，让数据管理系统集成的标签功能使零售商能够获得更高的货物准确性。了解每款商品在店中的确切位置可以确保零售商准确进行商品统计，在几分钟之内就可以完成现场盘存。通过借助 RFID 实现 100% 的库存准确度，零售商可以全面掌控所售商品、位置以及售出时间等信息，营销部门可以快速利用这些有力的数据指标来提升销售业绩、品牌价值，完善顾客维系活动，真正做到质量智能跟踪和产品智能检测的“透明”销售。

### 9.2.3 智慧零售的发展现状

零售业是个古老而传统的行业。在其漫长的发展过程中，技术始终伴随和驱动着零售业前行。

零售行业的技术发展历程可分为古代、近代和现代 3 个阶段。在每一个发展阶段中，零售行业的发展状况和进步程度都与当时技术的发达程度吻合，如图 9-4 所示。

例如，工业革命的兴起，蒸汽机、汽车、电报 / 电话的发明，使人类实现了前所未有的技术突破。工业革命的产生和发展，极大地推动了生产手段和生产技术的进步，使生产效率大幅提高，这些因素最终导致了零售行业的巨大变革。在这个阶段，先后诞生了超级市场（1930 年）、百货商店（1852 年）等新型零售业态，也由此引发了数次零售革命。

虽然，从近代到现代的一百多年时间里，新技术的产生和发展推动了零售业的进步，但零售企业的发展仍然会受到地域、国家等物理条件的限制。直到 20 世纪 80 年代后期，特别是进入 21 世纪，以互联网技术为主导的信息技术蓬勃发展，它不仅彻底打破了之前的种种局限，也给零售业商业模式的变革提供了无限空间。零售业开始进入了一个新纪元。

近年来，一些知名零售企业积极拥抱“智慧”，开启了智慧零售的探索。比如，华润拿出重金重构会员系统，悉心维护会员的数据信息；连锁百强企业中，有六七家开展了电商业务，部分企业还打造了自有品牌；连锁超市家乐园跟门店周边社区建立了更加融洽的关系，为顾客提供了多项增值服务等。

| 发展阶段 | 特征 | 技术的影响 | 零售业的发展 |
|---|---|---|---|
| 古代 | ➢ 手工技术为主，只能利用一些简单的自制工具进行作坊式生产<br>➢ 畜力是主要的运输工具 | ➢ 手工为主的技术手段导致商品品种和产量较少，使零售商的经营范围受到局限<br>➢ 运输工具和运输技术的落后，使零售商的经营范围受到局限 | ➢ 商贩出现<br>➢ 集市产生 |
| 近代 | ➢ 机器取代了人工，实现了大规模生产<br>➢ 电子技术出现 | ➢ 产品产量和品种的丰富，使零售商有了扩大经营范围的可能<br>➢ 居民生活习惯改变<br>➢ 利用电子技术可以分享信息 | ➢ 百货商店出现<br>➢ 超级市场出现<br>➢ 连锁经营模式出现 |
| 现代 | ➢ 手工＋算盘 | ➢ 因为技术使用不多，没有太大影响 | |
| | ➢ 开始使用电子收款机<br>➢ MIS、CRM、ERP等被广泛应用 | ➢ 企业内部可以分享信息<br>➢ 利用技术梳理流程，整合资源 | ➢ 零售业的管理水平得到整体提升 |
| | ➢ 网络技术、移动技术、二维码等新技术得到广泛应用<br>➢ 大数据、云计算、物联网等技术逐步成熟 | ➢ 使网络购买和支付成为可能<br>➢ 实现商品识别<br>➢ 可以抓取海量的交易和交互数据 | ➢ 虚拟零售、移动零售出现<br>➢ 大数据成为零售企业最重要的资产 |

▲ 图 9-4　不同技术发展阶段对零售业的影响

## 9.2.4　智慧零售的发展对策

对于零售店来说，智慧零售的实现对策有两种：其一，顺时应势，积极融入网络化、数据化的大潮；其二，突出强项，充分挖掘门店的优势。

把握消费者的需求，是智慧零售的关键。在了解消费需求方面，网络零售具有先天的优势，即能够掌握消费者所有上网的痕迹，累积客户的数据。不过，实体店也并非束手无策。比如，可以推行会员制，通过会员系统获取顾客消费信息等数据，从而洞察其购买动机、消费趋势，组织有针对性的促销活动。

开展智慧零售，小店也应学会打通线上线下的“任督二脉”。目前，很多零售店都已开通了自己的网站、微博和微信，开展全渠道营销。一些店甚至推出了扫码支付等服务，还有的跟电商合作，建立了“网上购买、实体店提货”的合作模式。通过以上改变提升服务能力的同时，零售店还可以进一步挖掘实体店优势，突出特色。

实体店不仅仅是卖场，也是购物的体验中心和服务中心。其中，购买体验是实体店区别于网店的最大优势。通过优化店面形象，耳目一新的商品陈列，增加休息区，让顾客感到更舒服，延长顾客停留时间，也就增加了销售的机会。此外，随着商圈集约化趋势的发展，社区小店还可以推出代缴各项公用事业费、送货上门等便民服务。

面对面的人员服务也是实体店的一大优势。智慧零售离不开智慧的零售人员，这就对人员的服务提出了更高的要求。所以零售店应该建立起一个更好的激励员工的机制，让员工保持持续学习、快速行动、勇担责任的动力和企业共同成长。同时，零售店与顾客的互动不仅仅局限在店内，拓展服务项目，开展社区互动，也会为零售店带来更多的客源。

而零售业的根本仍然是商品，智慧零售更应回归根本，包括对商品质量的保障和追求、对绿色环保产品供应链的培育等，这些“回归零售本质”的举措将为零售店的发展提供保障。

## 9.3 物流零售移动物联网应用实战

下面介绍几个物流零售领域移动物联网应用的案例。

### 9.3.1 【案例】：海尔公司的物流系统

海尔物流在当初的物流重组阶段，整合了集团内分散在 28 个产品事业部的采购、原材料仓储配送、成品仓储配送的职能，并率先提出了三个 JIT（Just in time）的管理，即 JIT 采购、JIT 原材料配送、JIT 成品分拨物流。通过它们，海尔物流形成了直接面对市场的、完整的以信息流支撑的物流、商流、资金流的同步流程体系，获得了基于时间的竞争优势，以时间消灭空间，达到以最低的物流总成本向客户提供最大的附加价值服务。

在供应链管理阶段，海尔物流创新性地提出了“一流三网”的管理模式，海尔物流的“一流三网”充分体现了现代物流的特征：“一流”是以定单信息流为中心；“三网”分别是全球供应链资源网络、全球配送资源网络和计算机信息网络，“三网”同步流动，为定单信息流的增值提供支持。

“一流三网”可以实现以下几个目标。

- 为订单而采购，消灭库存。
- 双赢，赢得全球供应链网络。
- 实现三个 JIT。
- 全球供应链资源网的整合使海尔获得了快速满足用户需求的能力。
- JIT 实现流程同步。
- 计算机连接新经济。

建立ERP系统是海尔实现高度信息化的第一步。在成功实施ERP系统的基础上，海尔建立了 SRM（招标、供应商关系管理）、B2B（订单互动、库存协调）、扫描系统（收发货、投入产出、仓库管理、电子标签）、订价支持（订价方案的审批）、模具生命周期管理、新品网上流转（新品开发各个环节的控制）等信息系统，并使之与 ERP 系统连接起来。这样，用户的信息可同步转化为企业内部的信息，实现以信息替代库存，零资金占用，如图 9-5 所示。

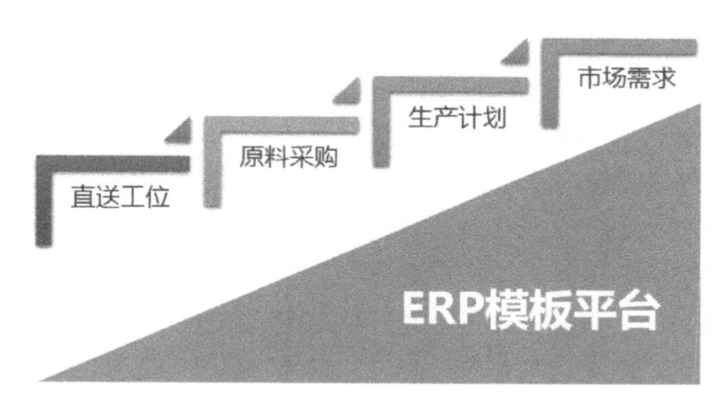


▲ 图 9-5 ERP 模块平台

海尔目前在全球有 10 个工业园、30 个海外工厂及制造基地，这些工厂的采购全部通过统一的采购平台进行，全球资源统一管理、统一配置，一方面实现了采购资源的最大共享，另一方面全球工厂的规模优势增强了海尔采购的成本优势。

海尔通过整合全球化的采购资源，建立起双赢的供应链，多产业的积聚促成一条完整的家电产业链，极大地提高了核心竞争力，使海尔的供应商由原来的 2200 多家优化至不到 800 家，而国际化供应商的比例却上升至 82.5%。目前世界五百强企业中有 1/5 已成为海尔的合作伙伴。全球供应链资源网的整合使海尔获得了快速满足用户需求的能力。

在海尔的流程再造中，建立现代物流体系是其关键工程。重整物流，就要以时间消灭空间，用速度时间消灭库存空间。海尔的物流中心不是为了仓储而存在，而是为了配送暂存。

通过BBP交易平台，海尔每月接到6000多销售订单，定制产品品种逾7000个，采购的物料品种达15万种。通过整合物流，降低呆滞物资73.8%，库存占压资金减少67%。通过与SAP公司的合作，海尔物流中心成为国内首家达到世界领先水平的物流中心。海尔物流中心货区面积只有7000多平方米，但其吞吐量却相当于普通仓库的30万平方米。

SAP主要帮助海尔完善其物流体系，即利用SAP物流管理系统搭建一个面对供应商的BBP采购平台，它有降低采购成本、优化分供方等优点，为海尔创造新的利润源泉。

## 9.3.2 【案例】：厦门移动分公司的手机支付

厦门移动分公司结合本地实际情况，积极探寻各类行业终端在移动电子商务和重点行业信息化方面的创新应用，致力于构建高效、多应用的移动信息交互和移动支付体系，使厦门用户“一机在手，诸事不愁”。

试点项目由厦门移动公司、厦门易通卡运营责任有限公司、中国建设银行厦门分行、北京握奇数据系统有限公司四方合作。

北京握奇数据系统有限公司提供具有SIM卡功能和具有非接触接口智能卡功能的双界面卡——SIMpass卡，该卡支持GSM、OTA、中国人民银行PBOC等相关规范，可直接安装在手机SIM卡座里；借助外贴感应线圈实现非接触式RFID射频功能，赋予手机身份识别、空中圈存、小额支付、数据采集等功能。

SIMpass卡作为移动客户端与行业应用终端完美结合的理想介质，将被广泛应用于银行、物流、交通、教育、零售等行业的管理创新和信息化建设，成为未来行业应用与移动通信系统结合的新亮点。

厦门移动联合具备小额支付应用平台、金融行业管理、应用软硬件开发经验和RFID卡运营维护经验的业务合作伙伴，面向集团客户和个人客户提供基于SIMpass技术的移动电子商务和重点行业移动信息化服务，使手机从通信工具变为生活必需品。具体功能如下所示。

（1）基于手机的身份识别：适用于基于ID系统的企业门禁、企业考勤签到、企业内小额消费等应用。

（2）基于手机的移动支付：可应用于厦门各个e通卡（基于SIMpass技术的移动支付产品）能够消费的场所，如公交车、的士、超市、糕点店、餐饮、电影院等各类消费场所，如图9-6所示。

▲ 图 9-6　手机移动支付可适用于各场所

（3）基于手机的充值方式：分为本地充值和远程空中圈存，本地充值是通过移动 e 通卡的非接触功能实现对电子钱包的充值；远程空中圈存则是通过绑定手机号、银行账号及 e 通卡账户方式设立扣款账户，可通过手机 STK 菜单中的“钱包充值”选项，经易通卡空中圈存平台与指定银行实现空中圈存功能，完成电子钱包的充值。

（4）STK 菜单增值服务：移动 e 通卡增加了 STK 菜单支持功能，通过手机 STK 菜单能够轻松地实现 e 通卡账户的余额查询、消费记录查询等功能。

未来，配备了厦门移动 SIMpass 卡的手机将具备银行卡、公交卡、企业管理卡等多种功能，客户出行只需携带手机即可进行小额消费、身份识别、企业门禁、考勤签到等应用。

而电子支付的实现，正是源于物联网的强大功能魅力，电子支付得到了许多社会企事业单位的广泛应用，相信在不远的将来将会是物联网的天下。

## 9.3.3 【案例】：家乐福超市的智慧零售

家乐福致力于使他们的顾客获得良好的购物体验，所以他们不断寻求提高，通过采用创新技术提升客户的体验，整个店铺采用了电子价签，如图 9-7 所示。

生活在城市中的人们，对时间和促销很敏感，他们不想在店里浪费不必要的时间，并在不断地寻求最好的客户体验。对他们来说，最好的、最愉快的购物体验是高效和简便。

家乐福 Villeneuve la Garenne 的大卖场清楚地认识到了这一点，于是着手改善，他们与 Pricer（全球最大的电子价签公司）携手开发了手机购物、图形智能标签及电子货架标签的零售解决方案。

▲ 图 9-7　商品的电子价签

由 Pricer 提供一个解决方案，使家乐福能通过智能手机和电子价签与客户进行互动，而家乐福创建的移动应用程序被称为“C-o ù”，Android 和 iOS 系统都可以用，允许客户创建“购物清单”并搜索产品，这意味着顾客能够在来商店之前将选好的商品放进购物车。该 APP 还能根据放置在购物车中的食品自动生成食谱。这个方案还包括店内定位，一旦顾客进入店铺，此方案能帮助客户找到任何产品，并且通过店内导航优化购物路线。

据了解，家乐福 Villeneuve la Garenn 大卖场安装有 55000 多个带有 NFC 功能的 ESL，这不仅能让商品的价格自动统一，还可以让使用 NFC 智能手机的货架标签无处不在。顾客甚至可以通过他们的手机为商品点“赞”，而商品获得的“赞”会在标签上显示出来。

ESL 标签将商品的数据库和手机应用软件连接在一起，确保没有价格差异并且商品在商店的位置更加准确，顾客在应用软件上能直接看到商品准确的价格并且在货架上准确地找到它。

# 第 10 章

## 能源电力：
## 移动互联网带来新突破口

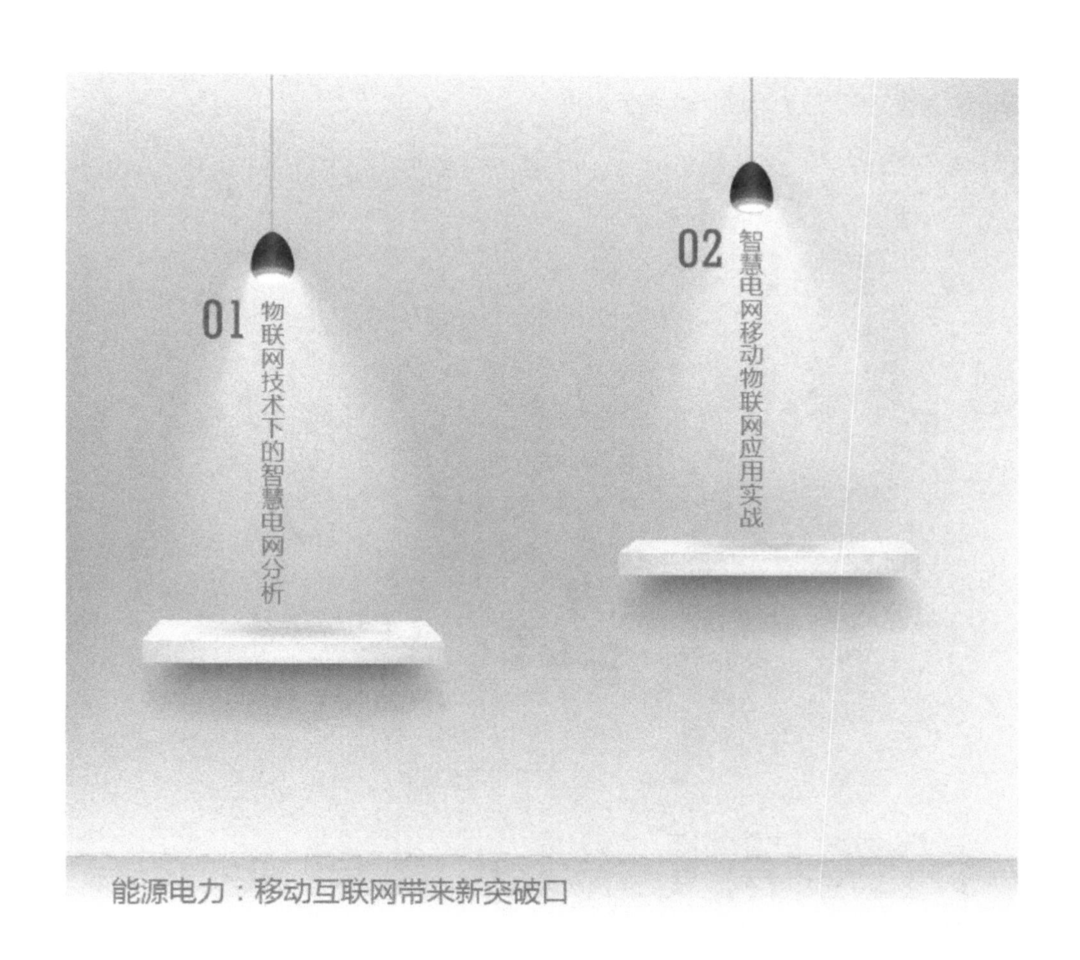

## 10.1 物联网技术下的智慧电网分析

智慧电网就是电网的智能化（智能电力），也被称为“电网 2.0”，它是建立在集成、高速双向通信网络的基础上，通过先进的传感和测量技术、先进的设备技术、先进的控制方法以及先进的决策支持系统技术应用，实现电网的可靠、安全、经济、高效、环境友好和使用安全的目标。

### 10.1.1 什么是智慧电网

由于普通电网的安全性、稳定性无法满足当今电力系统的要求，所以运用先进的传感和测量技术、控制方法以及决策支持系统技术使电网系统的各个环节进行智能化交流，实现电网的可靠、安全、精确、高效的利用，这种完全自动化、智能化的电网就被称为智慧电网，如图 10-1 所示。

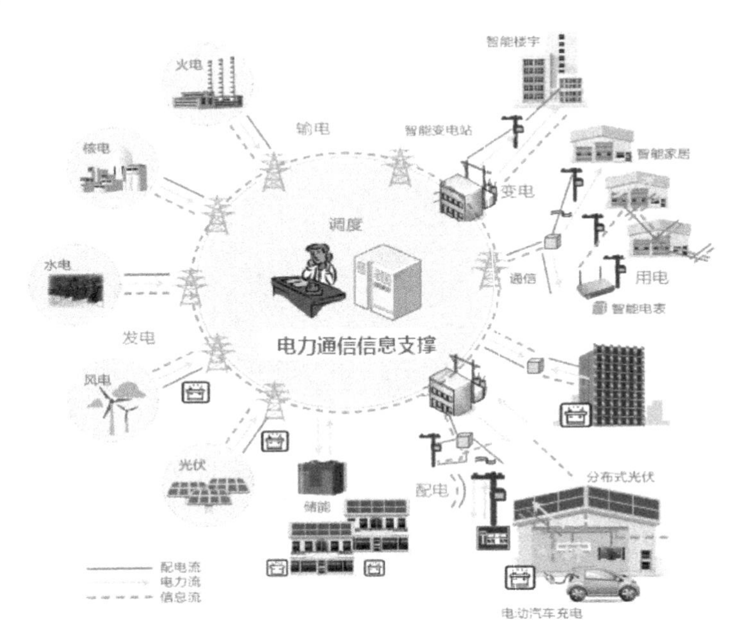


▲ 图 10-1 智慧电网全景图

智慧电网的特征主要有以下几点。

- 坚强：当电网发生巨大的扰动和故障时，能够有效抵御外界的干扰和破坏，保持有效的供电能力。
- 自愈：具有实时、在线和连续的安全评估和分析能力，及时发现并自动隔离故障，进行自我快速恢复。

- 兼容：可以兼容多种发电方式，满足多样化的电力需求，实现与客户的高效互动。
- 经济：实现资源的合理分配，提高电力设备以及能源的利用率，降低损耗。
- 集成以及优化：实现整个信息网络的高度集成，优化资产的利用，做到标准化、规范化、精益化的管理。

智慧电网与传统电网有着许多重大区别，如图 10-2 所示。

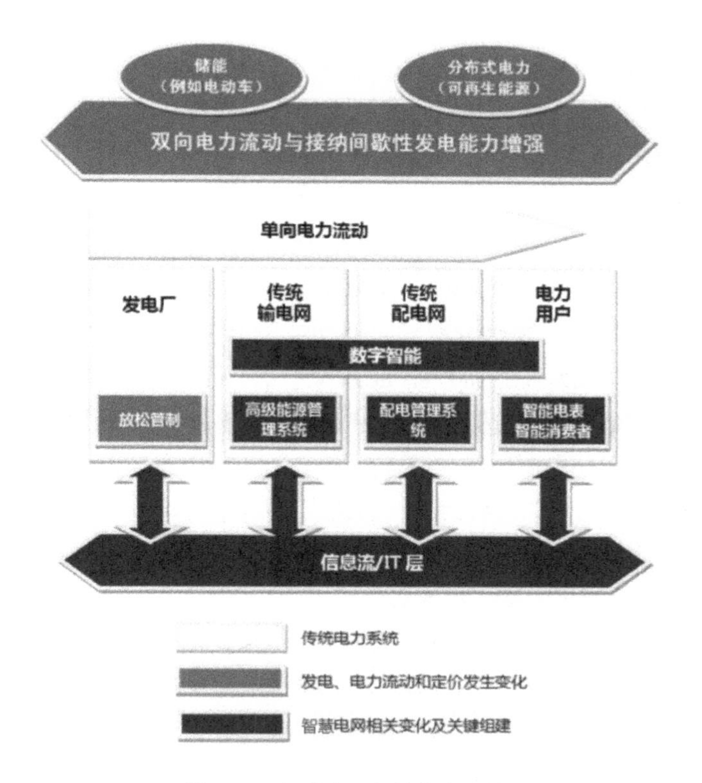


▲ 图 10-2 智慧电网与传统电网的区别

一是以智能的方式将发电、电网与用电结合起来，形成互动，从而降低了能耗和峰值需求，更加有利于节能减排。

二是由传统的电力单向流动变为双向流动，由于可再生能源等分布式能源的引入，电力用户既是传统意义的消费者，也能成为发电供应者，向电网反送电。

三是通过储能（包括电动车）、电网精益化管理、用户侧响应等手段，电网对风能、太阳能等间歇式能源的吸纳能力明显增强。

四是智慧电网资产利用效率大幅提升，供电可靠性指标明显提高。

五是将带来储能、分布式能源、智能用能产品和设备等大量新业务。

六是要求电力管理体制随之变革，如兼有消费者和发电提供者双重身份的终端用户，将其多余电量向电网反送电遇到的管制问题；为实现用户侧有效响应而引入实时电价机制问题。

### 10.1.2 物联网技术与智慧电网

中国物联网产业方兴未艾，市场逐渐成熟。物联网技术逐渐成为了智慧电网的重要支撑技术。物联网有利于提高电网利用效率，促进智能家居建设，提高居民生活水平，对智慧城市建设意义重大。可以期待，未来物联网在电力系统中的应用将产生巨大的经济、环境和社会效益。

物联网技术是电网智能化建设的重要技术支撑之一。物联网技术能有效整合通信基础设施和电力系统基础设施资源，使信息通信基础设施资源服务于电力系统运行，提高电力系统信息化水平，改善现有电力系统基础设施的利用效率，移动物联网的发展将更大程度地提升电网的智能化水平。

智慧电网建设将成为拉动物联网产业，推进信息通信产业发展的强大驱动力，并有力影响和推动其他行业的物联网应用和部署进度，进而提高我国工业生产、行业运作和公众生活等各个方面的信息化水平。

电力光纤到户，支持“三网融合”，促进电信网、广播电视网、互联网融合发展，实现互联互通、资源共享，为用户提供话音、数据和广播电视等多种服务，对于促进信息和民族文化产业发展，具有重要意义。

智慧电网是具有较高“智商”的电力网，是用来提供和处理各种智能新业务的电力网。智慧电网的发展，离不开信息通信技术的支撑，未来信息通信系统的融合，为电力光纤到户技术的发展提供了广阔的舞台。

低压电力特种光电复合缆技术的发展，为电力光纤到户提供了新的发展思路。充分利用电力线路加光纤的资源优势，实现电力光纤到户，并促进电力业务网与信息网相融合，能够真正实现电力业务网和信息网的优势互补与资源共享，使电网增值。

电力光纤技术支持下的智慧电网是在创建开放的系统和建立共享的信息模式的基础上，整合电力系统中的业务数据，优化电网的运行和管理。

当前，我国电信网、广播电视网、有线电视网、电力信息网的融合存在不同的技术方向，需要巨大的物质投入和人力投入。使智慧电网建设适应新的形势发展需要，也是当前智慧电网科技研究的主要方向。

智慧电网安全可靠运行需要电力光纤技术的支撑，智慧电网的双向互动需要电力光纤到户技术的支撑。只有融合才能充分体现智慧电网的高度先进性、高度可靠性，才能发挥最大的经济效益。

而物联网与智慧电网结合将大大提升智慧电网信息通信支持能力，将物联网关键技术应用于智慧电网，构建电网运行及管理信息感知服务中心，将为占领世界智慧电网的制高点提供支撑。

物联网技术应用于智慧电网，可实现先进可靠、灵活接入、标准统一的通信信息感知和接入，实现分布式智能信息传输、计算和控制。通过智能传感器把各种设备、设施连接到一起，形成一个统一的信息服务总线，可对信息进行整合分析，以此来降低成本，使电网运行和管理达到最优。

在发电环节，应用物联网技术可以提高常规机组状态监测的水平，结合电网运行的情况，实现快速调节和深度调峰，提高机组灵活运行和稳定控制水平。

在输电环节，应用物联网技术能够提高我国输电可靠性、设备检修模式以及设备状态自动诊断技术的水平，保障输电线路运行安全。

在变电环节，应用物联网技术对于提高设备状态检修，资产全寿命管理，变电站综合自动化建设的智能化水平具有重要意义。

将物联网技术应用于配电网设备状态监测、预警与检修，能够实现对配电网关键设备的环境状态信息、机械状态信息、运行状态信息的感知与监测，达到优化运行控制与管理，提供高可靠性、高质量供电，降低损耗和提供优质服务的目标。

智慧电网的核心在于构建具备智能判断与自适应调节能力的多种能源统一入网和分布式管理的智能化网络系统，可对电网与客户用电信息进行实时监控和采集，且采用最经济与最安全的输配电方式将电能输送给终端用户，实现对电能的最优配置与利用，提高电网运行的可靠性和能源利用效率。

智慧电网的本质是能源替代和兼容利用，它需要在开放的系统和共享信息模式的基础上，整合系统中的数据，优化电网的运行和管理。

信息流的控制是智慧电网的核心，在信息的采集、信息的传递和信息的处理三要素中，最关键的技术还是在信息采集上面。而物联网最大的革命性变化就是信息采集手段不同，即通过传感器等实时获取需要采集的物品、地点及其属性变化等信息。

智慧电网主要通过终端传感器在客户之间、客户和电网公司之间形成即时连接的网络互动，实现数据读取的实时、高速、双向效果，从而整体提高电网的综合效率。

国家电网公司坚强智慧电网实现电力流、信息流、业务流高度一体化的前提，在于信息的无损采集、流畅传输、有序应用。各个层级的通信支撑体系是坚强智慧电网信息运转的有效载体。通过充分利用坚强智慧电网多元、海量信息的潜在价值，可服务于坚强智慧电网生产流程的精细化管理和标准化建设，提高电网调度的智能化和科学决策水平，提升电力系统运行的安全性和经济性。

### 10.1.3 智慧电网发展现状分析

目前我国与欧美国家在智慧电网建设方面处于同一起跑线上，国内众多行业中的领先企业和科研机构都很关注智慧电网的发展。

2009 年 5 月，国家电网公司首次公布了智慧电网计划的同时还提出了在物联网发展上的 3 个阶段：一是信息汇聚阶段，二是协同感知阶段，三是泛在聚合阶段。

物联网作为新一代信息通信技术，引起了广泛关注。物联网及其产业发展已被纳入国家战略，国家科技部、工业与信息化部先后在多项国家重大科技专项中设立课题支持物联网技术研究及产业化。

国家电网提出了“面向应用、立足创新、形成标准、建立示范”的研究指导思想，在物联网的专用芯片、应用系统开发、标准体系、信息安全、无线宽带通信、软件平台、测试技术、实验技术等方面进行了全面部署，力争在未来 3 年内实现物联网技术在智慧电网系统应用多项核心技术的突破，形成若干项有重大影响的创新性科研成果，成为在国内外有重要影响的从事智慧电网物联网技术研究和应用的研发中心和产业化基地。

（1）大规模投资确保我国 2020 年建成智慧电网

国家电网定位建设目标——坚强智慧电网。国家电网表示将全面建设以特高压电网为骨干网架、各级电网协调发展的坚强电网为基础，以信息化、数字化、自动化、互动化为特征的自主创新、国际领先的坚强智慧电网，如图 10-3 所示。

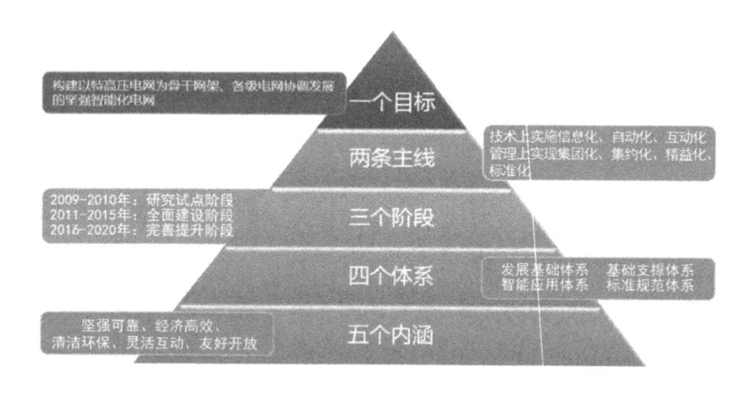


▲ 图 10-3 国家电网建设智慧电网的目标

（2）国家电网重磅投资，2020 年我国将建成坚强智慧电网

智慧电网的发展速度由投资力度决定，到 2020 年智慧电网总投资规模将以万亿

计算。按照规划，2009—2010年为试点阶段。到2015年，在关键技术和设备上实现重大突破和广泛应用；到2020年，全面建成坚强智慧电网。2011—2020年将是智慧电网发展的黄金时期，如图10-4所示。

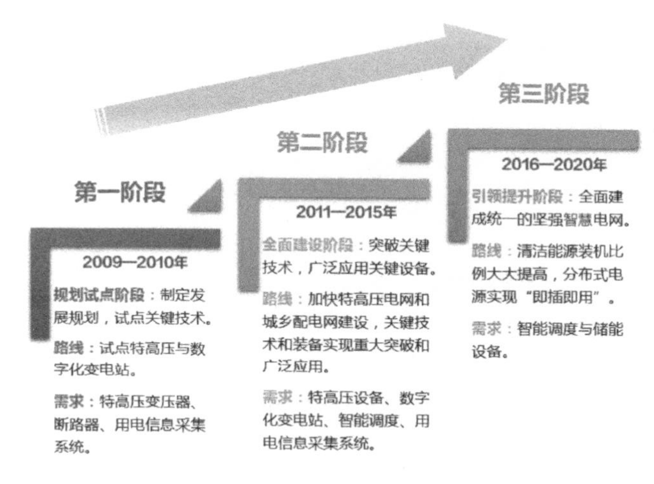


▲ 图10-4 2009—2020年我国智慧电网规划

（3）全国各地响应参与建设智慧电网

比如，福建省计划投入120亿元建设福建海西智慧电网，在《海西电网中长期发展规划》中，福建提出构筑以1000千伏高压电网为支撑、500千伏超高压电网为主干的海西坚强智慧电网；上海已成立上海市电力公司——中国电力科学研究院智慧电网联合研发中心开展上海世博园智慧电网示范工程。

（4）智慧电网建设创造万亿元需求

我国的智慧电网发展侧重将从输变电、配电侧转移至用户侧，结合国家电网公司现有的规划来看，2009—2012年，特高压、数字化变电站是建议高峰期；2012—2015年智能调度正逐渐引入；2009—2013年用电信息采集和智能电表的需求有较快增长。

**专家提醒**

特高压电网指交流1000千伏、直流正负800千伏及以上电压等级的输电网络，是我国坚强智慧电网的关键组成部分。

目前中国的长距离输电和世界其他国家一样，主要用500千伏的交流电网，国外并没有1000千伏交流线路在长距离运行。特高压电网能够适应东西2000至3000公里，南北800至2000公里远距离大容量电力输送需求，有利于大煤电基地、大水电基地、大风电基地和大型核电站群的开发和电力外送。

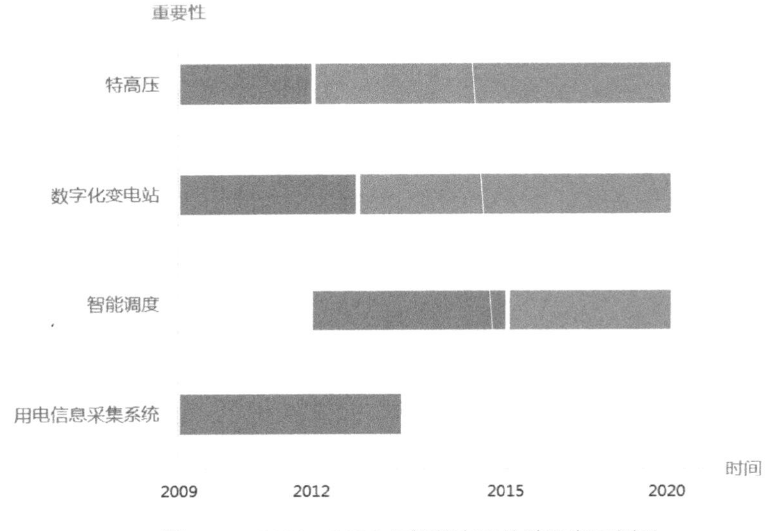


▲ 图 10-5　2009—2020 年智慧电网分阶段发展侧重

目前，国家电网与南方电网公司对于特高压交流与直流的规划已经清晰，并在全国多个地区进行了数字化变电站的试点工作。

### 10.1.4　智慧电网的典型应用

物联网技术将进一步助力智慧电网的实现，如设备状态的预测和调控，资产全寿命周期管理的辅助决策，电网与用户间的智能互动等。

利用物联网技术，通过在常规机组内布置各种传感器掌握机组运行状态，包括各种技术指标与参数，可提高常规机组运行维护水平；通过在坝体部署压力传感器群监测坝体变形情况，规避水库调度风险；通过各类气象传感器实时采集风电场、光伏发电厂的风速、风向、温度、湿度、气压、降雨、辐射等微气象信息，实现新能源发电的监控和预测。

利用物联网技术，通过各类传感器监测输变电设备的微气象环境、线路覆冰、导线微风振动幅度、导线温度与弧垂、输电线路风偏、杆塔倾斜度、图像视频、绝缘子污秽度等信息，与电网运行信息进行融合、分析，及时发现并消除缺陷，提高电网运行水平。

利用物联网技术，通过在杆塔、输电线路或重要设备上部署各种传感器，实现目标识别、侵害行为的有效分类和区域定位，提高电力设备全方位防护水平。

利用物联网技术，通过传感器监测电力现场作业人员、设备、环境等方面信息，实现智能化互动，减少误操作风险和安全隐患，提高作业效率和安全性。

利用物联网技术，能及时获知用户侧需求，有助于实现智能用电双向交互服务、智能家居、家庭能效管理、分布式电源接入以及电动汽车充放电，提高供电可靠性和用电效率，并为节能减排提供技术保障。

利用物联网技术，通过传感器实时感知电动汽车运行状态、电池使用状态、充电设施状态以及当前网内能源供给状态并进行综合分析，实现对电动汽车、电池、充电设施、人员及设备的一体化集中管控、资源的优化配置。

利用物联网技术，通过各类传感器监测电力设备的全景状态信息，评估设备状态并预估寿命，为周期成本最优提供辅助决策等功能，实现电力资产全寿命周期管理，提高电网运行水平、管理水平。

专家提醒

国家“十二五”规划中，物联网被正式列为国家重点发展的战略性新兴产业之一。智慧电网和物联网的深度融合发展不仅能加强电厂、电网以及用户间的互联互动，提高电网信息化、自动化、互动化水平，也将使生活更智能、更节能，极大提升生活品质。

### 10.1.5 我国智慧电网发展中存在的问题及对策

我国智慧电网在发展过程中主要存在以下几个问题。

（1）尚未形成统一的认识

目前关于智慧电网的概念还没有形成统一的认识，对于智慧电网发展的方向也存在着诸多争论，对于中国智慧电网应采取的发展模式还不明确。

（2）中央政府主导作用有待进一步增强

智慧电网仍处于研究和实践的起始阶段，在地方政府和企业纷纷出台相关措施的情况下，更需要中央政府开展顶层设计，发挥主导作用，以推动智慧电网尽快由概念阶段上升到实践和应用阶段，但目前国家相关战略规划、技术路线以及具体政策尚未出台。

（3）部分领域与智慧电网建设要求还有很大差距

现有大部分设备尚不能完全满足信息化、自动化、互动化要求；部分关键设备技术规范及标准不统一，互换性差，技术性能亟待提升；部分智慧电网关键设备的核心技术尚未完全掌握，关键设备依然缺乏。

（4）缺乏建立统一规范技术标准体系的主导机构

智慧电网是先进的能源、电力、通信、IT、新材料等产业的集成，需要形成跨行业、跨技术领域的统一技术标准体系。而我国还缺少相关权威机构来主导统一标准体系的制定。

（5）现有体制机制不能适应智慧电网发展的要求

发展智慧电网，需要电力、通信等行业相互协同、步伐一致，而目前各部门、各地区、各行业分割现象普遍存在，分时电价等有利于智慧电网综合效益发挥的机制也尚未形成，制约了智慧电网的发展。

针对以上问题，发展智慧电网的政策建议如下所示。

（1）加强智慧电网国家层面战略研究和部署，健全组织保障

加强顶层设计，将智慧电网纳入到国家经济社会发展规划和能源发展战略工作体系，抓紧制定智慧电网发展战略规划。明确相关部门职能，强化部门间协调，统筹推进技术研发、标准制定、示范工程实施、资金使用等工作，及时统一发布信息和政策法规，促进智慧电网健康有序发展。

（2）发挥政府主导作用，形成多方合力建设智慧电网新局面

抓紧制定引导政策，发挥政府在制定激励政策、出台标准、统筹规划和协调组织等方面的主导作用。引导电网企业发挥好技术引领、搭建平台、科学规划的作用，促进发电企业积极发展清洁能源。

对其他行业和科研机构，鼓励积极参与标准制定、核心技术攻关、关键设备研发和示范工程建设。引导电力用户主动转变消费观念和用电习惯，积极参加智慧电网双向互动。

（3）建立健全相关财税政策，促进多元化投融资体制的形成

对处于起步阶段的智慧电网企业，可采取直接补贴的形式。同时，给予智慧电网建设、维护和管理主体企业税收政策倾斜。

比如，对智慧家电企业、新能源发电企业等给予一定的所得税优惠；对成本较高的智慧电网关键设备，可考虑给予相关企业一定的增值税减免政策；对为风电等间歇性发电提供调峰调频服务的常规发电企业，可以考虑应给予适当的补偿；对积极进行电力系统智能化的电力企业，可在土地使用税、房产税等方面适当给予减免等。

鼓励金融机构加大对智慧电网相关企业的金融支持力度，激励金融机构拓展适合智慧电网发展的融资方式和配套金融服务。

（4）深化电力体制改革，完善电价形成机制

进一步完善电价形成机制，加快形成和推广能够实现需求侧互动的分时电价、实时电价制度。

完善可再生能源电价形成机制，按照可再生能源种类和地区差异确定差别性电价，在销售电价中指定数额或份额设立可再生能源发展基金，鼓励发电企业发展分布式新

能源发电。建立规范、高效、透明的电价监管制度。

对于既可自用又可将多余电量反送电网的可再生能源项目，允许其向电网售电，并享受可再生能源优惠电价，同时要求电网公司给予技术及其他方面的支持。

（5）立足自主发展，大力提升自主创新能力和人才保障能力

将智慧电网建设纳入国家科技发展规划和重大科技项目计划，围绕关键业务领域和支撑技术领域，特别是在大电网安全稳定运行、风电大容量远距离输送、新材料、大容量储能、电动汽车、分布式电源、智能调度等方面，集中进行技术攻关。

明确统一规范技术标准体系的主导机构，抓紧组织标准制定和完善工作，积极参与国际智慧电网技术标准建设，提升我国在国际智慧电网技术标准中的话语权。

加强人才培养和人才队伍建设，引导高校、科研院所有针对性地设立相关专业、机构，培养具有扎实专业知识背景和突出技能的优秀人才。吸引、聚集世界各地优秀人才，鼓励相关人才投身于我国智慧电网的建设事业。

## 10.2 智慧电网移动物联网应用案例

在国家的政策支持下，智慧电网的建设得到了迅速的发展，智慧电网与移动物联网的结合也在一定程度上方便着大众的生活用电。

### 10.2.1 【案例】：M2M 充电站：电动车的充电宝

电动车因为其低碳环保的功能迅速成为全世界日常生活常见的一部分，它的普及能够真正有效减少二氧化碳排放及温室效应，但是就目前的电池技术来说，电动车需要频繁且耗时的燃料补给，每次充电长达数小时，如果没有电了，那么就只能脚踏或者推车回去了，非常麻烦。

为了解决这些问题，各国政府已增加研发投资经费以促进电动车市场成长，目前欧洲处于市场的领导地位。德国政府计划在接下来的几年内，花费 7 亿欧元用于数个电动车辆计划，以在 2020 年前达到第一个 100 万辆电动车；法国目标为 2020 年前完成 200 万辆电动车，在 2015 年前安装 100 万个全国性电动车充电站网络。

整合型机器对机器（M2M）通信方案对驱动行动电源是极为重要的构成要素，它的实现能够让电动车在环保或绿能电动车充电站进行充电。

另外，智能充电站的实现，可以使民众在每天通勤经过的地点充电，例如，停车场就是智能型充电站，如图 10-6 所示。

无线 M2M 技术对于协助广泛建置的大型无人操作电动车充电架构，极为重要。其提供简单且有弹性的方式，将各个充电站连接至充电站控制中心。

所有充电站，无论是在餐厅或家里的单一充电站，还是在停车场或购物商场的大型群组充电站，都必须与控制中心交换重要信息。

▲ 图 10-6 智能充电站

M2M 通信能实现远程管理充电站工作，例如使用者认证、信用卡付费程序、使用数据通信及远程设备监控与管理。甚至，能够侦测不正常行为，并传送警示或中断服务。

M2M 充电站对于驾驶同样有利，它能够使用本技术快速找到最近的充电站、经由智能手机 APP 检视充电状态，或在电池充饱且车辆随时能上路时收到短信通知。

未来新型的加油站对消费者、商家、餐厅及网络内的所有人，都具有共同的利益，而且所有价值链伙伴能利用 M2M 通信的优势增进其企业发展。

借由增加电动充电站，可创造额外的收益流。利用整合的 M2M 通信，能大幅简化后端程序。例如，在充电快结束时，可自动将电表读数送至控制中心，顾客随即能透过在线安全的网络存取，或智能手机 APP 取得消费资料及账单金额。

M2M 账务操作简易，且可使用多种方式管理，例如客户能在每次充电后付费、每周或每月纳入固定电费账单、预付、付费金额，甚至能由商店、餐厅或充电站营运者的忠诚度方案部分涵盖。

为了能在成长缓慢的阶段促销生意，商家也可利用 M2M 产生短信及本地讯息，提醒顾客特别费率，提供免费、加值充电服务。此外，充电站营运者可使用由 M2M 产生的精准电表信息，正确地向电力公司追踪及完成付款。

现今，智慧电网越来越重要，且能大幅减轻环境的负担。M2M 技术能在电网内简单地整合及控制充电站。

在智慧电网中，所有的发电器、太阳能发电厂、风车及其他电力来源，能与电力公司及电能消费者，包含个人、产业及企业能源消费者，透过充电站交换消费和产出数据。

当所有端点已透过双向通信连接，整个电网的控制会更有效率，而且特定区域能够暂时关机或减速，以满足其他电能消费者更紧急的需求。电动车可为有弹性的能源消费者带来许多便利，而理想的电动车充电站必能在智慧电网中帮助其实现。

由于无线 M2M 的驱动，让车辆充电站具备及时、简易且具经济效益的全球连接性，无论充电站位于何处，都能为使用者提供巨大的福利，及完整网络系统功能。并且具有整合无线 M2M 通信功能的充电站安装容易，几乎无论哪里都能使用。

此外，加上整合智慧电表，随时都能取得充电站电力消费数据，所有的营运者只需要电缆就能开始运作，充电站可立即待命、运作、透过无线网络连接，而不需昂贵耗时的挖掘及布置各充电站电缆的步骤。

### 10.2.2 【案例】：掌上电力：让百姓体验智慧电网服务

当今全世界范围内，为应对气候和环境的变化，各国大力控制化石能源的发展。清洁能源、可再生能源以及各种形式的分布式能源像雨后春笋般发展起来，智慧电网的发展将成为必然。“移动互联网 + 物联网”是突破智慧电网发展瓶颈的关键。

移动互联网具有开放性和共享性，电力产业借助移动互联网实现信息的迅速传播，促进行业技术资源、信息资源的共享；移动互联网和环境产业有效结合，会显著降低整个产业的运营成本、提高资源的利用效率，进而提升整个行业的平均利润水平；移动互联网有利于推动环保产业的技术升级，实现行业规模的迅速壮大，促进行业中各企业管理水平的快速提升。此外，众多的移动互联网终端如微博、微信也有利于全民关注智能电网的发展，集聚全社会的力量发展智能电网。

移动互联网不仅仅只是互联网的延伸，更是一个颠覆。在移动互联网、云计算、物联网等新技术的推动下，传统行业与互联网融合的平台和模式都发生了改变。电力开发产业依托信息化手段将供电服务向客户前端进一步延伸，将供电服务放到客户的口袋里、手掌间，让智能电网服务更智能，其中，“掌上电力 APP”就是一个很好的例子。

“掌上电力 APP”是国家电网公司官方手机客户端，支持苹果手机和安卓手机操作系统，2014 年 2 月已在互联网络上正式发布，能够在各大 APP 商城免费下载，如图 10-7 所示。

电力客户通过网络在智能手机上下载客户端可实现用户绑定，随时了解电力资讯、用电信息查询、电费余额查询等信息，如图 10-8 所示。

通过该客户端，一个账号上可最多关联 5 个用户编号，客户可方便快捷地查询近 2 年的用电量情况、半年内的交费情况、当前的欠费及余额信息，不仅可以实现自己足不出户随时用手机购电，还能为亲朋好友代交电费。通过免费订制，用户还能及时获取当月电量电费、阶梯可用电量及环比用电量等信息。

▲ 图 10-7　掌上电力 APP 界面

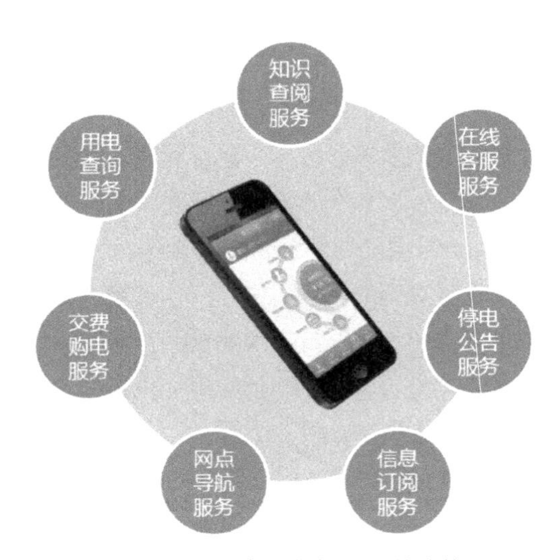


▲ 图 10-8　掌上电力 APP 的功能